전기전자개론

김호철 을지대학교
김정구 한서대학교
이상윤 동남보건대학교
이동연 동의대학교
박혜민 마산대학교
한재복 동신대학교
오왕균 백석문화대학교
천권수 대구가톨릭대학교
고신관 (전) 을지대학교

도서출판 대학서림

Preface

전기와 전자는 방사선 장비를 포함한 모든 의료영상 시스템의 근간을 이루는 핵심 요소로서, 방사선학을 전공하는 학생들이 반드시 이해해야 할 기초 학문이다. 그러나 전기전자공학은 이론적 요소가 많아 방사선학과 학생들에게는 상대적으로 부담이 되는 과목으로 인식되기도 한다. 이에 저자는 강의 현장에서 학생들에게 설명하고 정리해 주었던 자료들을 바탕으로, 방사선학과 학생의 눈높이에 맞는 교재를 집필하게 되었다.

본 교재는 방사선 장비의 구조와 동작 원리를 이해하는 데 필요한 전기·전자 이론을 중심으로 구성되었으며, 방사선사 국가고시에서 요구되는 기초 전기전자공학 내용을 체계적으로 학습할 수 있도록 서술하였다. 복잡한 수식 전개보다는 개념 간의 연결과 물리적 의미를 중심으로 설명함으로써, 국가고시 대비와 전공 이해를 동시에 충족할 수 있도록 하였다.

본 교재의 특징과 학습 방향은 다음과 같다.

1. 방사선사 국가고시에 출제되는 전기전자공학 핵심 내용을 중심으로 간결하게 정리하였다.
2. 방사선 장비 이해에 필요한 회로 및 전자 소자 개념을 단계적으로 설명하였다.
3. 강의 경험을 바탕으로 방사선학과 학생들이 이해하기 쉬운 설명과 예시를 제시하였다.

이 책이 방사선사 국가고시를 준비하는 학생들에게 기초 이론을 정리하는 데 실질적인 도움이 되기를 바라며, 나아가 임상 현장에서 방사선 장비를 이해하고 활용하는 데 든든한 기초 자료가 되기를 기대한다. 앞으로도 교육 현장의 의견을 반영하여 더욱 완성도 높은 교재로 발전시켜 나가고자 한다.

끝으로 본 교재의 출판을 위해 도움을 주신 관계자 여러분께 감사의 뜻을 전한다.

2026년 3월 연구실에서

편저자 일동

PART 1 직류회로 · 11

PART 2 자기장 • 65

PART 3 전기장 • 97

PART 4 교류회로 • 117

PART 7 다이오드 · 183

PART 8 트랜지스터 · 205

PART 01

직류회로

학습목표

- 전력을 이해할 수 있어야 한다.
- 휘스톤브릿지 회로의 원리를 설명할 수 있어야 한다.
- 부하의 전압, 전류 측정방법을 설명할 수 있어야 한다.
- 전기저항, 옴의 법칙 및 저항의 접속을 알아야 한다.
- 도체의 도전현상 및 전하, 전류, 전압을 알아야 한다.
- 주울의 법칙 및 키르히호프의 법칙을 이해할 수 있어야 한다.
- 전지의 직렬, 병렬 집속 시 전기특성을 설명할 수 있어야 한다.

개요

이 장에서는 전기전자공학의 출발점이라 할 수 있는 직류회로의 기본 개념을 다룬다. 직류회로에 대한 이해는 교류회로, 반도체 소자, 전력전자 응용 등을 학습하는 데 필수적인 기초가 된다. 따라서 본 장은 전류, 전압, 저항의 정의와 상호 관계를 확인하고, 이를 가장 간단하면서도 보편적으로 설명해 주는 옴의 법칙을 중심으로 서술한다. 옴의 법칙은 전압, 전류, 저항 중 두 가지를 알면 나머지 하나를 계산할 수 있도록 하는 기본 원리로, 이후의 모든 회로 해석의 기초가 된다.

또한 본 장에서는 옴의 법칙만으로는 설명할 수 없는 보다 복잡한 회로를 해석하기 위해 키르히호프의 법칙을 학습한다. 키르히호프의 전류 법칙(KCL)과 전압 법칙(KVL)은 각각 전하의 보존과 에너지의 보존에 기반을 두고 있으며, 실제 전기회로 해석에서 반드시 활용되는 기본 규칙이다. 독자들은 이 법칙을 통해 직렬, 병렬, 혼합 회로와 같은 다양한 회로를 보다 체계적으로 분석할 수 있는 실력을 기르게 된다.

아울러 전압, 전류, 저항의 관계를 실제 계산 문제를 통해 확인함으로써, 단순히 원리를 이해하는 수준을 넘어 수치적으로 적용하는 훈련을 제공한다. 직렬 회로에서는 동일한 전류가 흐르며 전압이 저항 값에 따라 분배되고, 병렬 회로에서는 모든 분기점에서 전압이 같고 전류가 나뉜다는 기본 원리를 실제 예제 풀이와 함께 익히게 된다. 이러한 학습 과정은 회로의 동작을 정량적으로 이해하는 기초 훈련으로서 중요한 의미를 가진다.

본 장의 예제들은 옴의 법칙과 키르히호프 법칙을 실제 회로 상황에 적용하여 문제를 해결하는 과정을 제시한다. 이를 통해 독자들은 단순히 공식을 암기하는 것이 아니라, 실제 회로에서 어떤 전압과 전류가 흐르는지를 논리적으로 해석할 수 있게 된다. 더 나아가 직렬 및 병렬 회로의 응용 문제를 다룸으로써, 기본 원리가 실무적 문제 해결에 어떻게 활용되는지를 확인할 수 있다.

종합하면, 제1장 직류회로는 전기전자공학의 첫걸음을 다지는 학습 단원으로, 옴의 법칙과 키르히호프 법칙을 중심으로 전압, 전류, 저항의 관계를 이해하고, 직렬·병렬 회로의 특성을 분석하는 능력을 기르도록 구성되어 있다. 독자들은 이 장을 학습함으로써 기초 회로 해석의 체계를 확립하고, 이후 심화 학습으로 이어질 수 있는 확실한 기반을 마련할 수 있을 것이다.

1. 전기

1) 전기에 대한 정의

전기의 정체를 규명하기 위해 인류는 오랫동안 노력해 왔다. 이미 4백여 년 전부터 자연계에는 전기가 있다는 사실이 알려져 있었다. 그래서 많은 학자나 연구가들이 이에 대한 연구를 했지만, 전기가 어떻게 하면 일어나느냐에 대한 현상 규명에 불과했다. 전등에서 전기는 빛이 되고, 전기 스토브나 다리미에서는 열이 되는가 하면 또 전자석으로 이용될 경우, 쇠붙이를 끌어당기는 힘도 생긴다. 그러나 이러한 전기의 작용을 생각해 보아도 전기 자체가 어떤 것인가에 대한 규명은 되지 않았다. 또한 물체와 물체를 서로 문지르면 마찰전기가 일어난다거나, 천둥 번개도 일종의 전기일 것 같다는 등을 알아낼 수 있었지만, 전기 그 자체의 정체는 밝혀내지 못했다. 그러나 이러한 현상을 중심으로 한 전기의 연구는 꾸준히 계속되었다.

또 전기의 정체를 모르면서도 전기를 이용한 발명품은 계속 나왔다. 1879년에 에디슨이 발명한 백열전구도 이러한 발명품 중의 하나였다. 그러나 전선을 타고 흐르는 전기의 정체는 물론 에디슨도 알지 못했었다.

전기의 정체가 처음으로 규명된 것은 1897년의 일로 에디슨이 백열전구를 발명한 이후 20년쯤이 지나서 영국의 물리학자 J.J 톰슨이란 사람에 의해서 밝혀졌다. 톰슨은 여러 가지 실험 끝에 전기라는 것이 아주 미세한 입자라는 것을 알아냈다. 그는 이 작은 입자가 빛도 만들고 열도 나게 한다는 것을 알고, 전자(일렉트론)라고 이름을 붙였다. 참고로 톰슨이 발견한 미립자에 전자(electron)이라는 이름을 붙인 사람은 스토니(G. Johnstone Stoney)이다.

1897년 4월 30일에 영국 왕립연구소에서 톰슨은 4개월간에 걸친 음극선에 대한 실험 결과를 발표했다. 톰슨이 측정한 음극선 입자의 전하와 질량의 비는 수소이온의 전하와 질량의 비보다 1840배나 컸다. 그것은 이 입자가 음전하를 띠고 있으며 수소 원자보다 훨씬 가벼운 입자라는 것을 의미한다.

톰슨은 이 입자를 미립자(corpuscles)라 불렀다. 음극선에 관한 톰슨의 논문은 1897년 8월 7일 '필로소피컬 매거진(Philosophical Magazine)'에 제출되어 그 해 10월에 출판되었다.

음극선

– 톰슨은 다음과 같은 실험을 해보았다. 당시에는 이미 발전기로 전기를 발전하고 있었던 것이다.

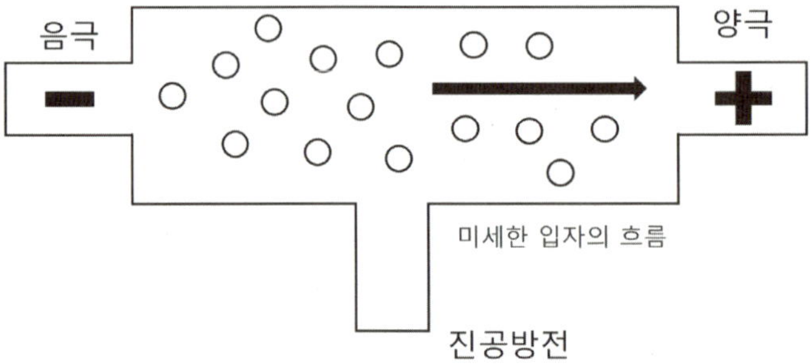

그림 1-1 **톰슨의 음극선 실험**

그림에서 보듯이, 그는 유리관의 양쪽 끝에 전극을 붙인 다음, 속의 공기를 빼고 높은 전압을 걸어 보았다. 그랬더니 음극쪽에서 양극쪽으로 빛과 같은 것이 흐르는 것을 발견했던 것이다. 이 실험에서와 같이 진공 속을 전류가 흐르는 것을 진공방전, 그 관을 진공방전관, 그리고 음극에서 양극으로 흐르는 빛과 같은 것을 음극선이라고 한다. 그런데 톰슨의 실험에서는 빛과 같은 것이 양극에서 음극으로 흐른 것이 아니고, 반대로 음극에서 양극으로 흘렀다. 전기의 정체를 파악하는데 이것은 대단히 중요한 발견이었던 것이다. 음극선을 발견한 후, 다시 실험을 거듭한 끝에야 그 음극선이 결국은 극히 미소한 입자인 전자의 흐름이라는 것을 알게 되었던 것이다.

2) 전기의 역사

전기에 대한 최초의 기록은 기원 전 600년경에 그리스의 철학자 탈레스가 호박(amber, electron)을 양모나 모피에 마찰시키면 새털과 같은 가벼운 것을 끌어당기는 사실을 발견하였는데 이 이상한 힘을 전기(electricity)라고 부르게 된 것에서 시작된다. 탈레스는 당시 Elektron이라고 불리는 호박, 즉 나무의 진액이 굳어서 만들어진 광물이 주변의 조그마한 먼지들을 끌어들이는 현상을 우연히 관찰하게 되고, 이 때문에 당시 호박이 만들었던 정전기, 다시 말해 전기에 관한 모든 명칭 앞에 Electric이 붙게 된 것으로 추정하고 있다. 한편, 자석을 뜻하는 Magnet의 유래는 그리스 테살리아의 남동부 지역에 있는 마그네시아 때문인 것으로 추정하고 있다. Magnesia에서 발견된 마법의 돌이라고 하여,

Magnet으로 불리게 되었다는 설이 가장 유력한 설로 알려져 있다.

1600년경 엘리자베스 여왕의 주치의인 길버트는 의사로서 환자의 치료 외에도 전기와 자기에 대한 연구를 하여 지구는 하나의 커다란 자석이라는 것과 정전력을 연구하기 위해 검전기를 고안하였다. 이렇게 17세기 초 보이지 않는 미지의 힘을 최초로 학문적으로 연구한 과학자가 등장하게 되고, "자석에 관하여"라는 책을 통해 이 신비한 힘을 규명하려 하였다. 나침반이 항상 북쪽을 가리키는 이유에 대해 북극 근처의 매우 강한 자석이 존재하기 때문이라든지 또는 북극성이 자속으로 만들어줬던 이유 때문이 아닌 무언가 근본적으로 다른 이유가 있을 것이라는 생각을 하게 된다. 이런 생각을 검증하기 위해 시행했넌 다양한 실험들을 통해 자속의 여러 성질을 실험적으로 발견하게 되면서 자신의 실험 자료를 바탕으로 지구자체가 커다란 자석 이라는 가설을 주장 하게 된다. 또한 길버트는 호박에서 발생되는 정전기의 관한 연구도 진행하였는데, 이는 곧, 호박의 전기를 다루는 전기학과 자석의 자기를 다루는 자기학이라는 서로 다른 두 학문의 탄생으로 이어지게 된다. 역사적으로 이 시점에서, '전기 ' 라는 뜻의 'Electricus'라는 말이 길버트에 의해 최초로 사용되게 된다.

1746년 네덜란드의 라이덴 대학교수 피터르 판 뮈센브루크(Pieter van Musschenbroek)는 정전기를 축적할 수 있는 라이덴병을 발명하였다. 라이덴병은 최초의 정전기 저장 장치로, 오늘날의 축전기(capacitor) 개념의 기초를 마련한 중요한 발명품이다. 라이덴병은 유리병 내부와 외부에 각각 금속박이나 물을 이용해 전하를 저장하는 방식으로 작동한다. 당시 과학자들은 전기를 어떻게 효과적으로 저장할 수 있을지 고민하고 있었고, 뮈센브루크는 전기 실험 중 우연히 물이 담긴 유리병과 금속 도체를 결합하면 전기를 저장할 수 있다는 사실을 발견하였다. 실험을 통해 그는 손으로 금속 전극을 잡고 병을 충전한 후 방전될 때 강한 충격을 경험하며 정전기 저장 원리를 확인하였다. 이후 라이덴병은 전기 실험과 연구에서 필수적인 장치로 자리 잡았으며, 이후 벤저민 프랭클린(Benjamin Franklin)은 여러 개의 라이덴병을 병렬로 연결하여 전기 배터리 개념을 최초로 제안하기도 했다. 라이덴병의 발명은 전기의 저장과 방출 원리에 대한 연구를 가속화하여, 후일 현대 축전기 및 전기 회로 기술의 발전에 중요한 역할을 하였다.

1747년 미국의 전기학자였던 벤자민 프랭클린에 의해 공식적으로 두 종류의 전기, 그러니까 유리전기와 수지전기의 명칭이 각각 +극(유리전기)과 -극(수지전기)으로 이름이 붙여지게 된다. 뿐만 아니라 프랭클린은 모든 물질은 이미 전기를 가지고 있으며 그 물질이 무슨 이유에서든 +전기를 빼앗기게 되면 -극이 되고, −전기를 빼앗기게 되면 +극이 된다는 주장을 펼치게 된다. 이러한 발견 이후, 정전기는 서로 다른 2가지 극이 존재하는 자석처럼 다시 말해, N극과 S극처럼 +전하와 -전하로 분리되게 된다. 이 두가지의 힘, 전기력과 자기력은 앞선 뉴턴의 대발견인 만유인력이 보여주었던 것과 동일하게 서로가 서로를 잡아당긴다는 공통점을 가지고 있었지만 같은 극이 만나면 서로를 밀어낸다는 특별한 차이점을 가지고 있었다. 1752년 6월 프랭클린은 연을 뇌운 속에 씌워 정전기를 라이덴병에 담는 데 성공하였다. 그 결과 뇌운이 어떤 때에는 + 전기로 또는 − 전기로 대전하는 것을 알아냈고 또 피뢰침을 발명하여 우리 일상생활에 커다란 공헌을 하였다.

1772년, 헨리 캐번디시(Henry Cavendish)에 의해 정전기력에 대한 연구가 탄력을 받게되고, 마침내 정전기력(Electric Force)과 만유인력(Universal Gravitation)의 공통점을 유심히 지켜본 한 명의 과학자에 의해서 드디어 수학이라는 도구를 이용해 만유인력 뿐만 아니라 정전기력까지 설명할 수 있게 되는 놀라운 발견을 하게 되는데 이러한 발견을 만들어낸 과학자가 바로 실험적으로 쿨롱의 힘을 규정했던 샤를 드 쿨롱이라는 과학자이다. 1785년 프랑스의 쿨롱(Coulomb)은 정전기와 자기의 흡인력과 반발력에 관한 법칙, 즉 쿨롱의 법칙을 발견한 것은 너무나도 유명하다. 쿨롱은 금속으로 된 공과 비틀림 저울이라는 실험장치를 통해 정전기가 만들어내는 힘 또한 만유인력과 마찬가지로 떨어진 거리의 제곱에 반비례하고, 전하량의 크기에 비례한다는 사실을 발견해내게 되고 이때 수식적으로 밝혀내 공식이 바로 쿨롱의 전기력 공식이며 이 공식은 만유인력의 공식과 매우 유사하다는 특징을 가지고 있다. 이 발견에 의해 인류는 만유인력의 발견이 있은 지 100년만에 전기력 또한 수학적으로 예측할 수 있게 됨과 동시에 만유인력과 매우 유사한 형태를 가지는 이러한 아름다운 수식적 모습을 토대로 우주에 있는 모든 힘들이 인류가 밝혀 온 이전의 힘들과 상당히 유사할 것이라는 기대, “Symmetric”, 모든 것은 대칭적으로 존재하는 것이 아닐까 하는 기대를 가지게 된다.

1780년 초, 전기력이 수학적으로 정립되고 있었던 시기에 실험대에 놓여 있던 개구리 뒷다리에 메스를 데었더니 놀랍게도 이미 잘려나간 뒷다리가 꿈틀거리는 것을 확인하게 된 생물학자 루이지 갈바니에 의해 생명체의 근육 조직이 흥분하게 되면 전기를 생성시키다는 이론인 갈바니즘 이론, 다시말해 생체 전기 이론이 등장하게 된다.

1792년에는 이탈리아의 볼타에 의해 전지가 발명된다. 루이지 갈바니의 개구리 뒷다리 실험 결과를 상당히 독특하게 여긴 그의 친구이자 이탈리아의 물리학자인 볼타는 자신이 독자적으로 행했던 실험에서 갈바니의 생체전기 이론이 틀렸음을 깨닫게 된다. 사실 전기는 개구리의 뒷다리에서 발생한 것이 아니라 뒷다리를 받치고 있던 수술대의 금속과 메스를 구성하는 금속의 특성 때문에 발생한다는 것을 주장하게 되면서, 결국 이러한 논란의 과열 덕분에 화학에서 말하는 ‘이온화 경향성 ' 이 서로 다른 두 종류의 금속을 산성 용액에 넣었을 때 전기를 발생시킬 수 있는 전지인, 볼타 전지를 발견해 내게 되었다. 이러한 볼타 전지의 발견 덕분에 과학자들은 기존의 연구대상인 정지한 전기(정전기) 뿐만 아니라 도체를 타고 흐르는 움직이는 전기를 본격적으로 연구를 하게 된 계기가 된다.

1820년에 외르스테드(Oersted, 덴마크)는 전류와 자기의 관계를 발견하게 된다. 덴마크의 물리학자이자 과학 실험가인 한스 크리스티안 외르스테드는 실험 도중, 볼타 전지에 의해 발생된 전류가 도선 주변에 우연히 두었던 나침반의 바늘을 휘게 만드는 현상을 목격하게 된다. 그 실험을 하던 사람들은, 무언가 실험장치에 커다란 문제가 발생했다고 생각할 정도로 이 현상을 목격한 외르스테드는 매우 당

황했고 이 놀라운 현상에 대해, 전류의 방향을 바꾸는 등의 다양한 실험을 바탕으로 하여 1820년, 당시의 분위기로는 아주 놀라운 결과 하나를 발표하게 되는데, 이것은 움직이는 전기가 알 수 없는 원인에 의해 자기력(자기장)을 발생시킨다는 사실이다.

1820년에 앙페르(Ampere, 프랑스)는 외르스테드가 전류와 자기의 관계를 발견한 것을 더욱 발전시켜 전류와 자기의 밀접한 관계를 정립하였다. 외르스테드의 놀라운 연구 결과를 접하게 된 프랑스 물리학자 앙페르는 외르스테드가 발견한 알 수 없는 원인이 발생하게 된 결정적 계기는 흐르는 전기, 즉 전류에 의해서만 발생하는 현상으로 규정하게 되고, 기존의 전기학이라는 학문을 멈춰있는 전기를 연구하는 '정'전기학으로, 그리고 움직이는 전기, 즉 전류를 연구하는 학문을 전기 '동' 역학이라는 완전히 새로운 학문을 분류하게 된다. 이때부터, 본격적으로 전류라는 용어가 사용되게 되고 이 공로를 인정받아 훗날, 전류를 지칭하는 단위를 앙페르의 영어식 발음인 암페어로 명명하게 된다.

같은 해 가을, 프랑스의 물리학자 장 밥티스트 비오와 펠릭스 사바르에 의해 아주 작은 전류 토막이 만드는 자기력(자기장)을 수학적 방법으로 계산해 낼 수 있는 법칙인 비오-사바르의 법칙을 만들어내면서 멈춰 있는 전기가 만드는 힘인 쿨롱의 힘과 움직이는 전기가 만드는 힘(장,Field)인 비오-사바르 힘 사이의 미묘한 대칭성, 또 한번의 Symmetric을 느낄 수 있게 된다.

앙페르는 비오-사바르의 법칙을 좀 더 기하학적인 아름다움으로 분석할 수 있는 도구이며, 전류에 의해 발생하는 자기장의 형태를 우리가 알기 쉽게 만들어 주는 암페어의 오른손 법칙을 만들어 내게 되고, 이를 통해 비오-사바르의 힘이 곧 자기력(자기장)임을 밝혀 내게 되면서 당시를 지배하던 통념과도 같았던, 전류(전기장의 변화)의 힘이 도선 속에 갇혀서만 존재하는 것이 아니라, 도선 주변으로 퍼져나가면서 자기력(자기장)의 형태로 바뀌게 된다는 대담한 가설을 제안하게 된다.

1827년, 독일의 물리학자 게오르크 시몬 옴(Georg Simon Ohm)은 그 유명한 옴의 법칙(Ohm's Law)을 발표하였다. 옴의 법칙은 전압(V), 전류(I), 저항(R) 사이의 기본적인 관계를 나타내는 법칙으로, 수식으로는 다음과 같이 표현된다. $V=IR$. 이 법칙에 따르면, 도체에 흐르는 전류는 도체 양단의 전압에 비례하고, 저항에 반비례한다. 이는 전기 회로의 기본 원리를 설명하는 가장 중요한 법칙 중 하나로, 전기공학 및 물리학의 발전에 큰 기여를 하였다. 옴은 이 법칙을 실험적으로 도출하기 위해 금속 도선과 다양한 전원 장치를 사용하여 전류와 전압의 관계를 측정하였다. 그러나 당시 그의 연구는 널리 인정받지 못했고, 오히려 과학계에서는 그의 실험이 단순한 가설로 여겨져 비판을 받기도 했다. 하지만 후대에 그의 법칙이 전기 회로 분석과 전자기학의 핵심 원리로 인정받으며, 옴은 전자기학의 기초를 세운 인물 중 한 명으로 평가받게 되었다. 오늘날 옴의 법칙은 전기 및 전자공학에서 필수적인 법칙으로 사용되며, 전자기기의 설계 및 전력 시스템 분석 등에 폭넓게 응용되고 있다. 그의 이름을 따서 저항의 단위인 '옴(Ω, Ohm)'이 명명되었으며, 이는 전기 회로에서 저항의 크기를 나타내는 기본 단위로 사용된다.

1831년에는 패러데이(Faraday, 영국)가 전자유도의 법칙을 발견하여 전기공학의 기틀을 마련하였다. 시간을 약간 거슬러 올라가 1918년, 전기화학의 대가였던 데이비 험프리가 진행하던 강연장에 대장장이의 자식이었던, 출신도 낮하고 정규 학업을 받아 본 적도 없는 한 사람의 제본소 알바생이 나타나게 된다. 이 소년은 제본소에서 일하면서 당대 물리학의 최대 이슈였던 움직이는 전류에 대한 커다란 호기심을 싹 틔우게 되었고 이러한 그의 열정이 그를 데이비 험프리라는 당대 최고의 강연가(Humphry Davy)의 강연으로 이끌게 된다. 그리고 이 강연을 바탕으로 자신의 생각과 아이디어를 한 권의 깔끔한 양장책으로 만들어낸 소년은 이 책을 들고서 험프리 교수를 찾아가게 되는데, 이 소년이 바로 현대 전기 문명의 탄생을 일궈낸 놀라운 물리학자, 마이클 패러데이(Michael Faraday)이다. 당시의 과학은 마치 오페라를 관람하러 가는 것과 같이 귀족들만의 특권으로 누릴 수 있는 향유 문화였기 때문에 흙수저 출신이었던 패러데이의 입장에서는 아무리 노력한들 천문학적인 실험 장비의 가격을 도저히 감당할 수 없었어요. 하지만 그의 전기학에 관한 열정에 비하면 이런 한계는 아무것도 아니라는 듯이 결국 그는 험프리의 실험조수로 발탁되게 되고 이 놀라운 만남이 패러데이의 인생을 송두리째 바꿔놓게 됨과 동시에 전기학의 역사에 길이 남을 엄청난 발견을 일궈내게 된다. 시간이 흘러, 앙페르가 발표한 전류가 공간상으로 미치는 놀라운 힘에 관한 현상을 험프리는 그의 조교들과 함께 재현해 보게 되는데, 당연히 너무나 놀랄 수 밖에 없었다. 그 동안 도선을 벗어날 수 없다고 생각했던 전기의 힘(전기력)이 도선을 벗어나 다른 공간 속으로 퍼져서 그것도 자기의 힘(자기력)으로 바뀌게 되는 장면을 함께 목격한 패러데이는 '보이지 않는 힘이 전류가 흐르는 공간 전체를 뒤덮고 있는 것이 아닐까? ' 라는 특이한 가설을 제안하게 되는데, 험프리를 포함한 그의 조교들은 패러데이의 이런 제안을 코웃음치며, 교육받지 못한 무지함에서 나오는 어리석음으로 간주해버렸다. 하지만 패러데이는 포기하지 않았고 자신을 믿고 따라주었던 실험 조교와 함께 전류에 의한 자기 현상을 집요하게 연구하였고 그러한 정성과 노력의 결과, 패러데이는 '전류로 인해 자기력이 발생 한다면 자석 근처에 전류를 흘려 보내게 된다면 어떻게 될까?'라는 기발한 역발상을 떠올리게 되며 전기학 역사 최초로 전기를 이용한 동력 장치를 만들어내게 된다.

1864년, 영국의 물리학자 제임스 클러크 맥스웰(James Clerk Maxwell)은 전자파의 존재를 예언하는 기본 방정식, 즉 맥스웰 방정식(Maxwell's Equations)을 발표하였다. 이 방정식은 전기장과 자기장의 상호작용을 수학적으로 표현한 네 개의 방정식으로, 현대 전자기학의 기초를 형성하였다. 이 방정식을 통해 맥스웰은 전기장과 자기장이 서로 영향을 미치며 결합된 파동을 형성할 수 있으며, 이러한 파동이 빛의 속도로 전파된다는 사실을 예측하였다. 이는 빛이 전자기파의 일종이라는 것을 의미하며, 이후 전자기파(EM Wave)의 실존을 증명하는 실험적 연구로 이어졌다. 맥스웰의 업적은 물리학 역사에서 뉴턴과 아인슈타인의 이론에 비견될 정도로 중요한 기여로 평가되며, 그의 이름을 기리기 위해 자기 투과율의 단위(맥스웰, Maxwell)가 명명되었다.

맥스웰의 이론은 1887년 독일의 하인리히 헤르츠(Heinrich Hertz)가 전자기파를 실험적으로 검증하면서 그 정확성이 입증되었고, 이는 무선통신, 전파 기술, 레이더, 마이크로파 등의 발전에 결정적인 영향을 미쳤다. 전자기파의 주파수를 측정하는 단위인 헤르츠(Hz)는 이 독일 과학자의 이름을 따서 붙여진 것이다. 헤르츠는 스코틀랜드의 물리학자 맥스웰(1831-1879)의 연구에서 영향을 받았다. 맥스웰은 전자기파의 존재를 예언했던 과학자이다. 헤르츠는 직접 만든 장치를 사용하여 전자기파가 실제로 존재하며 먼 거리에서도 탐지될 수 있다는 사실을 증명했다. 전자기파를 사용하면 대서양을 횡단하여 메시지를 송신하는 일이 가능하다고 헤르츠는 확신했다. 그러나 헤르츠는 무선 통신을 사용하여 그의 생각이 옳았다는 것이 증명되기 전에 세상을 떠나고 말았다.

그후 많은 과학자들의 연구와 노력에 의해 눈부신 발전을 거듭하여 오늘날 전기 전자의 만능시대가 되었다.

3) 전기의 본질

(1) 원자 구조

눈에 보이지도 않고 냄새도 없는 전기란 과연 무엇인가?

전기의 정체를 처음 발견한 사람은 영국의 물리학자인 J·J 톰슨인데 그는 진공관을 이용하여 음극선 실험을 하던 중에 전기는 작은 입자의 흐름이라는 것을 발견하였다. 이 톰슨이 발견한 미립자에 전자(electron)라는 이름을 붙인 사람은 스토니(G. Johnstone Stoney)이다. 이러한 **전자의 흐름이 전기**이고 이 전자는 모든 물질에 다 존재하기 때문에 전기를 이해하려면 우선 물질의 구조를 알아야 한다.

오늘날 모든 물질은 (+)전기와 (-)전기를 가지고 있다는 '**전자설**'이 옳은 것으로 되어 있다. 이 전자설에 의하면 모든 물질을 작게 세분하여 가면 더 이상 작게 할 수 없는 미립자가 되며 이 미립자를 **원자**라고 한다. 그림 1-1과 같이 원자는 **원자핵과 전자**로 구성되고 원자핵은 양(+)의 전기를 가진 양성자와 전기적으로 중성인 중성자로 구성되어 있다. 원자핵을 중심으로 그 주위를 몇 개의 전자가 태양계에 행성이 태양 주위를 맴도는 것과 같이 일정한 궤도를 유지하며 돌고 있다.

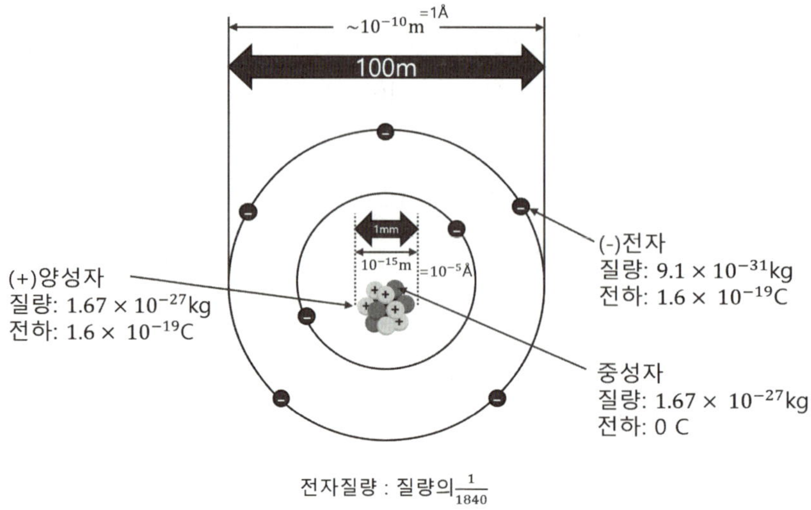

그림 1-2 원자의 물리적 성질

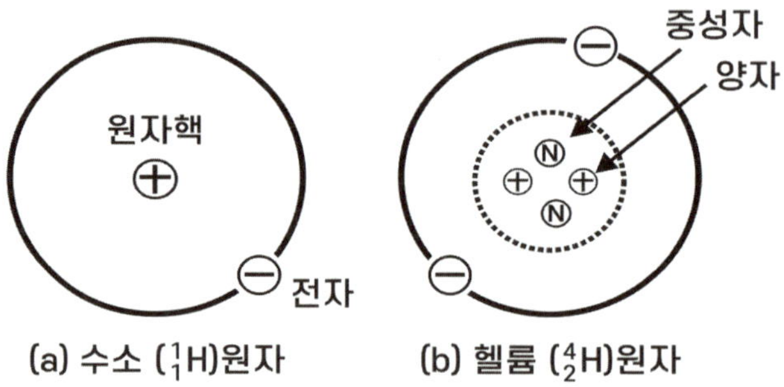

그림 1-3 원자의 구조

(−)전기를 가진 전자는 질량이 $m = 9.105 \times 10^{-31}$[kg]으로 상당히 작으며 (+)전기를 갖는 양성자는 전자의 약 1840배나 되는 크기를 가지고 있다. 그러나 크기는 다르지만 전자 한 개가 갖는 (−)전기의 양이나 양성자 한 개가 갖는 (+)전기의 양은 같다. 이 전자나 양성자가 갖는 전기의 양을 **전기량** 또는 **전하량**이라 하고 클롱[C]이라는 단위를 사용한다. 전자는 $e = 1.602 \times 10^{-19}$[C]의 (−)전기를 갖고, 양성자는 $e = 1.602 \times 10^{-19}$[C]의 (+)전기를 갖는다.

모든 물질에서 원자핵과 전자의 결합은 물질에 따라 강하게 결합되어 있는 것도 있고 비교적 약하게 결합되어 있는 것도 있다. 원자핵에 약하게 결합된 전자는 외부의 자극 즉 열이나 마찰, 빛 등을 가하면 전자는 원자의 속박에서 벗어나 궤도를 이탈하여 자유롭게 운동을 한다. 이와 같은 전자를 **자유전자**라 부른다. 자유전자가 많으면 전기가 잘 흐르고 (도체) 적으면 전기가 잘 흐르지 않는다(부도체). 이와 같이 전기의 여러 가지 현상은 자유 전자의 작용에 의한 것이다.

(2) 전하

현재까지 알려진 바에 따르면, 전자는 우주의 기본 입자 중 하나이며, 가장 가벼운 질량을 가진 입자로 분류된다. 또 전자는 고유한 전기적 성질을 가지고 있으며, 이를 '전하'라고 한다. 따라서 양성자는 양전하를 띠고, 전자는 음전하를 띤다고 정리할 수 있다. 원자는 보통 양성자의 수와 전자의 수가 같아 중성 상태를 유지하지만, 전자의 수가 변하면 이온이 되어 전하를 갖게 된다.

우주에는 두 가지 종류의 전하가 존재하는데, 하나는 양전하이고 다른 하나는 음전하이다. 같은 종류의 전하끼리는 서로 밀어내는 반발력이 작용하고, 반대로 서로 다른 전하끼리는 서로 당기는 끌림의 힘이 존재한다. 이러한 전하 간의 상호작용에서 발생하는 힘을 전기력이라 부른다. 현재까지 밝혀진 바에 따르면, 왜 전하는 두 가지 종류만 존재하는지, 그리고 전하 자체의 본질이 무엇인지에 대해서는 명확한 해답이 없다. 하지만 모든 전하량은 전자에 의해 결정된다는 사실은 알려져 있다. 이에 따라, 전하량의 단위는 전자의 전하량을 기준으로 정의되며, 전자의 전하량은 e=1.6×10－19 C(쿨롱)으로 측정된다.

전기력은 물질을 구성하는 원자의 형성에 중요한 역할을 한다. 원자는 원자핵과 전자들로 이루어져 있으며, 이들은 일정한 전기력을 유지하면서 서로 당기는 상태로 존재한다. 이러한 구조는 마치 태양계를 닮은 형태를 이루며, 원자의 안정적인 결합을 가능하게 한다.

(3) 원자와 원소

원자는 물질을 구성하는 가장 작은 단위로, 전자와 원자핵으로 이루어져 있다. 원자핵은 다시 양성자와 중성자로 구성된다. 전기적 중성 상태의 원자는 궤도전자의 수와 양성자의 수가 같으며, 자연계에서 발견되는 대부분의 물질은 이러한 중성 상태를 유지하고 있다. 원자의 궤도전자는 그 물질의 화학적 성질을 결정하는 중요한 요소이다. 즉, 원자의 궤도전자 수에 따라 그 물질의 화학적 성질이 달라진다. 자연계에서 존재하는 대부분의 물질이 중성 상태이므로, 전자 수는 양성자 수에 의해 결정된다고 볼 수 있다. 한편, 원자의 양성자 수는 그 원소의 종류를 결정하는 핵심 요소이다. 예를 들어, 양성자 수가 하나인 원소는 수소(H)로, 양성자 수가 두 개인 원소는 헬륨(He)으로 정의된다. 이처럼 원소의 종류는 원자핵 내에 포함된 양성자의 개수에 따라 구분된다.

원소란 어떠한 화학적 변화로도 더 이상 분해되지 않는 물질을 의미한다. 화학적 성질이 서로 다른 다양한 물질들을 구별하기 위해, 각각의 물질을 구성하는 양성자의 개수를 기준으로 명명하는 것이 필요했다. 그러나 단순히 "양성자 1개인 물질", "양성자 2개인 물질", "양성자 43개인 물질"과 같이 부르는 것은 매우 불편하므로, 사람들은 특정 양성자 수를 가진 원소에 고유한 이름을 부여하였다. 예를 들어, 양성자가 1개인 물질은 수소(H), 2개인 물질은 헬륨(He), 16개인 물질은 산소(O)라고 명명하였다. 이렇게 정의된 원소들은 주기성을 고려하여 일정한 순서로 정리되었으며, 이를 "원소주기율표"라고 한다. 원소주기율표는 원소들을 구분하기 쉽게 배열한 표로, 각 원소에는 고유한 번호가 부여된다. 이 번호를 "원자번호"라고 하며, 원자번호는 해당 원소를 이루는 원자의 양성자 수와 동일하다. 원자번호를 통해 원소의 종류를 쉽게 구분할 수 있으며, 주기율표를 활용하면 원소의 특성과 주기적 성질을 체계적으로 이해할 수 있다.

(4) 동위원소

동위원소는 원자의 양성자 수는 같고 중성자 수가 서로 다른 원소들을 말한다. 특정 원자번호에 해당하는 원소의 원자는 원자번호만큼의 양성자를 가지지만, 중성자 수는 달라질 수 있다. 달라지는 중성자 수는 원자마다 다르다.(그림 1-4).

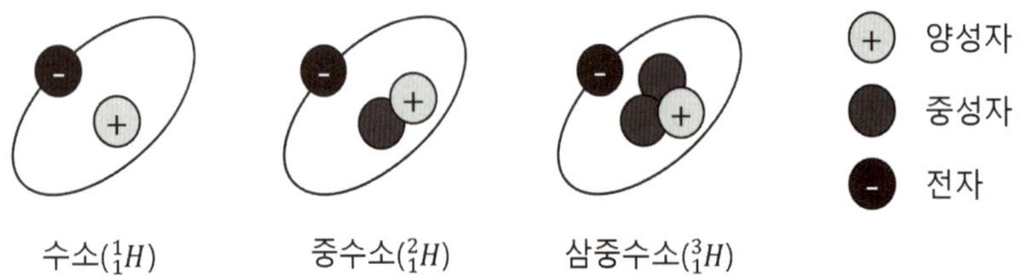

그림 1-4 **수소의 동위원소**

동위 원소는 같은 원소이지만 질량 수가 다른 원소로, 다양한 분야에서 활용되고 있다.

① 의료용 방사성동위원소: 원자로에서 생산되는 방사성 동위원소는 방사선을 방출하는 물질이지만, 소량을 적절히 사용하면 매우 효과적인 핵의약품이 된다. 이러한 핵의약품을 방사성의약품이라 하는데, 각종 질병의 진단과 치료에 이미 널리 사용되고 있다. 특히, 암을 진단하거나 치료하기 위한 목적으로 사용된다. 방사성 동위원소가 방출하는 방사선은 크게 알파선, 베타선, 감마선으로 나눌 수 있다. 알파선과 베타선은 세포를 파괴하는 이온화 능력이 우수하지만, 투과성은 매우 낮아 체내로 들어갈 경우 외부에서 관찰하기 쉽지 않다. 이와 반대로 감마선은 투과성이 매우 좋아 외부에서도 감지기를 이용해 관찰이 가능하다. 이러한 특성으로 인하여 알파선과 베타선을 방출하는 방사성 동위원소는 암세포를 파괴하는 치료제로, 감마선을 방출하는 방사성 동위원소는 암세포를 찾아내는 진단제로 사용된다.

② 반영구적 배터리: 충전이 필요 없는 반영구적 배터리 기술로, 우주, 심해, 의료, 전기차, 드론 등 다양한 분야에서 활용될 수 있다.

③ 연대측정: 유물의 연대를 측정하는 데 사용된다.

④ 두께 측정: 두께를 측정하는 데 사용된다.

⑤ 비파괴검사: 비파괴검사에 사용된다.
동위 원소는 원소의 화학적 성질은 원래 원소와 같지만, 중성자의 수가 달라서 질량이 다르므로 물리적 방법으로 분리할 수 있다.

4) 마찰 전기

일상생활에서 겨울에 털옷이나 화학섬유 옷을 벗을 때 찍찍 소리가 나는 것을 경험하게 되는데 이것은 성질이 다른 털옷과 내의가 마찰하여 발생한 전기가 방전하는 소리이다. 이 마찰에 의해 발생한 전기를 **정전기**라 한다.

물체와 물체를 문지르면 한쪽은 양(+)전기를 띠고 다른 한쪽은 음(−)전기를 갖게 된다. 이와 같이 전기를 갖는 것을 전기를 띠었다. 또는 대전(electrification)하였다라고 한다. 패러데이(Faraday, 영국)는 실제로 여러 가지 물질을 마찰하여 그 물체에 나타나는 전기를 조사하여 그림 1-5와 같이 정전 서열을 작성했다. 모피 → 에보나이트까지 나열되어 있는 것 중에서 두 물질을 마찰하면 플러스 측에 있는 것은 양(+)전기가, 마이너스 측에 있는 것은 음(−)전기가 대전된다. 예를 들면 유리막대를 모피에 마찰하면 유리막대는 모피보다 마이너스 쪽에 있으므로 음(−)로 대전하고, 같은 유리막대라도 명주 헝겊에 마찰하면 유리막대는 명주보다 플러스 쪽에 있으므로 (+)로 대전한다.

그림 1-5 패러데이의 정전 서열

물질은 정상 상태에서는 전기적으로 중성이나 외부의 힘에 의해 전자가 물질 밖으로 나가면 음(−)전기가 적어져서 양(+)전기를 띠고 외부에서 전자가 물질로 들어오면 물질은 음(−)전기가 많아져서 물질은 음(−)전기를 띠게 되는 것이다(그림 1-6).

이러한 마찰 전기에는 다음과 같은 성질이 있다.

① 양전기(+)와 음전기(−)가 있다.

② 같은 종류의 전기는 반발하고 다른 종류의 전기는 끌어당긴다.

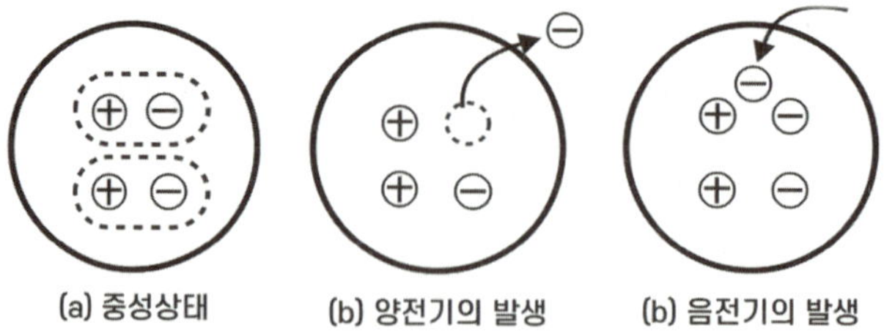

그림 1-6 전기의 발생

2. 직류와 교류

1) 역사적 배경: 직류와 교류의 발전

전류의 개념은 19세기 후반 산업혁명기의 전기기술 발전과 함께 본격적으로 확립되었다. 초기에는 전기를 이용하여 조명과 동력을 공급하려는 다양한 시도가 이루어졌고, 이러한 노력 속에서 직류(DC, Direct Current)와 교류(AC, Alternating Current)라는 두 가지 전력 시스템이 등장하였다. 이 두 체계는 전류의 흐름 방식이 다르며, 발전·송전·배전의 효율성 측면에서도 큰 차이를 보였다.

(1) 직류 전류의 시대와 에디슨의 역할

토머스 에디슨(Thomas Edison, 1847-1931)은 직류 전류를 이용한 전력 공급 시스템을 최초로 상용화한 인물이다. 그는 1882년 뉴욕 맨해튼에 세계 최초의 중앙 발전소인 펄 스트리트 발전소(Pearl Street Station)를 설립하고, 직류 방식으로 약 1km 반경의 가정과 상가에 전기를 공급하였다. 직류는 전류가 일정한 방향으로 흐르므로 제어가 간단하고 안정적이지만, 전압을 변환하기 어려워 장거리 전송 시 전력 손실이 크게 발생한다는 한계를 지니고 있었다. 따라서 직류 방식은 도시 내 근거리 조명용 전력 공급에는 적합했으나, 광범위한 지역에 전기를 공급하기에는 비효율적이었다.

(2) 교류 전류의 등장과 테슬라의 혁신

니콜라 테슬라(Nikola Tesla, 1856-1943)는 직류의 한계를 극복하기 위해 교류 시스템을 개발하였다. 교류는 전류의 방향이 주기적으로 바뀌므로, 변압기(transformer)를 이용하여 전압을 쉽게 높이거나 낮출 수 있다는 장점을 지닌다. 이를 통해 발전소에서는 고전압으로 전력을 생산하여 장거리 송전의 효율을 높이고, 수용지에서는 저전압으로 변환하여 안전하게 사용할 수 있게 되었다. 테슬라는 1887년 교류 유도 전동기(AC induction motor)와 다상 교류 시스템에 대한 특허를 출원하였고, 이후 조지 웨스팅하우스(George Westinghouse)와 협력하여 교류 전력 시스템의 상용화를 추진하였다.

(3) 전류 전쟁(War of Currents)

에디슨은 자신이 구축한 직류 시스템의 시장을 지키기 위해 교류의 위험성을 강조하며 반대하였다. 그는 교류가 높은 전압을 사용하기 때문에 감전의 위험이 크다고 주장하였고, 심지어 동물을 이용한 감전 실험을 공개 시연하기도 하였다. 그러나 1893년 시카고 만국박람회(Chicago World's Fair)에서 테슬라와 웨스팅하우스가 구축한 교류 시스템이 성공적으로 박람회장을 밝히며, 교류의 효율성과 안전성이 세계적으로 입증되었다. 이후 나이아가라 폭포 수력발전소(Niagara Falls Power Plant)에 교류 송전 방식이 채택되면서, 교류가 전력 산업의 표준으로 자리 잡게 되었다.

(4) 현대의 직류와 교류

이후 한 세기 이상 교류는 전 세계 전력망의 기본 구조를 형성해왔다. 오늘날 대부분의 발전소에서는 교류 전압을 생산하고, 송전선로를 통해 장거리로 전력을 공급한 뒤, 배전 단계에서 변압기를 이용하여 전압을 조정한다. 그러나 반도체 기술의 발달로 인해 최근에는 직류(DC)의 중요성이 다시 부각되고 있다. 전기자동차, 태양광 발전, 에너지 저장장치(ESS), 데이터센터, 반도체 회로 등은 모두 직류 전력을 기반으로 동작한다. 따라서 현대의 전력 시스템은 교류를 주력으로 하되, 특정 응용 분야에서는 직류가 함께 사용되는 AC-DC 융합 구조로 발전하고 있다.

2) 직류 (DC, Direct Current)

직류(DC, Direct Current)는 전류가 한 방향으로 일정하게 흐르는 전기의 형태를 의미한다. 직류에서는 전압과 전류의 방향이 시간이 지나도 변하지 않으며, 항상 일정한 크기를 유지한다. 이러한 특성 때문에 직류는 전자 기기, 배터리, 태양광 발전 시스템 등과 같은 안정적인 전원이 필요한 곳에서 주로 사용된다.

직류의 대표적인 예로는 건전지(배터리), 휴대폰 충전기, 전기차 배터리 등이 있다. 예를 들어, 일반적인 AA 배터리(1.5V)나 노트북 어댑터(12V, 19V DC 출력)는 일정한 전압을 제공하는 직류 전원을 사용한다. 또한, 태양광 발전 시스템에서 생성된 전력 역시 직류 형태로 만들어지며, 이를 활용하기 위해서는 교류(AC)로 변환하는 과정이 필요하다.

직류는 전압이 일정하기 때문에 전자 부품 및 반도체 회로에서 안정적인 전원을 공급하는 데 매우 유용하다. 반도체 소자(예: 다이오드, 트랜지스터, IC 칩 등)는 직류를 이용하여 동작하며, 가정에서 사용하는 스마트폰이나 노트북도 직류 전력을 필요로 한다.

직류의 또 다른 특징은 송전 시 장거리 전송에 불리하다는 점이다. 직류 전력은 전압을 쉽게 변환하기 어려워 송전 과정에서 에너지 손실이 크다는 단점이 있다. 따라서 발전소에서는 교류(AC)를 이용해 전력을 송전한 후, 필요한 경우 정류기(Rectifier)를 통해 직류로 변환하여 사용한다. 하지만 최근에는 HVDC(고압 직류 송전, High Voltage Direct Current) 기술이 개발되어, 장거리 송전에 직류가 활용되는 사례도 증가하고 있다.

결론적으로, 직류는 일정한 방향과 크기의 전류를 유지하는 특성을 가지며, 배터리, 전자기기, 태양광 발전 등에서 안정적인 전력 공급원으로 널리 사용된다. 하지만 전압 변환이 어렵고 송전 손실이 크다는 단점이 있어, 일반적인 전력 송전에는 교류가 주로 사용된다.

3) 교류 (AC, Alternating Current)

교류(AC, Alternating Current)는 전압과 전류의 방향이 주기적으로 바뀌는 전기의 형태를 의미한다. 교류에서는 시간이 지남에 따라 전류의 방향이 일정한 주기로 변화하며, 이로 인해 전압도 주기적으로 변동한다. 이러한 특성 덕분에 교류는 장거리 전력 송전에 매우 유리하며, 현재 우리가 사용하는 가정용 전기(220V, 60Hz) 및 산업용 전력 시스템에서 널리 활용되고 있다.

교류는 일반적으로 정현파(Sine Wave) 형태로 변화하며, 1초 동안 반복되는 횟수(주파수, Hz)에 따라 특성이 달라진다. 예를 들어, 한국과 미국 일부 지역에서는 60Hz(초당 60번 방향이 바뀜)의 교류 전원을 사용하며, 유럽 및 다른 지역에서는 50Hz를 표준으로 사용한다. 교류의 전압은 보통 실효값(RMS)으로 표현되며, 가정용 220V AC 전력은 실효값 기준이고, 실제 피크 전압은 약 311V에 달한다.

교류의 가장 큰 장점은 장거리 전력 송전이 가능하다는 것이다. 교류는 변압기(Transformer)를 이용해 전압을 쉽게 높이거나 낮출 수 있기 때문에, 발전소에서 생성된 전력을 높은 전압(수십만 볼트)으로 변환하여 장거리 송전한 뒤, 최종적으로 가정과 산업 현장에서 낮은 전압으로 변환하여 안전하게 사용할 수 있다. 이 덕분에 전력 손실을 최소화하고, 경제적으로 효율적인 전력 공급이 가능하다.

교류는 가정과 산업에서 사용되는 거의 모든 전자제품과 전기 시스템에서 핵심적인 역할을 한다. 예를 들어, 전등, 냉장고, 에어컨, 세탁기, 공장 기계, 전기 모터 등은 모두 교류 전원을 기반으로 작동한다. 하지만 컴퓨터, 스마트폰, TV와 같은 전자기기는 교류를 직접 사용하지 않고, 직류(DC)로 변환한 후에 작동한다. 이러한 변환은 어댑터(AC-DC 변환기)나 정류기(Rectifier)를 통해 이루어진다.

반면, 교류의 단점은 전압과 전류의 방향이 지속적으로 변하기 때문에 일부 전자기기에서 안정적인 전원 공급이 어렵다는 점이다. 또한, 교류는 정류 과정을 거치지 않으면 직접 배터리에 저장할 수 없다는 한계도 있다.

결론적으로, 교류는 송전 효율이 뛰어나고 변압이 가능하여 현대 전력 시스템에서 가장 널리 사용되는 전기 형태이다. 발전소에서 생성된 전력은 교류 형태로 가정과 산업으로 공급되며, 전기 제품의 종류에 따라 직류로 변환하여 사용되기도 한다.

4) 직류와 교류의 비교

항목	직류(DC)	교류(AC)
전류 흐름	한 방향으로 일정하게 흐름	방향이 주기적으로 변함
전압 변화	일정한 값 유지	시간에 따라 변함(정현파)
대표 예시	배터리, 스마트폰 충전기	가정용 전력, 발전소 송전
송전 방식	근거리에서 유리	장거리 송전에 유리(손실 적음)
주파수(f)	없음(f = 0)	존재(f = 50Hz 또는 60Hz)
전압 표현	일정한 값(예: 5V, 12V)	실효값(RMS)으로 표현(예:220V)
파형	직선형	정현파(Sine Wave)

5) 직류와 교류의 변환

직류(DC)와 교류(AC)는 서로 변환이 가능하다. 먼저, 교류(AC)를 직류(DC)로 변환하는 과정을 정류(Rectification)라고 한다. 이 과정에서는 정류기(Rectifier)를 사용하며, 대표적인 예로 스마트폰 충전기나 어댑터가 있다. 변환이 완료된 후에도 미세한 교류 성분(리플)이 남을 수 있기 때문에, 이를 최소화하기 위해 평활 회로(Smoothing Circuit)를 추가하여 보다 안정적인 직류 전압을 얻는다.

반대로, 직류(DC)를 교류(AC)로 변환하는 과정을 DC-AC 변환(DC-AC 컨버전, DC-AC Conversion)이라고 한다. 이때, 인버터(Inverter)를 사용하며, 태양광 발전 시스템이나 무정전 전원 공급 장치(UPS) 등의 장비에서 활용된다.

즉, AC와 DC는 각각의 변환 장치를 이용하여 상호 변환이 가능하다.

6) 직류와 교류의 차이 및 송전 방식의 장단점

직류(DC)는 (+)와 (−)극을 가진 전기로, 시간이 지나도 전류와 전압이 일정하게 유지된다. 반면, 교류(AC)는 주기적으로 (+)와 (−)극이 바뀌며, 이로 인해 시간에 따라 전류와 전압도 변한다. 현재 일반적으로 사용되는 전기는 1초에 60번 방향이 바뀌는 60Hz(헤르츠) 교류다. 전력 손실을 최소화하면서 먼 거리까지 전기를 전달하기 위해서는 전압을 높이는 것이 일반적이다. 그러나 에디슨이 직류를 주장

하던 당시에는 직류의 전압을 높일 기술이 부족했다. 따라서 미국 전역에 직류로 전기를 공급하려면 발전소를 도시에 가까운 곳에 밀집시켜야 했으며, 송전 거리가 짧을 수밖에 없었다. 반면, 교류는 변압기를 이용해 전압을 쉽게 올리고 내릴 수 있어 장거리 송전에 유리했다.

예를 들어, 100의 전력을 일정한 속도(100Km/h)로 보낸다고 가정하면, 교류는 전극이 계속 바뀌기 때문에 최대 140에서 최소 60까지 변동한다. 반면, 직류는 100을 그대로 유지하며 송전한다. 이처럼 직류 전압은 교류 전압의 최댓값보다 약 70% 정도 낮기 때문에 절연이 용이하다. 또한, 직류는 사고 발생 시 전력망을 신속하게 분리할 수 있어 대규모 정전(블랙아웃) 사태를 사전에 방지할 수 있다.

직류가 손실이 적은 이유는 다음과 같다.

첫째, 직류에서는 전류가 일정하게 유지되므로, 교류처럼 전류 변동에 따른 추가적인 에너지 손실이 발생하지 않는다.

둘째, 교류에서는 고주파에서 '스킨 효과(Skin Effect)'가 발생하여 전류가 전선의 외부를 따라 흐르면서 저항이 증가하고 손실이 발생한다. 반면, 직류에서는 이러한 현상이 없기 때문에 전선 전체를 효율적으로 활용할 수 있다.

그러나 직류의 송전 거리는 상대적으로 짧은 편이다.

셋째, 직류에서는 거리가 멀어질수록 전압을 유지하기 어려우며, 전압 강하로 인해 효율적인 에너지 전송이 어렵다.

넷째, 직류 시스템에서는 변압기를 사용할 수 없어 전압을 쉽게 높이거나 낮출 수 없다. 이로 인해 고전압 변환이 어렵고, 장거리 송전에 한계가 생긴다.

다섯째, 직류는 일정한 전류 특성 덕분에 교류보다 효율적인 송전이 가능하지만, 장거리에서는 저항에 의한 에너지 손실이 누적되면서 송전 효율이 저하된다.

결과적으로, 직류와 교류는 각각의 특성과 한계를 가지며, 사용 환경에 따라 적절한 방식이 선택된다.

3. 전류, 전압, 저항

1) 전기의 3요소

(1) 전류 (Current)

전류는 일정 시간 동안 한 지점을 통과하는 전하의 양을 나타내며 암페어(A) 단위로 측정된다. 전류는 전기 회로를 통해 흐르는 전자의 흐름으로 이해할 수 있다. 이는 실제 전기 에너지가 얼마나 '흐르고 있는지'를 나타낸다.

(2) 전압 (Voltage)

전압은 전기 잠재력의 차이를 나타내며 볼트(V) 단위로 측정된다. 두 지점 간의 전압 차이는 전기가 흐를 수 있는 '힘'을 제공한다. 예를 들어, 배터리의 양극과 음극 사이에는 특정한 전압이 존재한다.

(3) 저항 (Resistance)

저항은 전류의 흐름을 억제하는 물질의 특성을 나타내며 옴(Ω) 단위로 측정된다. 모든 전도체는 어느 정도 저항을 가지며, 이 저항은 전류가 흐르는 것을 방해하여 에너지를 열 혹은 다른 형태로 변환시킨다. 예를 들어, 전구의 필라멘트는 높은 저항을 가지고 있어 전기를 열과 빛으로 변환한다.

이 세 요소는 옴의 법칙과 밀접하게 연관되어 있으며, 전기 회로의 작동 원리를 이해하는 데 필수적이다.

2) 전류

양(+)전기를 갖는 물질과 음(−)전기를 갖는 물질을 서로 맞대어 놓으면 양(+), 음(−)전기는 서로 끌리어 중화되려고 한다. 그러나 이들 사이에 공기가 있으면 공기는 절연체이므로 중화되지 으며, 물질 사이를 전기가 통하기 쉬운 도체인 전선으로 연결하면 그림 1-7와 같이 전기는 이 통로를 지나 중화된다. 즉, 양(+)전하 대전체의 부족한 전자를 보충시켜주기 위해 음(−)전하 대전체의 과잉전자가 이동함으로써 전기가 흐르게 되는 것이다. 다시 말해서 음(−)전기는 전자가 양(+)전기를 갖는 쪽으로 이동하는 것인데 이러한 현상은 전자가 양(+)전하에 비해 훨씬 가볍기 때문에 이동하기 쉽다고 생각하면 된다.

이와 같이 음(−)전기를 갖는 **전자가 이동하는 것을 전류가 흘렀다**고 한다. 그런데 전자는 분명히 음(−)쪽에서 양(+)쪽으로 흐르는데도 **전류는 양(+)쪽에서 음(−)쪽으로 흐른다고 약속**하고 있다. 이것은 전자가 발견되기 전에 과학자들이 정한 전류의 방향이며 전자의 흐름이 반대로 정해졌다고 해서 특별히 문제될 것은 없다. 따라서 오늘날도 옛날과 같이 전류는 양(+)쪽에서 음(−)쪽으로 흐른다고 정하고 있다(그림 1−8).

전자가 가진 전기의 양(전기량 : 전하량)을 기호로 Q라고 표시하고 단위는 [C]를 사용하는데 1[C]의 전기가 1초간에 흐르는 전류를 1암페어(Ampere, 기호 A) 또는 1 [C/s] 라고 한다. 예를 들면 t 초 동안에 Q[C]의 전하가 흘렀다면 전류 I[A]는 다음과 같다.

$$I = \frac{dQ}{dt}[A] \quad \cdots\cdots\cdots\cdots\cdots\cdots \quad (1-1)$$

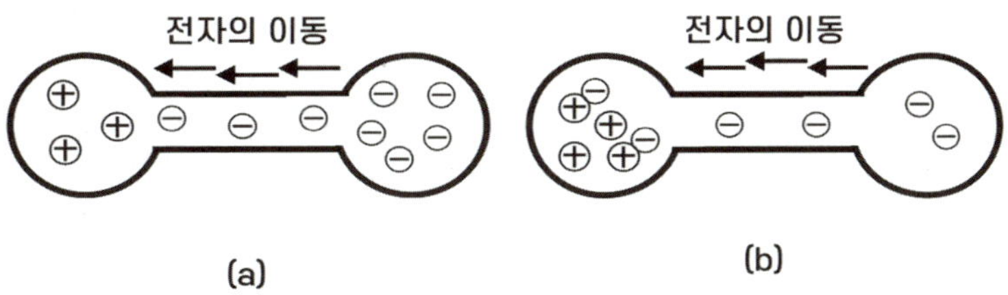

그림 1-7 전자의 이동

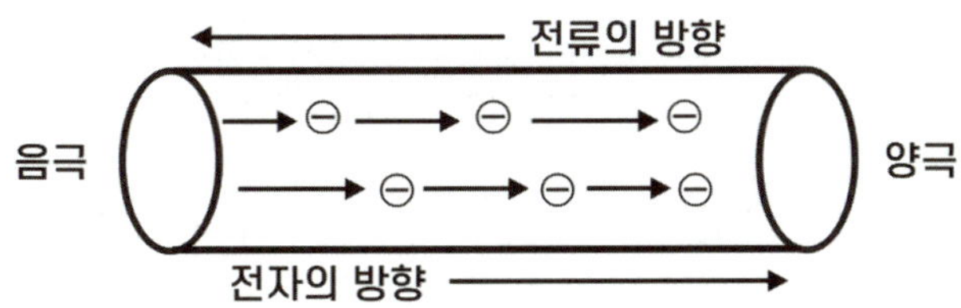

그림 1-8 전류와 전자의 흐름

전류

•전류의 기호: I

•전류의 단위

암페어: A

밀리암페어: mA

마이크로 암페어: μA

[예제 1] 3초 동안에 30[C]의 전하가 이동하였다면 전류의 크기는 얼마인가?

[풀이] $I=\frac{Q}{T}$에서 Q는 $30[C]$, T는 $3[S]$이므로

따라서 $I=\frac{30}{3}=10[A]$

3) 전압(전위차)

그림 1-9에서와 같이 물이 담긴 A, B의 그릇을 파이프 C로 연결하면 물은 수위가 높은 곳 A에서 낮은 곳 B로 흐른다. 이때 물이 흐르는 세기는 그릇 A, B의 수위차, 즉 수압에 의해 결정된다. 전기의 경우도 눈에 보이지는 않지만 수위와 같은 전위라는 것을 생각한다. 이 전위는 대지를 기준으로 0전위로 하고, 전류는 전위가 높은 곳에서 낮은 곳으로 흐른다.

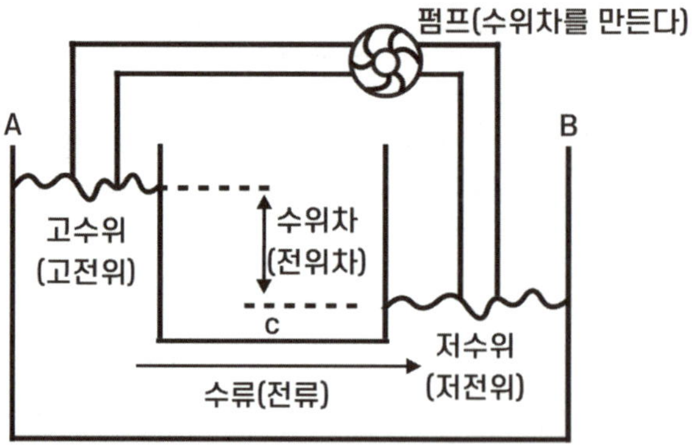

그림 1-9 전압과 물의 비교

그림 1-9과 같이 전선 C를 통해 양(+)전하 A가 음(−)전하 B를 향해 전류가 흐르는 것은 A에서 B

를 향해 전기적 압력이 가해졌다고 생각할 수 있다. 즉 A쪽이 B쪽보다 전위가 높다. 이때 전류는 2점 간의 전위차(전기적 압력)에 의해서 흐르는 것으로서, 이 전위차가 클수록 큰 전류가 흐른다. 이와 같이 전위차는 전류를 흘리려고 하는 전기적 압력이라고 생각하여 전압(voltage)이라고 한다. 양(+)전하와 음(−)전하 사이에는 반드시 전압이 있고, 전류는 이 전압에 의해 흐르는 것이다.

이와 같이 전압에 의해 전류가 흐르는데 어느 시간이 경과된 후에는 그림 1−9에서 물의 높이가 같아지면 더 이상 물이 흐르지 않는 것과 같이 그림 1−10의 A와 B는 중화되어 전기적으로 평형이 되므로 전압이 없어져 더 이상 전류는 흐르지 않는다. 따라서 전류를 연속해서 흘리려면 전압을 연속적으로 만들어 주어야 한다. 그림 1−7에서와 같이 건전지를 연결하면 이 건전지에 의해 전압이 만들어져 계속해서 전류가 흐르게 된다. 이와 같이 계속해서 전압을 만들어 주는 힘을 **기전력**(electromotive force, emf)이라 한다. 일상생활에서 많이 사용하는 1.5V 건전지, 전등이나 TV를 켜기 위한 100V 혹은 200V 전압은 다 전압을 발생시키는 기전력이다.

다시 말해 전류를 흘리기 위한 전위차를 만들어내는 힘을 기전력이라 하며 이 기전력을 일으키는 장치, 즉 건전지나 발전기 등을 **전원**(power source)이라 한다.

전압, 전위, 전위차, 기전력의 크기를 표시하는데는 **볼트**[V]라는 단위를 사용한다. 1[V]는 1[C]의 전하가 두 점 사이를 이동해서 1[J]의 일을 하는 전위차이다. Q[C]의 전하가 이동해서 W[J]의 일을 한다면 이때 전위차[V]는 다음과 같다. 또한 다음의 공식은 전기장에서 전하가 이동할 때 발생하는 일과 전기 퍼텐셜 에너지를 설명하는 중요한 개념을 포함하고 있다.

$$W[J]=F[N]\times d[m]=Q[C]\times E[V/m]\times d[m]=Q[C]\times V[V]$$

이 공식은 전기장에서 전하가 이동할 때 발생하는 일과 전기 퍼텐셜 에너지를 설명하는 중요한 개념을 포함하고 있다. 각 변수의 단위는 다음과 같다.

기호	의미	단위
W	일(Work) 또는 에너지(Energy)	J (줄, Joule) = N·m
F	힘(Force)	N (뉴턴, Newton) = kg·m/s^2
d	거리(Distance) 또는 변위(Displacement)	m (미터, meter)
Q	전하량(Charge)	C (쿨롬, Coulomb)
E	전기장(Electric Field)	V/m (볼트 퍼 미터, Volt per meter) = N/C
V	전위차(전압, Voltage)	V (볼트, Volt) = J/C

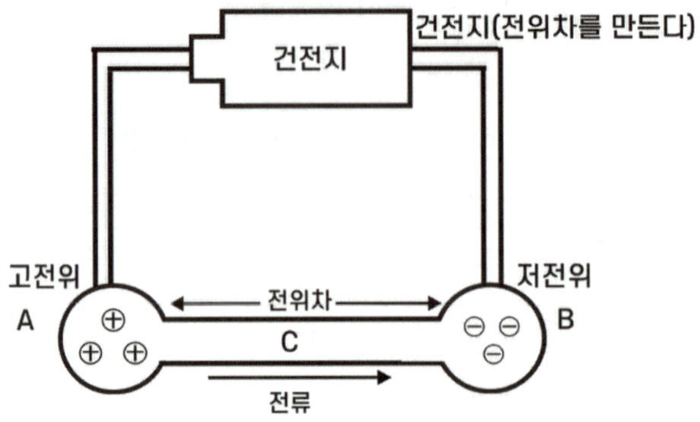

그림 1-10 건전지와 전위차 발생

$$V = \frac{W}{Q}[V] \quad \cdots\cdots \quad (1-2)$$

전압

- 전압의 기호: V
- 전압의 단위

  볼트: V

  밀리볼트: mV

  킬로볼트: kV

[예제 2] 3[C]의 전하량으로 600[J]의 일을 하기 위한 기전력(전압)은?

[풀이] 전압 $[V] = \frac{\text{일율}[J]}{\text{전하량}[C]}$

$$= \frac{600[J]}{3[C]}$$

$$= 200[V]$$

따라서 $V = 200[V]$

4) 저항

그림 1-9에서 파이프에 물이 흐를 때, 일정한 수압을 가할 경우 파이프가 짧고 굵거나 파이프의 내면이 매끄러우면 물은 쉽게 흐른다. 그러나 파이프가 가늘고 길며 내면이 거칠면 물이 잘 흐르지 못한

다. 이것은 파이프의 상태에 따라 물의 흐름을 방해하는 힘이 다르기 때문이며 이것을 파이프의 저항이라 한다. 이와 같이 전류가 흐르는 전선에도 전기의 흐름을 방해하는 성질이 있다. 이것은 파이프의 저항과 같이 전기적인 저항이라고 생각하며 이것을 전기저항이라 한다. 저항의 크기를 나타내는 단위는 **옴**(Ohm, Ω)을 사용한다. 1[V]의 전압을 가해서 1[A]의 전류가 흐르는 도체의 저항을 1[Ω]이라 한다.

저항은 도체의 종류, 단면적과 길이에 따라 달라진다. 즉 저항은 도체의 고유저항과 길이에 비례하고 단면적에 반비례한다(그림 1-11).

$$\text{저항}[\Omega] = \text{저항률}[\Omega \cdot \mathrm{m}] \times \frac{\text{길이}[\mathrm{m}]}{\text{단면적}[\mathrm{m}^2]}$$

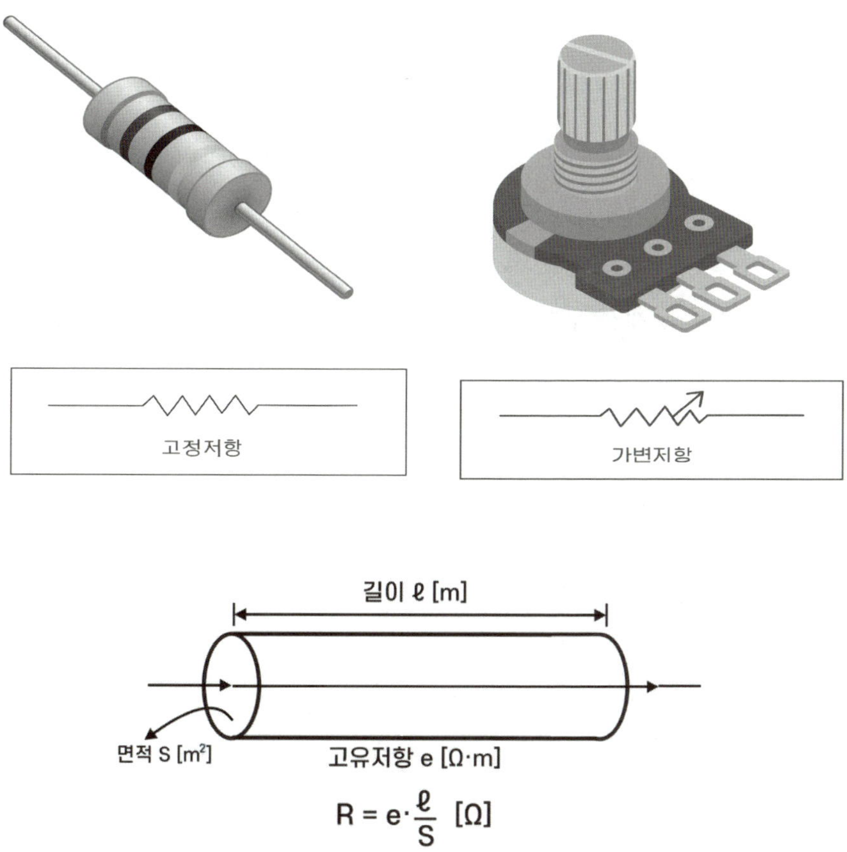

그림 1-11 저항

저항

- 저항의 기호: R
- 저항의 단위

  옴: Ω

  마이크로옴: μΩ

  킬로옴: kΩ

  메가옴: MΩ

(1) 저항의 성질

전기저항은 길이에 비례하고 단면적에 반비례한다. 즉 길이가 2배로 되면 저항도 2배가 되고, 단면적이 2배로 되면 저항은 1/2로 감소한다. 따라서 큰 전류가 흐르는 부하에는 굵은 전선을 사용하고 작은 전류가 흐르는 장치에는 가는 전선을 사용해도 된다. 단면적을 S, 길이를 L이라 하면 저항 R는 $R \propto \frac{L}{S}$과 같이 쓸 수 있다.

그런데 그림 1-12와 같이 길이와 굵기가 같은 니크롬선과 구리선을 전선으로 연결하여 스위치를 a와 b에 넣었을 때의 전류를 측정해보면 a쪽이 큰 것을 알 수 있다. 즉 구리선의 저항이 훨씬 작다. 이와 같이 길이와 굵기가 같아도 재질에 따라 저항이 다르므로 이 재질에 따라 전해지는 비례상수를 로우 ρ라 하고 그 물질의 **저항률** 또는 **고유저항**이라 한다. 따라서 저항 R은 다음과 같이 나타낼 수 있다.

$$R = \rho \frac{L}{S} \quad \cdots\cdots (1-3)$$

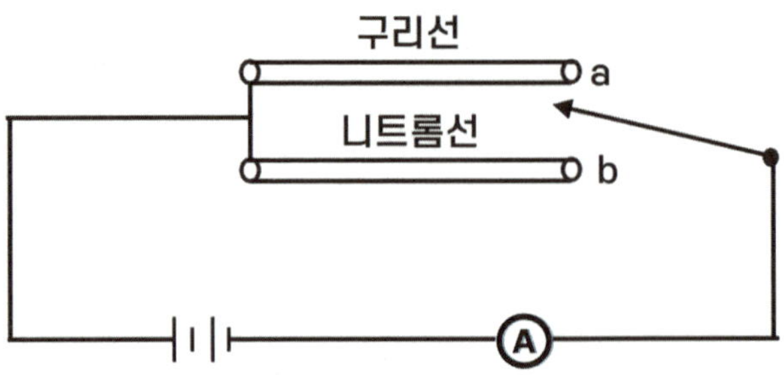

그림 1-12 고유저항

① 고유저항

단면적 1[m^2], 길이 1[m]의 임의의 도체 양면 사이의 저항값을 고유저항(specific resistance) 또는 저항률(resistivity)이라 하며 기호는 로우ρ를 사용하며 단위는 [Ω·m]을 사용한다. 도전률 및 온도계수와 함께 표 1-1에 표시하였다. 실용적으로 고유저항 ρ는 단면적 1[cm^2], 길이 1 cm를 기준으로 해서 [Ω·cm] 또는 [$\mu\Omega$·m]로 나타내는 경우가 많다. 또 송배전 계통에서는 전선의 단면적 1[mm^2], 길이 1 m의 선을 기준으로 해서 고유저항을 [Ω·mm^2/m]으로 나타낸다.

이 3단위 간에는 [Ω·cm] = 1/100[Ω·m] = 10000[Ω·mm^2/m]인 관계가 있다.

저항률 ρ의 값만 알면 어느 물질의 저항은 (1-3)식을 이용하여 계산할 수 있다. 이때 주의할 것은 단위로 ρ에 [Ω·cmm]를 사용하면 L은 [m], S는 [m^2]를 써야 하고 [Ω·cm]를 사용하면 L은 [cm], S는 [cm^2]를, [Ω·mm^2/m]를 사용하면 L은 [m], S는 [mm^2]의 단위를 사용해야 한다.

[예제 3] 단면적 16[mm^2], 길이 100[m]의 경동선의 저항은 얼마인가? 단 경동선의 저항률은 표 1-1에서 1,7774×10-6[Ω·cm]이다.

[풀이] ρ가 [Ω·cm]의 단위이므로 L은 [cm], S는 [cm^2]로 고쳐야 한다. 따라서 L = 10,000 [cm], S = 0.16[cm^2]이므로 식 (1-3)에서

$$R = 1.7774 \times 10^{-6}\frac{10,000}{0.16} \fallingdotseq 0.111[\Omega]$$

[예제 4] 직경 4[mm], 길이 500[m]의 경동선의 저항이 0.693[Ω]이다. 같은 재질로 직경 2[mm], 길이 1,000[m]일 때 저항은?

[풀이] 단면적은 직경의 2승에 비례하니까 단면적은 $(2/4)^2$ = 1/4배로 된다. 그리고 길이는 1,000/500 = 2배로 된다. 따라서 저항은 단면적에 반비례하고 길이에 비례하므로 R = 0.693×4×2 ≒ 5.543[Ω]

② 도전율

저항이나 저항률은 전기가 통하기 어려운 정도를 나타내는 반면 컨덕턴스와 도전율은 전기가 통하기 쉬운 정도를 나타내는 것으로 단면적이 1[m^2], 길이가 1[m]인 도체의 컨덕턴스를 도전율(conductivity)이라 하고 도전율과 고유저항은 역수관계이다. 또 **저항 R의 역수를 컨덕턴스 G라고 한다.** 즉,

$$\text{컨덕턴스}\ \ G = \frac{1}{R} \quad \cdots\cdots\cdots \quad (1-4)$$

이고 단위는 옴의 역수이므로 모오[mho, ℧]를 사용한다. 현재는 국제단위계(SI 단위계)에서 mho 대신 "Siemens(지멘스, S)"가 공식적으로 사용된다. 따라서, 도전율의 단위는 S / m (지멘스 퍼 미터) 또는 $\Omega^{-1} \cdot m^{-1}$로 표현된다.

또 저항율 ρ의 역수를 도전율 σ(sigma)라 하고, 각종 물질의 전류가 통하기 쉬운 비율을 나타낸다. 즉,

$$\text{도전율} \quad \sigma = \frac{1}{\rho} \quad \cdots\cdots (1-5)$$

또 도선의 도전율을 알기 쉽게 나타내기 위해 제일 많이 사용되는 순동의 도전율을 100%로 해서 이곳과 비교한 **%도전율 값**을 사용하는 경우가 많다.

$$\%\text{도전율} = \frac{\text{임의물질의도전율}}{\text{순동의도전율}} \times 100[\%] \quad \cdots\cdots (1-6)$$

표 1-1 각종 물질의 저항률, 도전율, 온도계수

물질	저항률(20℃) (μΩ · cm)	% 도전율(20℃)	온도계수(20℃)
순동	1.7241	100	0.00393
경동선	1.7774	97	0.00381
아연도금철선	13.262	13	-
순알루미늄(99.5%)	2.733	63.3	0.0042
순니켈	7.5	23.1	0.0054
은	1.585	109	0.00405
니크롬 Ⅰ	109.0	1.57	0.00019
니크롬 Ⅱ	112.0	1.54	0.000172

③ 온도계수

일반적으로 전기저항은 온도가 변하면 변하는데 금속은 온도가 증가하면 저항도 증가하고, 반도체나 전해액 등은 감소한다. 이 온도에 따라서 저항이 변하는 비율은 물질에 따라 다르며 저항의 온도가 1℃ 증가할 때 저항이 증가하는 비율을 저항의 **온도계수**라 한다.

그림 1-13처럼 어떤 도체의 저항이 t_1[℃]에서 R_1[Ω]이었던 것이 t_2[℃]의 온도상승에 따라 R_2[Ω]으로 증가하였다고 하면, 온도상승 $t_2 - t_1$[℃]에 의한 저항증가는 $R_2 - R_1$[℃]이고, 1[℃]마다 저항증가는 $(R_2 - R_1)/t_2 - t_1$[Ω/℃]이 된다.

저항 $R_1[\Omega]$에 대한 매 1[℃]마다의 저항이 증가하는 정도를 α_0이라면

$$\alpha_0 = \frac{\frac{R_2 - R_1}{t_2 - t_1}}{R_1}[1/℃] \quad \cdots\cdots (1-7)$$

이 α_0의 값을 t_1의 온도에 있어서의 저항의 온도계수(temperature coefficient)라 한다. 위 식으로부터 R_2를 구하면

$$R_2 = R_1[1 + \alpha_0(t_2 - t_1)][\Omega] \quad \cdots\cdots (1-8)$$

또, 0℃에서 어떤 물체의 저항을 $R_0[\Omega]$, t℃에서의 저항을 $R_1[\Omega]$이라 하면

$$R_1 = R_0(1 + \alpha_0 t_1)[\Omega] \quad \cdots\cdots (1-9)$$

가 성립된다.

여기서, 순동의 0[℃]에서의 온도계수 $\alpha_0 = \frac{1}{234.5}[1/℃]$이다.

반도체, 탄소, 절연체, 전해액 등은 일반적으로 금속 도체와는 반대로 온도가 높으면 저항이 감소하고, 도전율이 커져, 온도계수는 음(-)의 값을 가지게 된다.

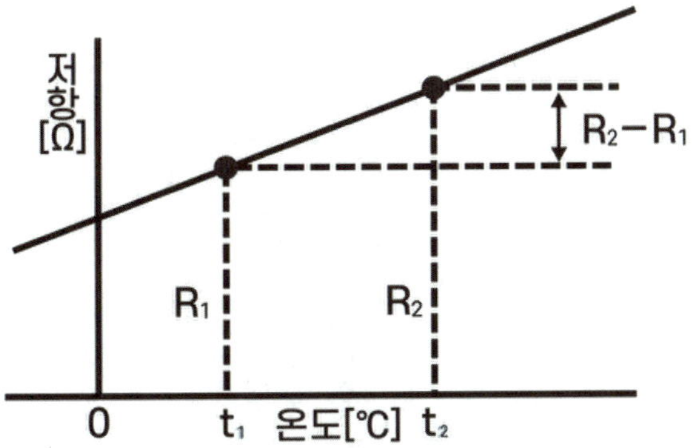

그림 1-13 온도와 도체의 저항

[예제 5] 어느 동선의 온도가 20℃일 때 10[Ω]이었다고 한다. 60℃가 되면 저항은 얼마나 되는가?

[풀이] $R_{60} = 10 \times [1 + 0.00393 \times (60 - 20)] = 11.572[\Omega]$

④ 절연저항

도체나 절연체 등에 전류를 흘릴 때 전기가 누설되거나 감전되는 것을 막기 위해 절연물로 싸서 절연을 하고 있다. 그러나 완전한 절연체는 없고 저항값이 도체에 비해 대단히 클 뿐이다. 이러한 절연체의 저항을 절연저항(insulation resistance)이라 한다.

절연저항은 습기, 먼지, 불순물 등 주위 조건에 따라 그 값이 크게 변화하므로 어떤 전기장치의 절연을 위해서 절연저항이 떨어지지 않도록 주위 환경조건에 신경을 써야 한다. 절연물을 통해서 흐르는 전류를 누설전류(leakage current)라 하고 단위는 옴의 10^6배인 [MΩ]을 사용한다.

⑤ 접촉저항

도체와 도체의 접촉부 저항으로서 스위치, 전선 등의 접촉 저항을 말한다. 전압은 접초저항과 관련이 없다.

5) 옴의 법칙

1827년 독일의 과학자 옴(Ohm G.S)은 **'도체에 흐르는 전류의 크기는 도체에 가한 전압에 비례하고 그 도체의 저항에 반비례한다'**는 전기의 기본법칙인 옴의 법칙을 발견한다. 도체에 가한 전압을 V[V], 도체의 저항을 R[Ω], 흐르는 전류를 I[A]이라고 하면 다음과 같은 식이 성립하게 된다(그림 1-14).

$$I = \frac{V}{R}[A], \qquad V = I \cdot R[V], \qquad R = \frac{V}{I}[\Omega]$$

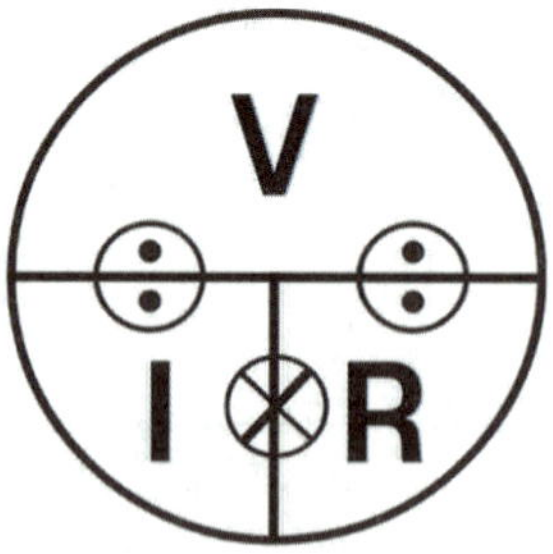

그림 1-14 옴의 법칙

[예제 6] 저항 5[Ω]인 도체에 전압 10[V]를 공급한 경우 도체에 흐르는 전류는 얼마인가?

[풀이] 옴의 법칙에서 $I = \frac{V}{R}$, $V = 10[V]$, $R = [\Omega]$

$$\therefore\ I = \frac{10}{5} = 2[A]$$

[예제 7] 어느 도체에 12[V]의 전압을 가했더니 2[A]의 전류가 흘렀다면 이 도체의 저항은 얼마인가?

[풀이] 옴의 법칙에서 $R = \frac{V}{I}$, $V = 12[V]$, $I = 2[A]$

$$\therefore\ R = \frac{12}{2} = 6[\Omega]$$

[예제 8] 10[Ω]의 저항에 3[A]의 전류가 흐른다면 전압의 크기는 얼마인가?

[풀이] 옴의 법칙에서 $V = IR$, $I = 3[A]$, $R = 10[\Omega]$

$$\therefore\ V = 3 \times 10 = 30[V]$$

4. 전기회로

1) 저항의 직렬연결

그림 1-15와 같이 저항 R_1, R_2, R_3를 직렬 연결하여 전류 I가 흐르고 있을 때 각 저항에 걸리는 전압 V_1, V_2, V_3는 다음과 같다.

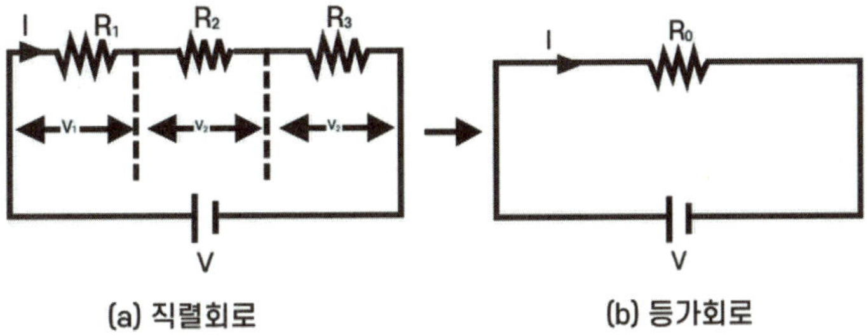

그림 1-15 저항의 직렬연결

$$V_1 = IR_1[V],\ V_2 = IR_2[V],\ V_3 = IR_3[V]$$

직렬연결에서 $V = V_1 + V_2 + V_3$이므로

$$V = IR_1 + IR_2 + IR_3 = I(R_1 + R_2 + R_3) \cdots\cdots\cdots ①$$

$$\text{등가회로에서 } V = IR_0 \cdots\cdots\cdots ②$$

식 ①을 식 ②에서 R_0(합성저항)는 다음과 같이 나타낼 수 있다.

$$R_0 = R_1 + R_2 + R_3[\Omega]$$

저항을 직렬로 연결하면 각 저항에 동일한 크기의 전류가 흐르게 되며 합성저항값이 커지게 된다.

정리

• 저항의 직렬연결은 다음과 같은 성질이 있다.

① 합성 저항은 각 저항의 합과 같다.

② 각 저항의 단자전압 합은 공급전압의 크기와 같다.

③ 각 저항에 흐르는 전류의 크기는 동일하다.

④ 각 저항에 가해지는 전압은 저항에 비례하여 분포한다.

[예제 12] 3개의 저항 2Ω, 3Ω, 5Ω의 직렬로 연결된 경우 합성저항은 얼마인가?

[풀이] 합성저항 $R_0 = 2 + 3 + 5 = 10[\Omega]$

[예제 13] 예제 12의 회로에 100V의 직류전압이 걸렸을 경우 각 저항에서의 전압은 얼마인가?

[풀이] $V_{2\Omega} = \frac{2}{10} \times 100 = 20[V]$, $V_{3\Omega} = \frac{3}{10} \times 100 = 30[V]$, $V_{5\Omega} = \frac{5}{10} \times 100 = 50[V]$

2) 저항의 병렬연결

그림 1-16과 같이 저항 R_1, R_2, R_3를 병렬로 접속하여 전압 V를 가했을 때 각 저항에 전류 I_1, I_2, I_3가 흐르고 전원에 전류 I가 흘렀다고 하자. 병렬연결에서는 각 저항에 동일한 전압이 가해지므로 각 저항에 흐르는 전류는 다음과 같이 나타낼 수 있다.

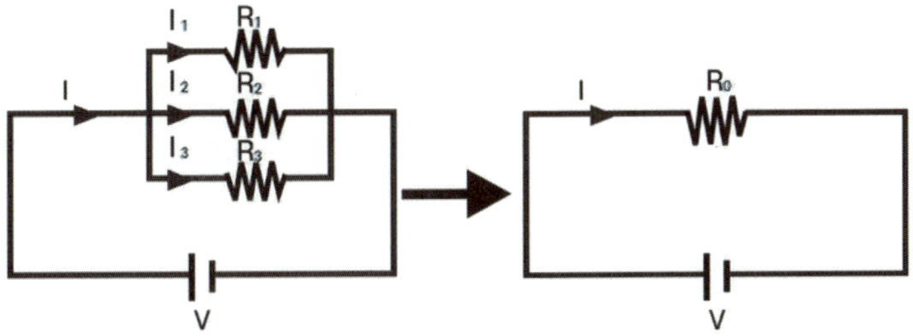

(a) 병렬연결 (b) 등가회로

그림 1-13 저항의 병렬연결

$$I_1 = \frac{V}{R_1}[A],\ I_2 = \frac{V}{R_2}[A],\ I_3 = \frac{V}{R_3}[A] \quad \cdots\cdots\cdots ①$$

$$I = I_1 + I_2 + I_3 \quad \cdots\cdots\cdots ②$$

회로에 흐르는 전체 전류 I는 각 저항에 흐르는 전류의 합과 같다.

식 ①을 식 ②에 대입하여 합성저항 R_0을 구할 수 있다.

$$I = \frac{V}{R_1} + \frac{V}{R_2} + \frac{V}{R_3} = \left(\frac{1}{R_1} + \frac{1}{R_2} + \frac{1}{R_3}\right)V$$

등가회로에서 $I = \frac{V}{R_0}$이므로 합성저항 R_0는 다음과 같다.

$$\frac{1}{R_0} = \frac{1}{R_1} + \frac{1}{R_2} + \frac{1}{R_3}$$

정리

- 저항의 병렬연결은 다음과 같은 성질이 있다.

① 합성 저항은 각 저항의 크기보다 작다.

② 각 저항의 단자전압은 공급전압의 크기와 같다.

③ 전원에서 공급된 전류는 각 저항에 흐르는 전류의 합과 같다.

④ 전류는 저항에 반비례하여 분류한다.

[예제 14] 저항의 크기가 3Ω인 3개의 저항이 병렬로 연결된 경우 합성저항은 얼마인가?

[풀이] 합성저항 $R_0 = \dfrac{1}{\frac{1}{3}+\frac{1}{3}+\frac{1}{3}} = 3/3 = 1[\Omega]$

3) 저항의 직 · 병렬 회로

그림 1-17의 (a)와 같은 직·병렬 회로에서 각 저항의 전류와 양단의 전압을 생각해 본다. 먼저 병렬 부분의 합성저항을 구해서 그림 1-17의 (b)와 같은 등가회로로 생각하면 편리하다.

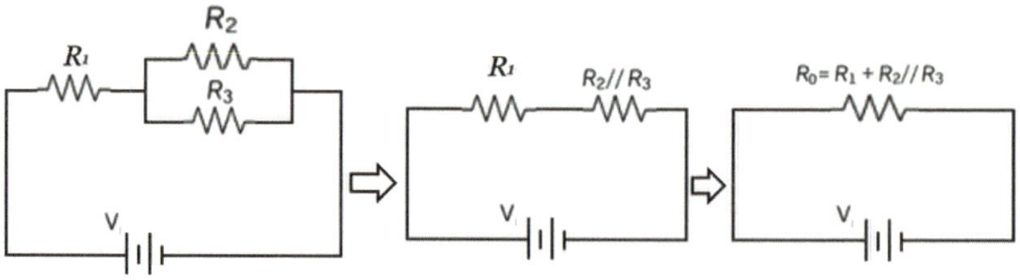

(a) 직·병렬 연결　　(b) 등가회로

그림 1-17 직 · 병렬 회로

[예제 16] 그림과 같은 직·병렬 회로의 합성저항은 얼마인가?

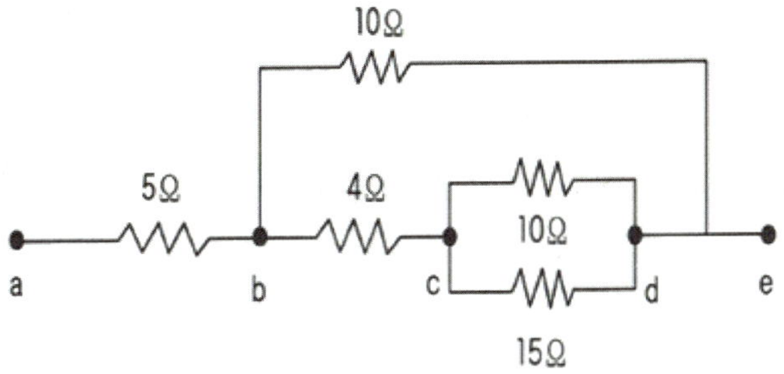

[풀이] 먼저 cd 부분의 합성저항 R_{ed}를 구하면

$R_{cd} = \dfrac{10 \times 15}{10+15} = 6[\Omega]$이다. bc 사이의 저항과 R_{ed}가 직렬연결이므로

$R_{bd} = 4 + 6 = 10[\Omega]$이다. R_{be}는 $10[\Omega]$의 저항 두 개가 병렬연결이므로

$R_{be} = \dfrac{10 \times 10}{10+10} = 5[\Omega]$이다.

따라서, 주어진 회로의 합성저항 R_{ae}는

$R_{ae} = R_{ab} + R_{be} = 5 + 5 = 10[\Omega]$

4) 휘트스톤 브리지 회로(Wheatstone bridge)의 원리

일반적으로 미세한 저항값의 변화를 측정하기 위해서는 감도의 변화를 높이기 위해 별도의 회로를 구성한다. 그림 1-18와 같이 4개의 저항 R_1, R_2, R_3, X를 접속한 회로를 휘스톤 브리지(Wheatstone Bridge)라고 한다.

회로에 입력전압 V에 V_0를 가하면, 노드 cd 사이에서 출력전압 V_G가 나온다. 저항값의 미묘한 변화에 대해, 출력전압 V_G가 큰 폭으로 변하기 때문에 저항값을 비교적 정밀하게 측정할 수 있다. 휘스톤 브리지의 좌우에 전압 V_0를 가한 경우, 검류계 G의 양단에 걸리는 전압(V_G)은 다음과 같이 구할 수 있다. 괄호 안의 항은 두 지점의 전위차를 나타내고 있다.

$$V_G = V_0\left(\frac{R_1}{R_1+R_3} - \frac{R_2}{R_2+R_4}\right)$$

저항 R_2를 조정하여 검류계에 전류가 흐르지 않도록 하여 검류계 G의 양단에 걸리는 전압 V_G 가 '0'이 될 때 평형이라고 한다. 이렇게 평형조건을 만족하게 되면 네 저항 중 어느 한 값을 모를 때, 아래의 수식을 이용하면 쉽게 계산해 낼 수 있다. 노드 c와 d의 전위는 같으므로 다음식이 성립된다.

$$I_1R_1 = I_2R_3, \qquad I_1R_2 = I_2X, \qquad \frac{I_1}{I_2} = \frac{R_3}{R_1} = \frac{X}{R_2}$$

그러므로 $R_2R_3 = R_1X$

$$X = \frac{R_3}{R_1} \cdot R_2 [\Omega]$$

이러한 휘트스톤 브리지(Wheatstone Bridge)는 1833년에 새뮤얼 헌터 크리스티에 의해 고안된 측량법으로서, 후일 1843년 찰스 휘트스톤 경에 의해 개선되어 널리 알려졌다. 4개의 저항이 정사각형을 이루는 회로이며, 일반적으로 미지의 저항값을 구하기 위해서 사용한다. 전자 저울에 응용할 수 있다. 전자 저울과 같은 전자식 측정기기들은 센서 물질의 저항 변화를 감지하여 대상을 측정한다. 측정기기의 감도를 높이기 위해서는 미세한 저항값의 변화를 정밀하게 측정할 수 있어야 하는데 이 때 주로 사용하는 회로로서 휘스톤 브리지(Wheatstone Bridge) 회로가 사용된다. 휘스톤 브리지 회로는 저항 4개를 이용하여 구성한다. 센서로 사용할 때는 4개의 저항 중 하나의 저항을 센서 물질로 대체하고 측정은 저항 사이의 전위차를 측정하게 된다.

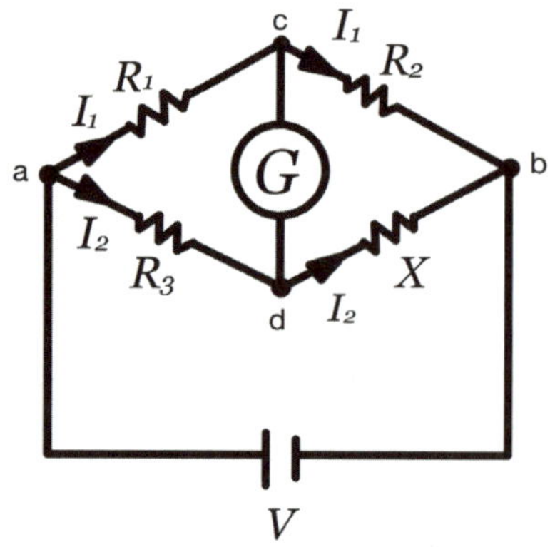

그림 1-18 휘스톤 브리지 회로

[예제 17] 다음 브리지회로에서 $R_1 = 3[\Omega]$, $R_2 = 6[\Omega]$, $R_3 = 10[\Omega]$일 때 평형상태가 되었다. R_4 는 얼마인가? R1=3[Ω], R2=6[Ω], R3=10[Ω]

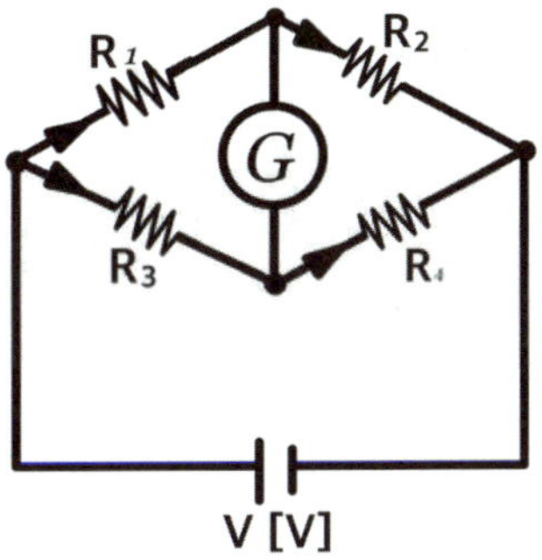

[풀이] 브리지회로의 평형조건에서 $R_1R_4 = R_2R_3$

$$R_4 = R_2\frac{R_3}{R_1} = \frac{6\times 10}{3} = 20[\Omega]$$

5) 키르히호프(Kirchhoff)의 법칙

일반적으로 간단한 전기회로에서 전류와 전압의 크기는 옴의 법칙을 이용하여 계산할 수 있다. 그러나 복잡한 회로에서 전류와 전압의 크기는 키르히호프 법칙을 이용하여 계산한다. 키르히호프의 법칙은 독일의 물리학자 G.R.키르히호프(Gustav R. Kirchhoff, 1824~1887)가 발견한 법칙으로 1849년에 발표되었으며 전자기학 분야에서 정상전류에 대한 옴의 법칙을 일반화하였다. 전류에 관한 법칙(제1법칙)과 전압에 관한 법칙(제2법칙)이 있다. 이 두 법칙을 수식으로 나타낸 연립방정식의 해로 전류를 구할 수 있다.

(1) 키르히호프의 제1법칙(전류법칙, KCL)

제1법칙은 **'회로망의 연결점(노드)에서 볼 때 연결점에 흘러 들어오는 전류의 합은 흘러 나가는 전류의 합과 같다'**는 것이다.

$$\Sigma \text{유입전류} = \Sigma \text{유출전류}$$

그림 1-19에서 볼 때 키르히호프의 제1법칙으로부터 다음과 같은 식이 성립된다.

$$I_1 + I_2 = I_3 + I_4 + I_5$$

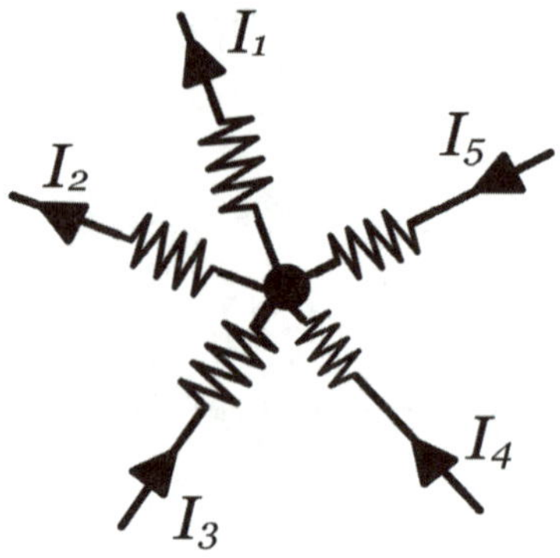

그림 1-19 **키르히호프의 제1법칙**

키르히호프의 제1법칙의 또 다른 표현으로는 '한 노드를 중심으로 들어오는 모든 전류의 합은 0이다' 또는 '한 노드를 중심으로 나가는 모든 전류의 합은 0이다'라는 표현도 모두 같은 표현이다. 이 두 표현을 각각 식으로 표시하면 다음과 같은 식이 성립된다.

$$(-I_1)+(-I_2)+I_3+I_4+I_5=0 \quad \text{또는} \quad I_1+I_2+(-I_3)+(-I_4)+(-I_5)=0$$

(2) 키르히호프의 제2법칙(전압법칙, KVL)

제2법칙은 '**회로망의 어느 폐회로에 있어서 기전력의 합은 그 폐회로의 저항에 이한 전압 강하의 합과 같다**'는 것이다.

$$\Sigma \text{기전력} = \Sigma \text{전압 강하}$$

단, 위의 식 좌변과 우변에서 각각 폐회로를 일주하는 방향과 동일한 방향이 기전력과 전압강하는 +로 하고, 반대의 방향인 경우는 −로 한다.

그림 1-20과 같이 폐회로에서 제2법칙을 적용하면

$$\Sigma \text{기전력} = V_1 - V_2 \quad \cdots\cdots\cdots \text{①} \rightarrow \text{②} \rightarrow \text{③}$$

$$\Sigma \text{전압강하} = I_1R_1 - I_2R_2 \quad \cdots\cdots\cdots \text{③} \rightarrow \text{④}$$

이상에서 다음과 같은 관계식이 성립한다.

$$V_1 - V_2 = I_1R_1 - I_2R_2$$

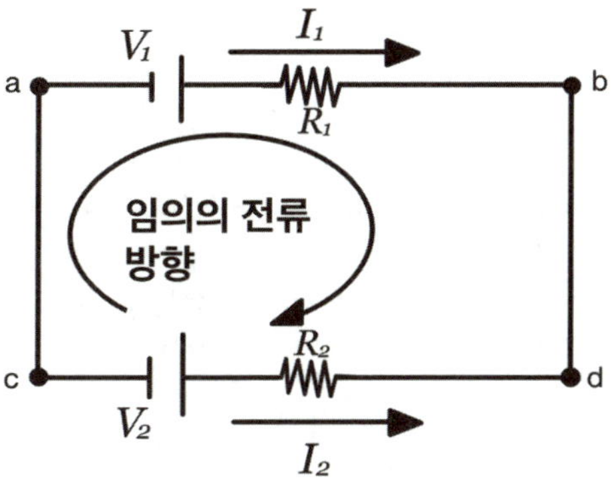

그림 1-20 키르히호프의 제2법칙

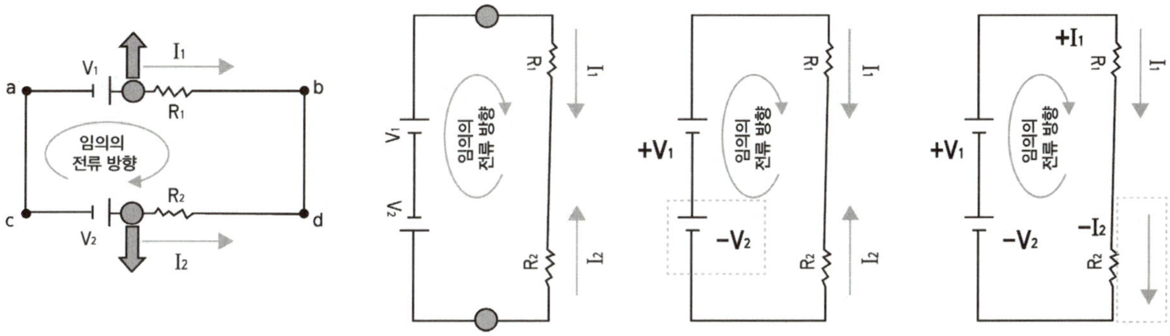

[예제 18] 다음 회로에서 전류의 크기는 얼마인가?

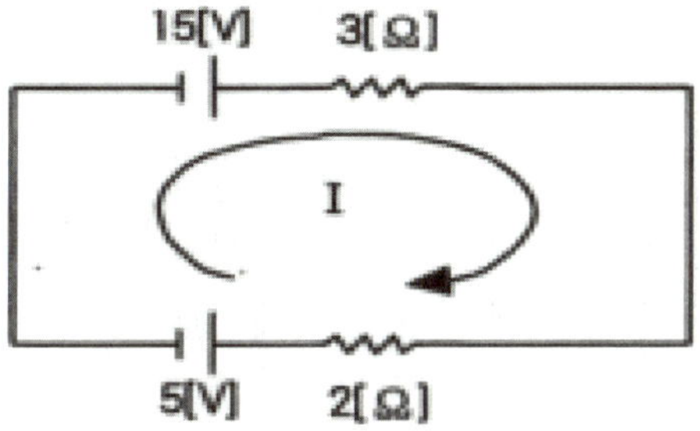

[풀이] 키르히로프 제2법칙 $\Sigma E = \Sigma IR$에서

$15 - 5 = I \times 3 + 1 \times 2 = (3 + 2)$

$10 = I \times 5 \quad \therefore I = 2[A]$

[예제 19] 다음 회로에서 전류 I_1, I_2, I_3은 얼마인가?

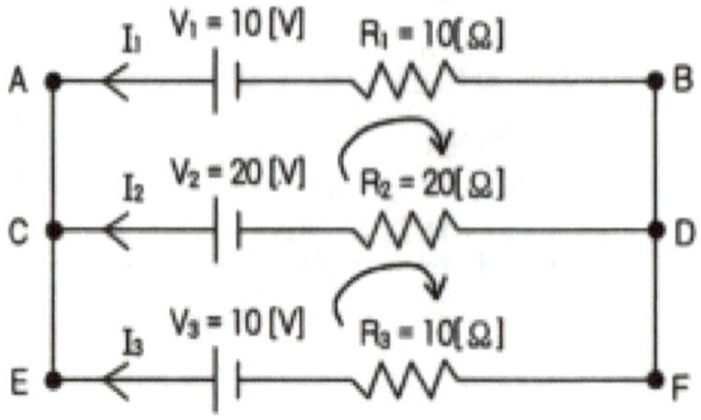

[풀이] 전류의 변향을 회로에 표시한 방향으로 가정하고 점 C에 KCL를 적용하면

$I_1 + I_2 + I_3 = 0$

폐회로 CABCD와 CDFEC에서 시계방향을 (+)로 하여 각 회로에 KVL을 적용하면

$-10I_1 + 20I_2 = 20 - 10$

$-20I_2 + 10I_3 = 10 - 20$

위의 세 식을 연립하여 풀면

$I_1 =-\frac{1}{5}[A]$, $I_2 =-\frac{2}{5}[A]$, $I_3 =-\frac{1}{5}[A]$

6) 전압강하

그림 1-21은 회로에 2Ω의 저항을 추가하면 전구에 가해지는 전압은 24V에서 16V로 떨어진다. 즉 2Ω의 저항으로 인해 8V의 전압강하가 발생하여 전구에 걸리는 전압은 16V로 떨어진다. 이것을 전압강하라 한다.

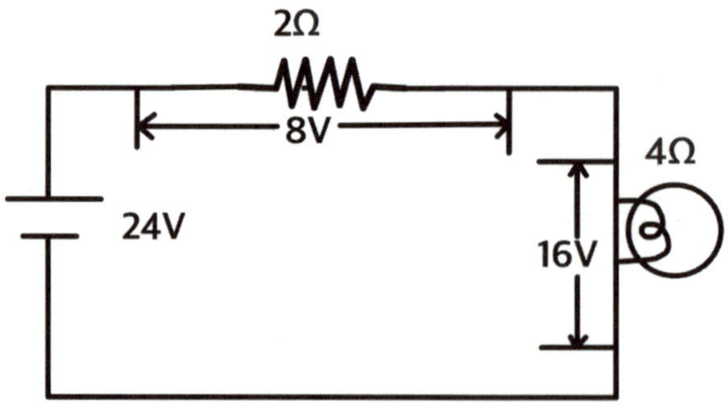

그림 1-21 전압강하

전압강하란 의미를 신호의 입장에서 그 파형의 크기가 작아진다는 의미가 된다. 결국 저항을 달면 해당 선로에서 처리되는 신호전반에 대해 감쇄를 일으키게 되고, 미세한 발진신호는 전압강하에 쉽게 소멸될 수 있게 된다.

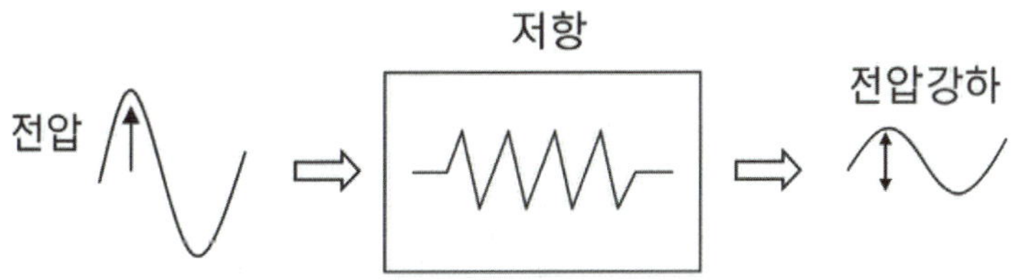

전압강하량(V)=전류량(I)*저항크기(R)

전압강하를 좀더 자세히 살펴보면 그림 1-22의 (a)와 같은 회로에서 전원 E에서 저항 R_1, R_2로 전류 I가 흐른다면 $V_1 = IR_1$, $V_2 = IR_2$의 전압이 각 저항 양 끝에서 생긴다. 전원전압 $E = V_1 + V_2$이므로 전압 $V_2 = E - V_1$이다. 즉 저항 R_2의 양 끝 전압은 전원전압 E에서 저항 R_1에서 생긴 전압강하($V_1 = IR_1$) 만큼 떨어진다.

그림 1-22의 (b)에서 보듯이 음(−)극에서 양(+)극을 보면 전압의 크기만큼 높이 있으며, 그 높이는 각 저항을 통과할 때마다 전압강하 만큼 떨어진다.

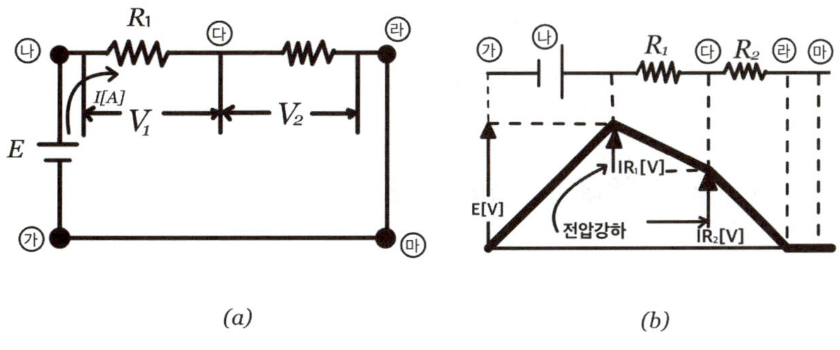

그림 1-22 전압강하의 개념

(1) 저항 (Resistor, R)에서의 전압 강하

- 저항에서는 옴의 법칙(Ohm's Law)에 의해 전압 강하가 발생한다.
- 수식: $V_R = IR$

(V_R : 저항에서의 전압 강하 (V), I : 저항을 흐르는 전류 (A), R : 저항 값 (Ω))

- 저항을 물이 흐르는 호스로 생각하면, 저항이 클수록 물이 흐르기 어려워지고, 압력(전압) 차이가 더 많이 발생합니다. 전류가 많이 흐를수록 (I 증가) 전압 강하도 커진다.

(2) 인덕터 (Inductor, L)에서의 전압 강하

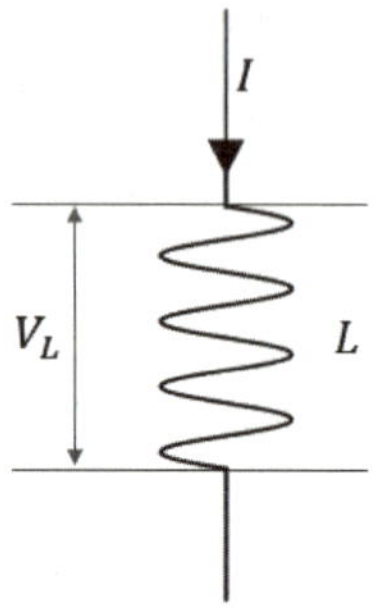

- 인덕터는 전류의 변화율(시간에 따른 변화)에 비례하여 전압이 발생한다.
- 수식: $V_L = L\dfrac{dI}{dt}$

  (V_L : 인덕터에서의 전압 강하 (V), L : 인덕턴스 값 (H, 헨리),

  $\dfrac{dI}{dt}$: 전류의 시간에 따른 변화율 (A/s))
- 인덕터는 전류 변화에 저항하는 성질(자기유도 작용)이 있다. 전류가 일정하면 전압 강하는 0이 되지만, 전류가 갑자기 변하면 높은 전압 강하가 발생한다. 예를 들어, 스위치를 켜거나 끌 때 순간적으로 큰 전압이 생기는 이유이다.

(3) 캐패시터 (Capacitor, C)에서의 전압 강하

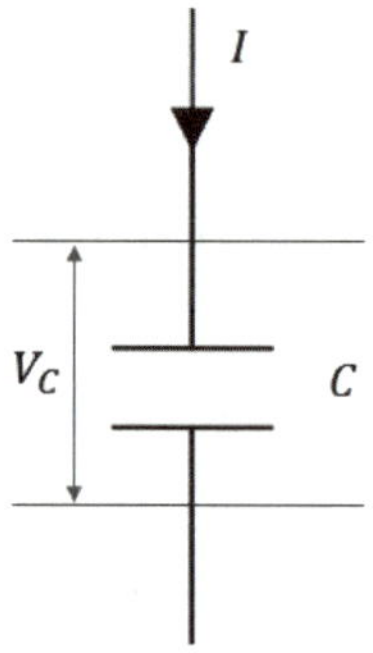

- 캐패시터는 전류의 적분(누적된 전하)에 따라 전압이 결정된다.

– 수식: $V_C = \frac{1}{C}\int I(t)dt$

(V_C : 캐패시터에서의 전압 강하 (V), C : 정전용량 (F, 패럿),

$\int I(t)dt$: 시간에 따른 전류의 적분 (누적된 전하량))

– 캐패시터는 충전된 전하에 따라 전압이 결정된다. 전류가 많이 흐르면 캐패시터에 전하가 축적되면서 점점 전압이 올라간다. 하지만 일정한 전압이 되면 더 이상 전류가 흐르지 않는다.

[예제 20] 다음 회로에서 전압강하는 얼마인가?

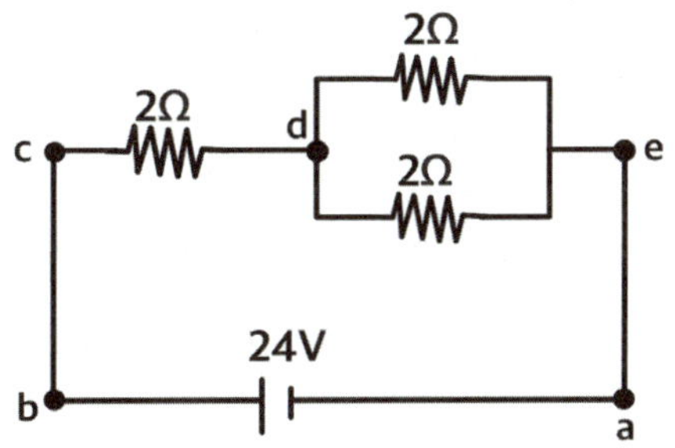

[풀이] 위 회로의 등가회로는

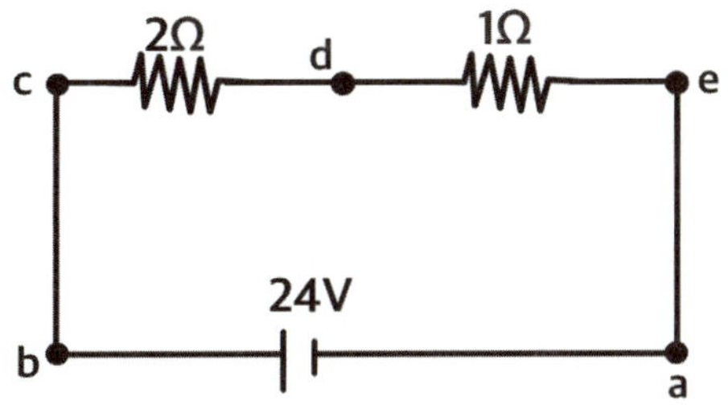

와 같으므로 $V_{cd} = 24 \times \frac{2}{3} = 16[V]$, $V_{de} = 24 \times \frac{1}{3} = 8[V]$

7) 분압기와 분류기

직렬회로는 분압기 역할을 하며, 병렬회로에서 각 지로의 전류는 각 저항 값에 반비례하여 분류한다. 직렬회로에서 회로에 흐르는 전류값을 모를 때 각 저항에 걸리는 전압을 구하기 위하여 전압분배 공식을 사용하고, 병렬회로에서 양단에 걸리는 전압을 모를 때 각 지로로 흐르는 전류값을 구하기 위하여 전류 분배공식을 사용할 수 있다.

(1) 전압분배

직렬회로 내를 흐르는 모든 전류값은 동일하며, 전압 강하는 전류와 저항의 곱과 같다. 그러므로 각각의 전압 강하값은 각 저항값에 비례한다. 따라서 같은 직렬회로 내에서는 저항값이 큰 쪽이 작은 쪽보다 높은 전압 강하가 발생한다. 직렬저항을 분압기로 간주할 수 있으며, 각각의 저항에는 전 공급 전압에 대하여 각 저항값에 비례하는 전압이 공급된다.

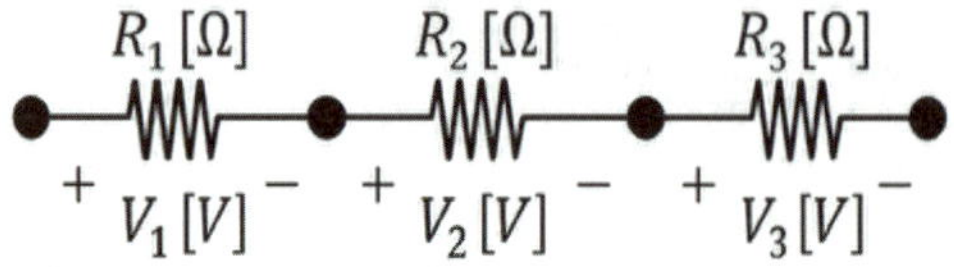

전압 분배 원리는 직렬로 연결된 저항들 사이에서 전압이 어떻게 분배되는지를 설명하는 개념이다. 직렬 회로에서 전류는 일정하게 흐르므로, 각 저항에 걸리는 전압은 저항 값에 비례하여 나뉜다. 이를 수식으로 표현하면, 전체 저항 R_0는 개별 저항들의 합으로 나타낼 수 있으며, 이는 다음과 같이 정의된다.

$$R_0 = R_1 + R_2 + R_3$$

또한, 전체 전압 V0는 각 저항에 걸리는 전압들의 합과 같으므로 다음과 같은 관계식을 얻을 수 있다.

$$V_0 = V_1 + V_2 + V_3$$

전압 분배 법칙에 따르면, 특정 저항 Rx에 걸리는 전압 Vx는 전체 전압 V0에 해당 저항이 전체 저항에서 차지하는 비율을 곱한 값으로 결정된다. 이를 수식으로 표현하면 다음과 같다.

$$V_x = V_0 \times \frac{R_x}{R_0}$$

즉, 저항이 클수록 해당 저항에 걸리는 전압도 커지게 된다. 따라서, 전압의 비율은 저항의 비율과 동일하며, 이를 이용하면 원하는 전압을 쉽게 조절할 수 있다.

전압은 저항의 크기에 비례하여 분배되며, 전압 비율은 저항비와 동일하다. 이를 정리하면 다음과 같은 관계식을 얻을 수 있다.

$$V_1 : V_2 : V_3 = \frac{R_1}{R_0} V_0 : \frac{R_2}{R_0} V_0 : \frac{R_3}{R_0} V_0$$

이를 다시 정리하면,

$$V_1 = V_0 \times \frac{R_1}{R_0}, \quad V_2 = V_0 \times \frac{R_2}{R_0}, \quad V_3 = V_0 \times \frac{R_3}{R_0}$$

전압 분배 원리는 전자 회로에서 매우 중요한 개념이며, 다양한 응용 사례가 존재한다. 예를 들어, 센서 회로에서 기준 전압을 설정하거나 신호 감쇄 회로를 설계할 때 활용된다. 이를 통해 특정 전자 부품이 적절한 전압을 받을 수 있도록 조정할 수 있으며, 다양한 전자 장치에서 필수적인 역할을 한다.

[예제 21] 다음 회로에서 각 저항에서의 전압강하는 얼마인가?

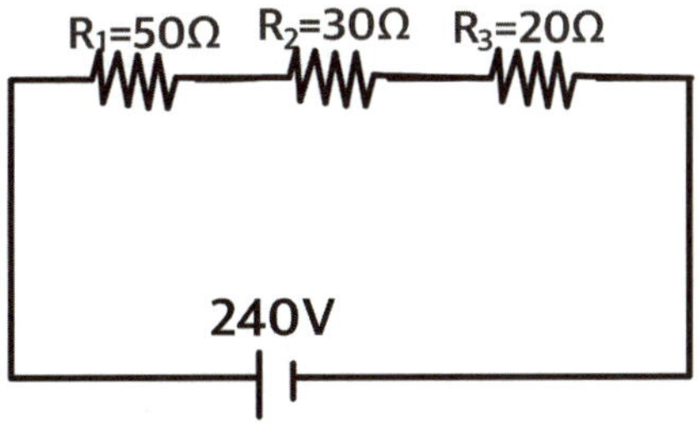

[풀이] 전압분배 공식에 의해

$$\mathrm{V}_{R1} = \frac{50}{100} \times 240 = \frac{1}{2} \times 240 = 120[\mathrm{V}]$$

$$\mathrm{V}_{R2} = \frac{30}{100} \times 240 = 72[\mathrm{V}]$$

$$\mathrm{V}_{R3} = \frac{20}{100} \times 240 = 48[\mathrm{V}]$$

(2) 전류분배

전류 분배 원리는 병렬로 연결된 저항들 사이에서 전류가 어떻게 분배되는지를 설명하는 개념이다. 병렬 회로에서는 각 저항에 걸리는 전압이 동일하며, 전류는 저항 값의 역수에 비례하여 나뉜다. 즉, 저항이 작은 곳에는 더 많은 전류가 흐르게 된다.

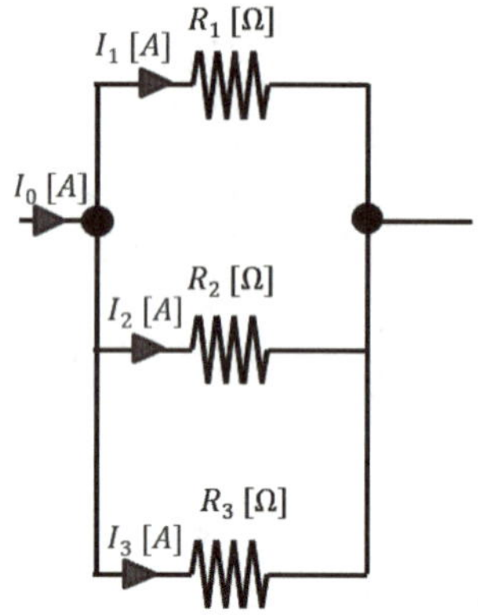

병렬 회로에서 전체 합성저항 R0는 개별 저항들의 역수의 합으로 계산된다. 이를 수식으로 나타내면 다음과 같다.

$$\frac{1}{R_0} = \frac{1}{R_1} + \frac{1}{R_2} + \frac{1}{R_3}$$

이를 정리하면,

$$R_0 = \frac{R_1 R_2 R_3}{R_2 R_3 + R_1 R_3 + R_1 R_2}$$

즉, 병렬로 연결된 저항의 합성저항은 개별 저항 값보다 항상 작아지며, 회로 전체의 저항이 낮아지게 된다.

전체 입력 전류 I_0는 키르히호프의 전류 법칙(KCL)에 따라 각 저항을 지나는 전류들의 합과 같으며, 다음과 같은 관계를 가진다.

$$I_0 = I_1 + I_2 + I_3$$

전류 분배 법칙에 따르면, 특정 저항 R_x에 흐르는 전류 I_x는 전체 전류 I_0에 저항비의 역수를 곱한 값으로 결정된다. 이를 표현하면 다음과 같다.

$$I_x = I_0 \times \frac{R_0}{R_x}$$

즉, 각 저항을 흐르는 전류의 비율은 저항 값의 역수 비율과 동일하며, 이를 정리하면 다음과 같은 관계식을 얻을 수 있다.

$$I_1 : I_2 : I_3 = \frac{R_0}{R_1}I_0 : \frac{R_0}{R_2}I_0 : \frac{R_0}{R_3}I_0$$

이를 다시 정리하면,

$$I_1 = I_0 \times \frac{R_0}{R_1}, \quad I_2 = I_0 \times \frac{R_0}{R_2}, \quad I_3 = I_0 \times \frac{R_0}{R_3}$$

따라서, 병렬 회로에서 전류는 저항 값이 작은 곳으로 더 많이 흐르게 되며, 이를 활용하면 원하는 전류를 조절할 수 있다.

전류 분배 원리는 다양한 전자 회로 설계에서 중요한 개념이며, 특히 병렬 회로에서 특정 부하에 필요한 전류를 공급하거나, 센서 및 전력 분배 회로에서 전류를 제어할 때 필수적으로 사용된다.

[예제 22] 다음 회로에서 각 지로의 전류 I_1, I_2는 얼마인가?

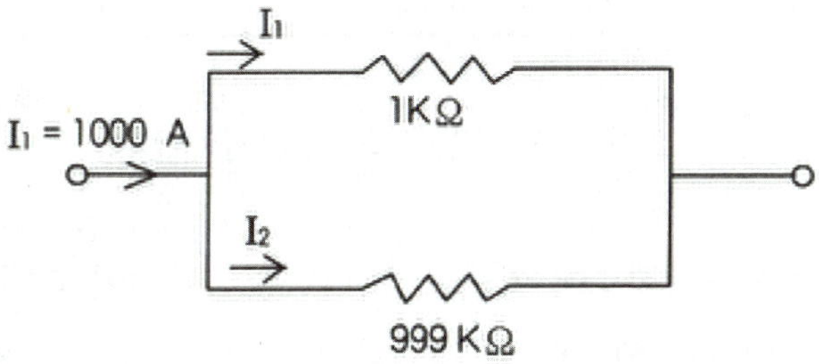

[풀이] 전류 분배 공식에 의해

$$I_1 = \frac{999}{1+999} \times 1000 = 999[A], \qquad I_2 = \frac{1}{1+999} \times 1000 = 1[A]$$

8) 전압계와 전류계의 접속

전압계(voltmeter)와 전류계(ammeter)의 동작원리는 대체로 비슷하지만, 내부저항이 전류계는 작고 전압계는 매우 크다. 전류계는 회로의 전류를 측정하기 때문에 회로에 직렬로 접속시키고, 전압계는 병렬로 접속시킨다(그림 1-23). 전류계를 삽입했을 때 전류계에 의한 전압강하가 크게 되면 전력면에서 비경제적이 되고, 부하에 가해지는 전압이 낮게 되어 부하가 정상적으로 가동할 수가 없게 된다. 이 때문에 전류계의 코일은 굵은 선을 적게 감아서 내부저항을 되도록 적게 하고 있다. 전압계는 전압에 비례하는 전류를 흘려서 이것을 전압 눈금으로서 읽도록 하는 것이기 때문에 회로에 병렬로 접속하고 이 때문에 전류는 될 수 있는 한 적은편이 경제적이다. 또 미소 전력의 회로에서는 전압계에 흐른 전류에 의해서 회로의 상태가 변할 수도 있기 때문에 전압계의 코일은 가는 선을 많이 감고, 또 직렬저항을 삽입해서 될 수 있는 한 내부저항을 크게 하고 있다.

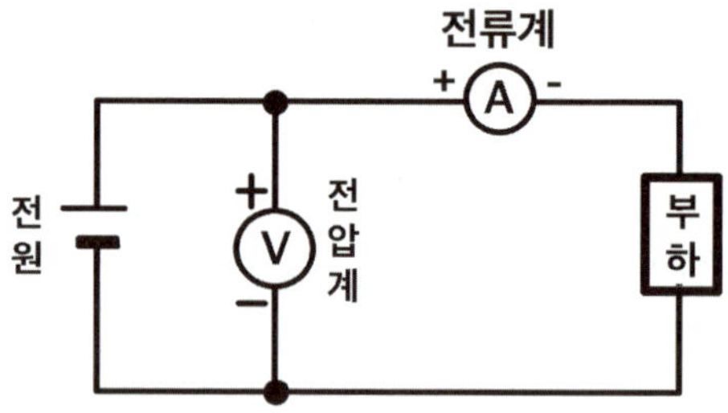

그림 1-23 **전압계와 전류계의 접속**

만약 전류계의 접속이 잘못되어 회로에 병렬로 접속하면 전류계에 과대 전류가 흘러 파괴될 우려가 많고, 전압계를 잘못 접속하여 회로에 직렬로 접속되면 그 저항 때문에 부하에 필요한 전류가 흐르지 않기 때문에 부하는 기능을 발휘할 수가 없게 된다.

직류용 계기에는 양(+), 음(−)가 있기 때문에 취급에 주의를 요한다.

만일 전압계나 전류계의 최대눈금보다 더 큰 값의 전압과 전류를 측정하려면 이 계기에 특별한 방법을 모색해야 한다. 즉, 전압계의 측정범위를 넓히기 위해서는 전압계에 직렬로 저항을 접속한다. 이때 이 저항을 **배율기**(multiplier)라 한다.

그림 1-24에서 Ⓥ는 전압계, r는 전압계의 내부저항, I는 회로에 흐르는 전류, E는 측정하고자 하는 전압이라 하고, 전압계가 가리키는 전압을 V라고 한다면

$$E = I(R_m + r) = \frac{V}{r}(R_m + r) = \left(1 + \frac{R_m}{r}\right)V$$

가 된다. 따라서 회로 양 끝의 측정하고 하는 전압은 전압계의 지시 전압 V의 $\left(1+\frac{R_m}{r}\right)$배가 된다.

이 $\left(1+\frac{R_m}{r}\right)$을 배율기의 배율(multiplying factor)이라 하고 R_m의 값에 따라 넓은 범위의 전압을 측정할 수 있으며, 낮은 전압을 재는 전압계에서는 보통 그 내부에 장치하고, 높은 전압을 재는 것에는 그 외부에 보통 붙인다.

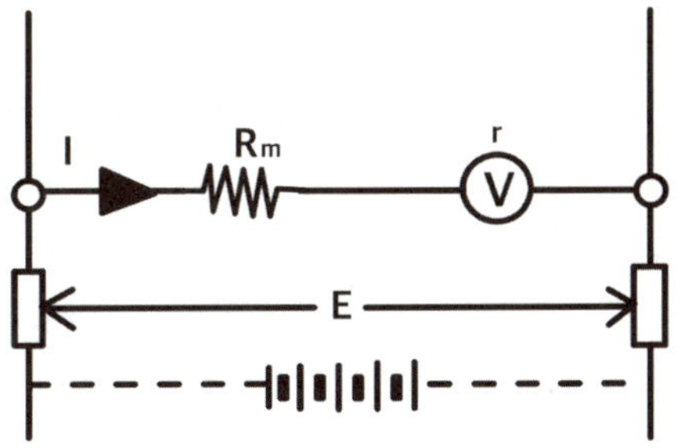

그림 1-24 배율기의 접속

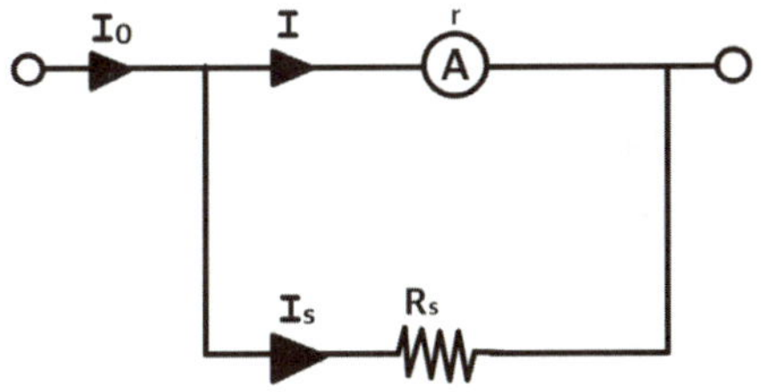

그림 1-25 분류기의 접속

또 전류계의 측정범위를 넓히기 위해서는 전류계에 병렬로 저항을 접속하는데, 이것을 **분류기**(shunt)라고 한다.

그림 1-25에서 Ⓐ는 전류계, r는 전류계의 내부저항, R_S는 분류기의 저항, I는 전류계에 나타난 전류, I_s는 분류기에 흐르는 전류, I_0는 측정하고자 하는 전류라 하면 전류계의 전압강하와 분류기의 전압강하는 같으므로

$$I_r = I_s R_s$$
$$I_s = (I_0 - I)$$

이므로

$$I_r = (I_0 - I)R_S = I_0 R_s - IR_S$$

$$\therefore I_0 = \frac{r + R_S}{R_S} I = \left(1 + \frac{r}{R_s}\right) \cdot I$$

즉 측정하고자 하는 전류 I_0는 전류계에 나타난 전류 I의 $\left(1 + \frac{r}{R_s}\right)$배가 되면, 이 $\left(1 + \frac{r}{R_s}\right)$를 분류기의 배율이라고 한다. 따라서 큰 전류를 재려고 할 때에는 전류계의 내부 또는 외부에 분류기를 삽입시켜 잰다.

[예제 23] 전압계의 측정범위를 100배로 하려면 배율기저항은 내부저항의 몇 배로 하면 되는가?

[풀이] $E = \left(1 + \frac{R_m}{r}\right)$에서 $\left(1 + \frac{R_m}{r}\right) = 100$이면 되는가

$R_m = 99r$

[예제 24] 전류계의 측정범위를 10배로 하려면 분류기저항은 내부저항의 몇 배로 하면 좋은가?

[풀이] $I_0 = \left(1 + \frac{r}{R_S}\right)I$에서 $I_0 = \left(1 + \frac{r}{R_S}\right) = 10$이면 되니까

$R_S = \frac{1}{9}r$

9) 전력과 열량

(1) 전력(power)

전구나 전열기, 기타 여러 전기기기에 전압을 가하여 전류를 흐르게 하면 전기에너지가 변화하여 열과 빛을 발생한다. 이는 전기가 일을 하는 것으로 **전기가 단위시간(1초간)에 행하는 일의 양(일률)을 전력**이라 한다. 이 단위는 와트(Watt, W)로 표시한다. 1[W]는 1초간에 1[J]의 일을 할 때의 전력이다. 지금 저항 R[Ω]에 전압 V[V]가 가해지고 전류 I[A]가 흐르고 있다고 가정하자. 이 때 저항에서 소비되는 전력 P[W]는 다음 식으로 표시된다.

$$\text{전력} = \text{전압} \times \text{전류}[W] \qquad P = VI[W]$$

옴의 법칙을 적용하면 다음과 같은 식이 성립된다.

$$P = I \times V = I^2 \times R = \frac{V^2}{R}[W]$$

(2) 전력량

전기가 하는 일은 전압이 높을수록 많은 전류가 흐르고 또 전류가 많을수록 많은 일을 할 수 있으므로 많은 일을 하려면 전압과 전류가 모두 커야 한다. 그런데 전압과 전류가 일정하다면 전류가 흐르는 시간이 길수록 많은 일을 할 수 있다.

전기가 하는 일의 양은 전력과 일을 한 시간을 곱한 것으로 결정되며 이것을 **전력량**이라 한다.

$$\text{전력량} = \text{전압} \times \text{전류} \times \text{시간} = \text{전력} \times \text{시간}, \quad W = VIt[J]$$

전력량의 기호는 W. 단위는 와트시(Wh)를 사용한다. 일반적으로 일반 가정 전기의 요금은 1[KWh] 단위로 계산하고 있다.

[예제 25] 전열기에 100[V]의 전압을 공급하였더니 5[A]의 전류가 흘렀다. 이 전열기를 2시간 동안 사용하였다면 소비한 전력[W]과 전력량[KWh]은 얼마인가?

[풀이] 전력 $P = IV$에서 $I = 5[A]$, $V = 100[V]$이므로

$P = 5 \times 100 = 500[W]$이고

전력량 $W = VIt$에서 $W = 100 \times 5 \times 2 = 1000[Wh] = 1[KWh]$

(3) 전류의 발열작용

전류에 의해 발생하는 열량에 대해 살펴보자. 도체 속에서 이동하는 전자는 도체를 구성하고 있는 금속원자와 충돌하거나 금속원자에 불규칙한 진동(열진동)을 일으킨다. 열의 실체는 물체의 원자나 분자의 불규칙한 운동이다. 이와 같이 전류가 흐를 때 도체에 발생하는 열을 **'줄(Joule)열'**이라 한다. 따라서 저항에 전류가 흐를 때 발생하는 열량과 관련해서 다음과 같은 성질이 있다. 즉 I[A]의 전류가 저항이 R[Ω]인 도체를 t초 동안 흐를 때 그 도체에 단위 시간동안 발생하는 열량은 전류의 제곱과 도체의 전기저항의 상승적에 비례하고 열량 H는 $H = I^2Rt[J]$로 표시하며 이것을 **줄의 법칙**이라 한다.

열량의 단위에는 칼로리[cal]를 사용하는데 1[J] ≒ 0.24[cal]이므로 $H = 0.24I^2Rt[cal]$로 나타낼 수 있다.

[예제 26] 예제 25의 전열기에서 발생된 줄열은 몇 J인가?

[풀이] $H = I^2Rt[J] = I \cdot V \cdot t[J]$

$= 5^2 \times 20 \times 7200 = 36 \times 10^5[J]$

10) 전류, 전압, 저항의 측정방법

(1) 전류의 측정방법

전기회로에서 전류를 측정하려면 회로에 전류계를 부하와 직렬로 연결해야 한다. 이때 직류회로인 경우 전류계의 +단자는 전원의 +극에 연결하고 −단자는 전원의 −극에 연결한다(그림 1−26).

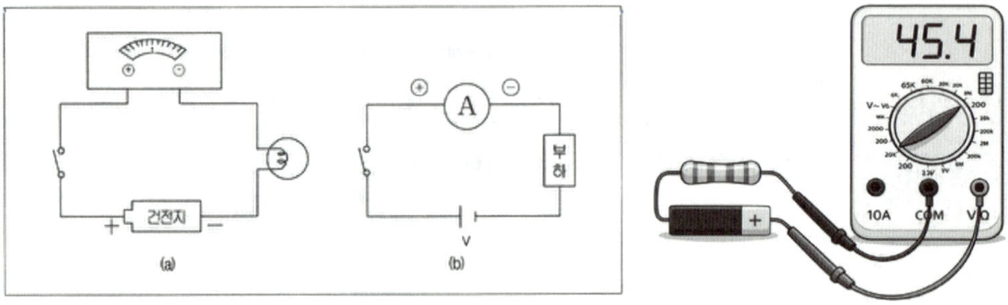

그림 1-26 전류계의 연결방법

(2) 전압 측정방법

전기회로에서 전압을 측정하려면 그림 1−27와 같이 회로에 전압계를 부하와 병렬로 연결해야 한다. 이때 직류회로인 경우 전류계의 +단자는 전원의 +극에 연결하고 −단자는 전원의 -극에 연결한다.

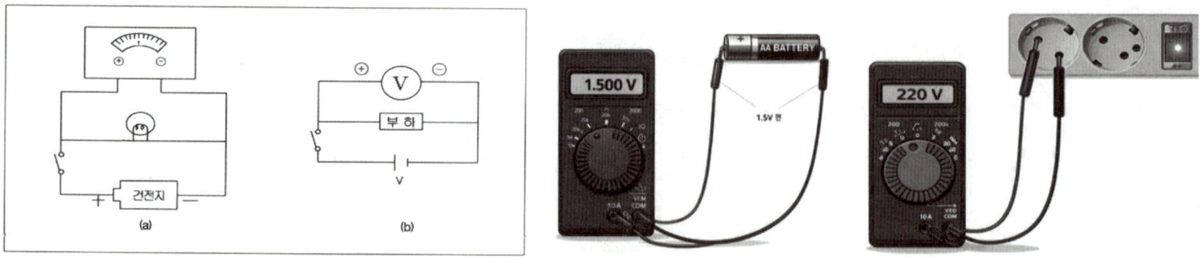

그림 1-27 전압계의 연결방법

(3) 저항 측정방법

부하의 저항을 측정하려면 부하를 전기회로에서 전원스위치를 「꺼짐」 상태로 한 후 또는 회로에서 측정물을 분리한 후 그림 1-28과 같이 부하의 양 끝에 저항계를 연결한다.

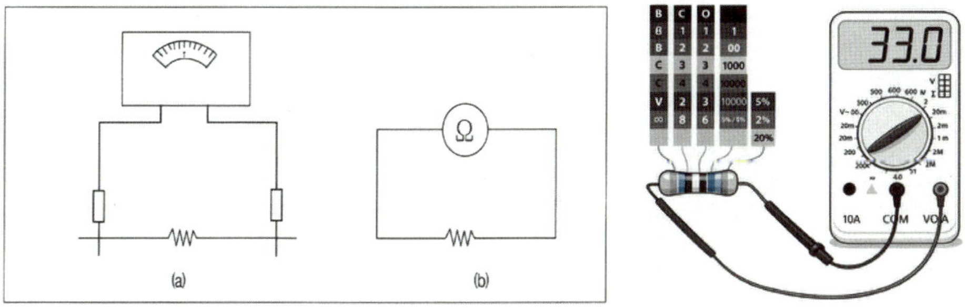

그림 1-28 저항의 측정방법

〈참고〉 아날로그 테스터(analog tester)를 사용하여 저항을 측정하는 경우는 0점 조정을 한 다음 측정해야 한다.

PART 02

자기장

학습목표

- 자기회로의 옴의 법칙을 알아야 한다.
- 암페어의 오른나사법칙을 알아야 한다.
- 자기장에서의 쿨롱의 법칙을 알아야 한다.
- 플레밍의 왼손의 법칙과 오른손의 법칙을 알아야 한다.
- 전자유도, 자체유도, 상호유도를 이해할 수 있어야 한다.
- 자기회로의 손실 및 자기히스테리시스 현상을 알아야 한다.
- 자성, 자기, 자기유도현상, 자력선, 자계의 성질을 이해할 수 있어야 한다.
- 패러데이의 법칙과 렌쯔의 법칙을 이해할 수 있어야 한다.

개요

제 2장에서는 전류와 자석에 의해 형성되는 자기장을 다룬다. 자기장은 전기와 불가분의 관계를 가지며, 전기전자공학에서 전기적 에너지를 기계적 에너지로 변환하거나 그 반대로 변환하는 과정에서 핵심적인 역할을 한다. 따라서 자기장의 개념과 특성을 정확히 이해하는 것은 발전기, 전동기, 변압기, 자기 센서 등 다양한 전기기기의 원리를 학습하는 데 기초가 된다.

먼저 자석의 성질과 자력선의 개념을 살펴본다. 자석은 서로 다른 극을 가지며, 같은 극끼리는 밀어내고 다른 극끼리는 끌어당기는 힘을 발휘한다. 이러한 자기적 상호작용은 자력선으로 시각화할 수 있다. 자력선은 눈에 보이지 않는 자기장의 방향과 세기를 직관적으로 표현하는 도구로서, 자속의 흐름과 밀도를 통해 자기장의 분포를 이해할 수 있게 해 준다. 이는 이후에 학습하게 될 전류가 만드는 자기장 분석의 출발점이 된다.

이어서 앙페르의 법칙을 통해 전류가 만드는 자기장을 정량적으로 해석해 본다. 직선 도체 주변, 원형 도선, 솔레노이드, 토로이드 등 다양한 구조에서의 자기장 분포를 수학적으로 계산할 수 있으며, 이를 통해 전류의 크기, 도체의 모양, 도체와의 거리 등이 자기장의 세기에 어떤 영향을 미치는지 확인한다. 또한 오른손 법칙을 활용하여 전류가 흐르는 방향에 따라 자기장의 방향을 직관적으로 판별하는 방법을 학습한다. 이러한 훈련을 통해 학생들은 이론적 식뿐 아니라 실제 도체 주변에서 자기장이 어떻게 형성되는지를 감각적으로 이해할 수 있게 된다.

자기유도와 상호유도 현상도 중요한 학습 요소이다. 코일에 전류가 흐르면 자기장이 형성되고, 이 자기장이 변화하면 다시 기전력이 유도된다는 사실은 패러데이의 전자기 유도 법칙과도 연결된다. 이를 통해 단일 코일 내에서의 자기유도, 두 코일 사이에서 발생하는 상호유도를 이해하게 되며, 이는 변압기와 같은 전력기기의 핵심 원리를 설명하는 근거가 된다. 유도 기전력의 방향은 렌츠의 법칙을 통해 해석할 수 있으며, 이는 에너지 보존 법칙과 밀접하게 관련되어 있다.

자화 현상과 투자율 개념을 통해 재료가 자기장에 어떻게 반응하는지도 학습한다. 강자성체, 상자성체, 반자성체 등 다양한 물질의 성질을 비교하고, 자기장 내에서 철심이 삽입되었을 때 자기장의 세기가 어떻게 달라지는지 살펴본다. 특히 변압기나 전동기에서 철심 재료의 선택이 기기의 효율과 성능에 직접적인 영향을 미친다는 점을 이해하는 것은 실무적으로도 중요한 의미를 가진다.

마지막으로 로렌츠 힘과 전자기력을 학습한다. 전류가 흐르는 도선이 자기장 속에 놓일 때 받는 힘의 크기와 방향은 전동기의 원리와 직결된다. 이 과정에서 플레밍의 왼손 법칙을 활용하여 전류, 자기장, 힘의 관계를 직관적으로 이해할 수 있다. 또한 전자 자체가 자기장 속에서 받는 힘(로렌츠 힘)을 통해 전자기장 이론과 입자 가속기, 전자빔 제어 기술과 같은 첨단 응용으로도 연결할 수 있다.

종합하면, 제2장은 자기장의 형성과 특성, 전류와 자기장의 상호작용, 자기유도와 상호유도, 자화 현상과 전자기력까지 폭넓게 다루고 있다. 독자는 이 장을 학습함으로써 자기장의 본질적 의미를 이해하고, 다양한 물리적 현상과 전기기기의 동작 원리를 연결 지을 수 있는 능력을 얻게 된다. 이는 이후 교류회로, 전자기 유도, 전력 변환 장치 학습으로 나아가는 데 반드시 필요한 토대가 된다.

1. 서론

자석은 고대부터 철을 끌어당기는 신비한 성질을 가진 물질로 알려져 왔다. 그러나 자석의 근원이 되는 자기 현상이 전기와 밀접한 관련이 있다는 사실은 19세기에 들어서야 밝혀졌다. 이는 전기와 자기라는 두 현상이 표면적으로는 달라 보일지라도, 본질적으로는 같은 물리적 현상의 두 측면이라는 것을 의미한다.

자석의 명칭인 '마그넷(magnet)'에 관한 어원에는 두 가지 설이 존재한다. 첫 번째는 '마그네스(Magnes)'라는 이름을 가진 고대 목동의 이야기에서 비롯되었다. 이 목동은 어느 날 산에서 자신의 신발에 박힌 쇠못과 지팡이 끝의 철이 땅에 붙는 것을 보고 천연 자석을 발견하게 되었고, 그의 이름을 따서 자석을 '마그넷'이라 부르게 되었다는 것이다. 두 번째 설은 고대 그리스의 '마그네시아(Magnesia)' 지역에서 유래되었다는 주장이다. 이곳은 에게 해 서쪽에 위치한 지역으로, 마그네테스(Magnetes)라는 고대 종족이 살던 곳이다. 이 지역에서 철을 끌어당기는 신기한 돌이 처음 발견되었기에, 그 지명의 이름을 따 '마그넷'이라 부르게 되었다고 전해진다. 이처럼 자석의 명칭에는 인물에서 비롯된 설과 지역에서 유래한 설이 공존하며, 정확한 기원은 밝혀지지 않았지만 흥미로운 역사적 배경을 지니고 있다.

전기와 자기 현상은 따로 떨어진 것이 아니라 상호 밀접하게 연관되어 있으며, 전기현상의 대부분은 전자기적 상호작용에 의해 설명된다. 특히 전자 분야에서는 이 두 현상이 결합되어 나타나는 경우가 많다.

1. 전류가 흐르면 그 주위에 자기장이 형성되고(외르스테드, 암페어, 비오-사바르 법칙),
2. 자장이 변화하면 전류가 발생하며(페러데이, 플레밍의 오른손 법칙),
3. 전류와 자장 사이에는 힘이 작용한다(플레밍의 왼손 법칙).

그렇다면 전류가 흐르지 않는 자석에서 어떻게 자기장이 생기는 것일까? 눈에 보이는 전류는 흐르지 않지만, 전자 수준에서는 자석 내에서 일정한 자기 운동이 일어나고 있다. 전자는 고유한 스핀(spin)이라는 성질과 함께 원자핵 주위를 도는 운동을 통해 일종의 작은 전류처럼 행동하며 자기장을 만들어낸다. 일반적인 물질에서는 전자들의 스핀 방향이 무질서하게 배열되어 자기장이 상쇄되지만, 자성체에서는 스핀들이 일정한 방향으로 정렬되어 강한 자기장을 만들어낸다. 이러한 특성 덕분에 전류가 흐르지 않아도 자석은 자기장을 형성할 수 있다.

물질이 자석이 되는 여부는 그 내부 원자 구조와 전자 배열에 따라 결정된다. 자성체는 크게 세 가지로 나눌 수 있다.

첫째, 강자성체는 철(Fe), 니켈(Ni), 코발트(Co)처럼 전자 스핀이 잘 정렬되어 강한 자성을 띠는 물질이다.

둘째, 반자성체는 구리나 금처럼 외부 자기장에 약하게 반응하며 자기장이 사라지면 원래대로 돌아온다.

셋째, 상자성체는 알루미늄처럼 외부 자기장에 의해 잠시 자성을 띠지만 유지되지 않는다.

또한, 자석에 쇠붙이를 문지르거나 강한 자석에 붙여두면 그 쇠붙이도 자석처럼 변하는 자화 현상이 나타난다. 이는 원래 무질서하게 배열되어 있던 분자자석들이 외부 자석의 영향으로 일정한 방향으로 정렬되기 때문이다.

자석 주위에는 자기력이 미치는 공간인 자장이 형성된다. 이 자장은 자계라고도 하며, 지구 자체도 하나의 거대한 자석이기 때문에 지구 주위에도 자계가 존재한다. 나침반의 바늘이 북쪽을 가리키는 이유도 바로 이 자계 때문이다. 나침반의 바늘이 가리키는 방향을 자계의 방향이라 하며, 바늘의 북쪽 끝을 N극, 남쪽 끝을 S극이라 한다. 같은 극끼리는 서로 밀어내고, 다른 극끼리는 끌어당기는 성질을 가진다. 이는 전하 간의 정전기적 작용과 유사한 원리이다.

자석 위에 종이를 올리고 그 위에 쇳가루를 뿌린 후 종이를 두드리면, 쇳가루가 자석의 자기력선에 따라 아름다운 곡선을 이루며 배열된다. 이를 통해 자석 주변의 자기장 분포를 시각적으로 확인할 수 있으며, 자석이 분자 수준의 작은 자석들로 이루어져 있다는 것을 알 수 있다. 자석을 작게 쪼개도 각각이 N극과 S극을 가지는 자석이 되므로, 자석의 극은 절대로 분리되지 않는다. 이는 자석을 이루는 원자 하나하나가 쌍극 구조를 갖고 있기 때문이다.

자석은 단순히 쇠붙이를 끌어당기는 도구가 아니라, 전기와 밀접하게 연관된 물리 현상의 한 형태이며, 전자기학의 근본 원리를 이해하는 데 중요한 열쇠가 된다. 전류가 흐르는 도선 주위에 나침반을 두면 바늘이 움직이는 현상이 발생하는 것도 이 때문이다. 도선에 전류가 흐르면 자기장이 형성되고, 이로 인해 도선은 자석처럼 작용하게 된다. 이러한 원리를 바탕으로 전자석이 만들어지며, 전류의 세기와 도선의 구조에 따라 자기장의 세기도 조절할 수 있다. 자기장의 세기는 전류에 비례하고 도선으로부터의 거리에는 반비례하며, 이러한 비례관계를 나타내는 물리 상수가 바로 투자율(permeability)이다. 이는 진공에서도 성립하며, 유전율처럼 공간의 물리적 특성을 나타낸다.

이처럼 전기와 자기는 단절된 개념이 아니라 하나의 연속된 현상이며, 이를 통합적으로 설명하는 전자기학은 자연의 근본 원리를 이해하는 데 필수적인 학문 분야이다.

2. 자석의 성질

자석은 쇠붙이와 같은 금속류를 끌어당기는 힘을 가진 특수한 자성체로, 고대부터 인류에게 신기한 물질로 여겨져 왔다. 자석의 양 끝에는 철분이 집중적으로 붙는데, 이 부분을 자극이라 하며, 각각 N

극(북극)과 S극(남극)으로 나뉜다. 같은 극끼리는 서로 밀어내고(N-N, S-S), 다른 극끼리는 끌어당기는(N-S) 성질을 가지며, 이와 같은 힘을 자력이라 한다. 자석 근처에 또 다른 자석이나 자성을 띤 물체가 있으면 자력이 작용하는데, 이 자력이 미치는 공간을 자계 또는 자장이라 한다.

자석에 철가루를 뿌려 보면, 철가루가 자석 주위에 일정한 선을 그리며 배열되는데, 이 선을 자력선이라 한다. 자력선은 N극에서 나와 S극으로 향하고, 서로 교차하지 않으며 밀도(자속밀도)를 통해 자계의 세기를 나타낸다. 자력선은 자극에 가까울수록 밀집하고, 멀어질수록 드문드문해진다. 이러한 자력선은 자석 주변의 자기력 방향과 세기를 시각적으로 나타내는 중요한 도구이다.

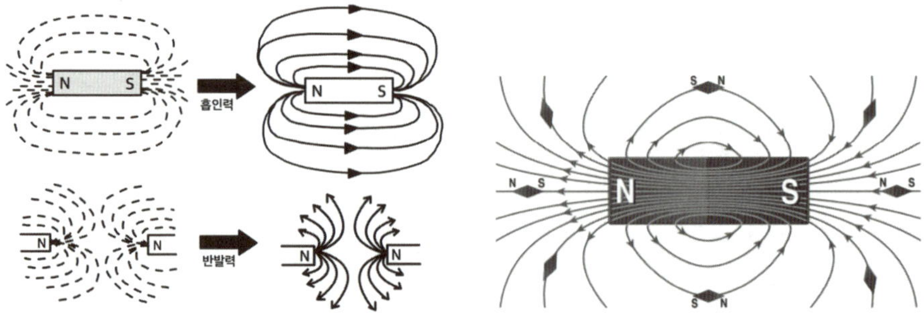

그림 2-1 자력선

자력선의 성질

① 자력선은 N극에서 나와 S극으로 향한다.

② 자력선은 서로 반발하여 교차하지 않는다.

③ 자력선의 방향으로 자계의 방향을 알 수 있다.

④ 자력선의 밀도(자속밀도)로 자계의 세기를 나타낸다.

자석 근처에 철이나 니켈 같은 자성을 띤 물질을 가까이 하면, 자석의 자계에 의해 해당 물질도 자성을 띠게 된다. 이 현상을 자기유도라고 한다. 예를 들면 자석의 N극을 철편에 가까이 대면, 철편에는 N극과 마주한 부분에 S극, 반대쪽에는 N극이 형성된다. 또한 쇠붙이를 자석에 문지르거나 강한 자석에 붙여 두면 자성을 띠게 되는데, 이를 자화라고 한다. 자화는 무질서하게 배열되어 있던 원자 수준의 자석들이 외부 자계의 영향으로 한 방향으로 정렬되면서 발생한다.

그림 2-2 자기유도

자석은 본래 눈에 보이지 않는 미세한 자석들, 즉 분자자석들로 이루어져 있다. 보통의 쇠는 이러한 분자자석들이 무질서하게 배열되어 있어 자성을 띠지 않지만, 외부 자계를 가하면 정렬되어 자석이 된다. 자석을 아무리 작게 잘라도 항상 N극과 S극이 함께 존재하며, 한쪽 극만을 분리해낼 수는 없다. 이는 원자 단위까지 잘라도 마찬가지이며, 자석이 항상 쌍극 구조를 이루고 있음을 의미한다.

지구 자체도 거대한 자석이며, 이로 인해 지구 주위에도 자계가 형성되어 있다. 나침반의 바늘이 항상 북쪽을 가리키는 이유도 이 때문이다. 자침의 북을 향하는 끝을 N극, 남을 향하는 끝을 S극이라 하며, 이 자침이 가리키는 방향은 해당 지점의 자계 방향을 의미한다. 이러한 현상은 전기와 유사하면서도 뚜렷한 차이를 보이는데, 전기의 경우 양극이나 음극 하나만으로도 전기장을 형성할 수 있는 반면, 자석은 반드시 N극과 S극이 쌍으로 존재해야 자기장이 형성된다.

자석을 자르거나 나누면 새로운 자력이 형성되어 각각이 다시 N극과 S극을 갖게 되므로, 자석을 원래대로 맞추어 붙이더라도 이전의 자기력선을 완전히 회복할 수는 없다. 자석의 자기력선은 항상 폐곡선 형태를 이루며, 끊어질 수 없는 연속적인 선이다. 이는 전기가 흐를 때 도선 주위에 형성되는 자기력선과 같은 원리이며, 하나의 막대자석이 만드는 자기력선의 구조는 코일 모양의 전자석과 동일한 형태를 가진다.

결국, 자석의 본질은 끊어지지 않는 자력선과 쌍극 구조에 있으며, 전기와는 달리 극 하나만으로는 독립적인 물리적 효과를 발휘할 수 없다. 이러한 특성은 자성체의 이해와 자석의 과학적 활용에 있어 핵심적인 개념이다.

3. 쿨롱의 법칙

프랑스의 물리학자 쿨롱은 '두 자극 사이에 작용하는 힘 F가 각각의 자극 세기의 곱에 비례하고, 자극 간 거리의 제곱에 반비례한다.'는 법칙을 발견하였다. 이는 전기력 또는 자기력의 크기를 정량적으로 설명할 수 있는 중요한 이론으로, 오늘날 '쿨롱의 법칙'이라 불린다.

이 법칙은 쿨롱이 직접 수행한 전하 측정 실험을 통해 도출되었다. 실험에서는 금박을 입힌 작은 금속공 여러 개를 사용하였다. 우선 하나의 금속공을 마찰시켜 정전기를 대전시키고, 이후 이 금속공에 다른 금속공을 접촉시키면, 전하가 두 금속공에 균등하게 나뉘어 각 금속공은 원래 전하량의 $\frac{1}{2}$을 갖게 된다. 이 과정을 반복함으로써 원래 전하량의 $\frac{1}{4}$, $\frac{1}{8}$, $\frac{1}{16}$ 등의 전하를 갖는 금속공을 만들 수 있었다.

이후 쿨롱은 비틀림 저울을 설치하여 실험을 진행하였다. 한쪽에는 $\frac{1}{2}$ 전하량을 갖는 금속공을 고정하고, 다른 쪽에는 각각 다른 전하량을 갖는 금속공을 연결한 뒤, 금속공 사이의 거리와 그로 인해 생기는 회전 각도를 측정하였다.

실험 결과, 두 전하 사이에 작용하는 힘은 두 전하의 크기 곱에 비례하고, 두 전하 사이의 거리의 제곱에 반비례한다는 사실을 확인할 수 있었다. 이로써 전기력의 정량적 계산이 가능해졌고, 전자기학의 기초를 다지는 데 중요한 역할을 하게 되었다.

그림 2-3과 같이 두 자극의 세기가 m, m[wb]인 자극을 r[m]만큼의 거리에 놓았을 때 두 자극 간에 작용하는 힘 F는 다음과 같다.

$$F = k\frac{m_1 \cdot m_2}{r_2}[N] \quad \cdots\cdots \quad (2-1)$$

이 관계를 자기에 관한 쿨롱법칙이라 한다.

여기서 비례상수 k의 값은 m, m와 r의 단위와 자극이 놓여진 장소의 자기적 성질에 따라 다르게 정해진다. 예를 들어 자극의 세기를 웨버[wb]로 거리를 미터[m]의 단위로 사용하여 공기 또는 진공 중에 놓았을 경우 k = 6.33×10이 되며 식 (2-1)은

$$F = 6.33 \times 10^4 \frac{m_1 m_2}{r^2}[N] \quad \cdots\cdots \quad (2-2)$$

로 나타낼 수 있다.

그런데 k는 일반적으로 $k = \frac{1}{4\pi\mu}$로 표현한다.

여기서 μ를 투자율(permeability)이라 부르며 진공에서의 투자율을 μ_0, 진공투자율에 대해 어떤 물질의 투자율을 비투자율(specific permeability)이라 하고 μ_s로 나타낸다.

※ 투자율(透磁率, Permeability) : 자기장이 물질을 통과하거나 영향을 미치는 정도
("투(透)": 통과하거나 스며들다, "자(磁)": 자석 또는 자기, "율(率)": 비율이나 정도)

따라서 투자율

$$\mu = \mu_0 \cdot \mu_s = r\pi \times 10^{-7} \mu_s [wb^2/N \cdot m^2] \text{ 또는 } [H/m] \quad (2-3)$$

이 된다. 여기서 $\mu = 4\pi \times 10^{-7} [wb^2/N \cdot m^2]$이다.

$$F = \frac{1}{r\pi\mu} \cdot \frac{m_1 m_2}{r^2} = \frac{1}{r\pi\mu_0\mu_s} \cdot \frac{m_1 m_2}{r^2} = 6.33 \times 10^4 \;\cdots\cdots\; (2-4)$$

으로 나타낸다. 여기서 m, m가 N극이면 (+), S극이면 (−)를 붙이고, 계산결과 F가 (+)일 경우는 반발력, (−)일 경우는 흡입력을 나타낸다.

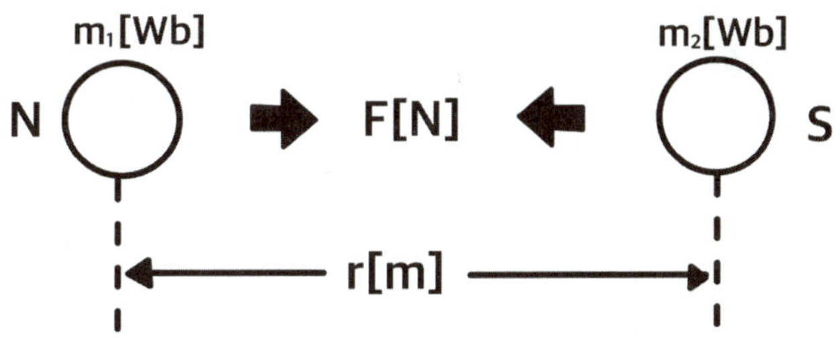

그림 2-3 자계의 쿨롱법칙

[예제 1] 두 자극 사이의 거리가 r[m]일 때 F[N]의 힘이 작용한다면 두 자극 사이의 거리를 반으로 줄였을 때 두 자극 사이의 자력은 얼마인가?

[풀이] 자력은 거리의 제곱에 반비례한다.

$F_1 = k\frac{m_1 \cdot m_2}{r^2}[N]$에 의하여

$= k\frac{m_1 \cdot m_2}{\frac{1}{2}}[N] = km_2[N]$

따라서 $4F[N]$

[예제 2] 진공 중에서 1[wb]의 세기를 가진 두 개의 자극을 서로 1[m] 떨어뜨려 놓았을 때 k값은 얼마인가?

[풀이] 세기가 같은 두 개의 자극이 진공 중에서 1[m]의 거리에 있고 서로 6.33×10[N]의 힘이 미치고 있을 때, 각 자극의 세기를 단위로 정하여 이것을 1[wb]라고 정의하였으므로, 이 때의 힘 F는

식(2−2)와 같고 $k = 6.33\times10$ [N·m /wb]으로 된다.

또는 힘 $F[N] = k\times\frac{1[wb]\times1[wb]}{1^2[m^2]}$이므로

$$k = F[N]\times\frac{1[m^2]}{1[wb^2]} = F[N\cdot m^2/wb^2] = 6.33\times10^4[N\cdot m^2/wb^2]$$

[예제 3] 진공 중에 m_1= 1×10[wb], m_2= 2×10[wb]가 50 cm 떨어져 있을 경우 작용하는 힘의 세기는 얼마인가?

[풀이] $F = 6.33\times10^4\frac{1\times10^{-6}\times2\times10^{-6}}{(0.5)^2} = 50.64\times10^{-8}[N]$

4. 자계와 자속

1) 자계와 자계의 세기

자기력이 작용하는 공간을 자계(magnetic field)라 한다. 이러한 자계의 모양을 보기 위해서는 자석 위에 유리판을 놓고 철분을 뿌리면 그림 2−1과 같이 N, S극간에 선과 같이 연결되어 줄을 선다. 이것은 철분이 자기유도 작용에 의해서 작은 자석이 되고, 자력을 받아서 줄을 서게 되기 때문이다. 이와 같은 것은 자극으로부터 많은 선이 출입하는 것으로 가장 할 수 있는데, 이 가상의 선을 **자력선**이라 한다.

그렇다면 과연 이러한 자계의 세기는 어떻게 표현할 수 있을까?

자계 내의 어떤 점에 +1[wb]의 자극을 놓았을 때, 이 자극에 작용하는 힘 F를 그 지점의 **자계의 세기**라 정의한다. 간단히 말하면, 자석의 자기장(자계)은 +1[wb]의 자극에 얼마만큼의 힘을 미치는가? 하는 이야기이다. 따라서 자계의 세기 H는

$$H = 6.33\times10^4\cdot\frac{m\times1}{r^2} = 6.33\times10^4\frac{m}{r^2}[N/Wb] = H[AT/m]^{1)} \quad (2-5)$$

1) [AT/m]: 자계의 세기 단위는 [AT/m](Ampere−turn per meter]를 사용한다. 이것은 코일에 전류가 흘러도 자계가 생기기 때문에 일원화하기 위한 것으로 1[AT/m]의 자계는 직경 1[m], 권수 1회의 코일에 1[A]의 전류가 흐를 때, 코일의 중심 자계와 같다.

가 된다. 따라서 자계의 세기 H[AT/m]의 지점에 m[wb]의 자극을 놓으면 이때 작용하는 힘

$$F = Hm[N] \quad \cdots\cdots (2-6)$$

이다.

또 자력선의 밀도는 자극에 가까운 곳에서 가장 크고, 극에서 멀리 떨어진 곳은 밀도가 작으므로, 이 자력선의 밀도로 자계의 세기를 나타낼 수 있다. 즉 **단위세기의 자계에서는 자계의 방향에 수직인 1[m]**에 대해 1줄의 자력선이 지나는 것으로 약속한다. 그러므로 H[AT/m]의 자계에서는 H개의 자력선이 지나는 것이 된다. 따라서 1[5m] 당 50개의 자력선이 지나면 자계의 세기는 50[AT/m]가 된다.

2) 자속과 자속밀도

자계의 세기가 큰 부분에는 자력선이 많고(자력선 밀도가 크다), 작은 부분에는 자력선 수가 적다. 자극의 세기가 m[Wb]의 자극에 몇 개의 자력선이 나오는가 계산하여 보면 다음과 같다.

m[Wb]의 자극에서 r[m] 떨어진 점의 자계의 세기는

$$H = \frac{m}{r\pi\mu r^2}[AT/m] \quad \cdots\cdots (2-7)$$

이고, H[AT/m]의 자계 중에서는 1[m]당 H개의 자력선이 통하는 것으로 정하고 있다. 따라서 m[Wb]의 자극을 중심으로 하는 구면상에서 1[m]당 H개의 자력선이 통하고 있는 것이 된다. 전 자력선수는 4πr배가 되기 때문에 진공 중에서

총자력선수 = 자계의 세기×구의 표면적

$$H = \frac{m}{r\pi\mu r^2} \times 4\pi r^2 = \frac{1}{\mu}m \quad \cdots\cdots (2-8)$$

$$= 6.33 \times 10 \ \times 4\pi m$$

$$= 7.96 \times 10 \ m[개]$$

가 나오고, 다른 매일 중에서는 $\frac{m}{\mu}$[개]가 나오게 된다. 이 수는 대단히 많고, 또 매질에 의해서 그 수가 다르다.

그래서 1[Wb]의 자극에서 1개의 자속(magnetic flux, 기호는 ∅)이 나온다고 하고, 이것을 1[Wb]의 자속이라 부른다. 따라서 m[Wb]의 자화에서는 m개의 자속이 나온다.

단위 단면적을 통한 자속수를 자속밀도(magnetic flux density)라 하고, B로서 나타낸다. 단위는 [Wb/m^2]이다.

여기서 m[Wb]의 자극에서 r[m] 떨어진 점의 자속밀도를 구하면 반경 r[m]의 구면의 표면적은 $4\pi r$[m] 이므로,

$$\text{자속밀도} = \frac{\text{자속}}{\text{면적}} = \frac{\Phi}{A}, \text{ 즉}$$

$$B = \frac{m}{4\pi r^2}[Wb/m^2] \quad \cdots\cdots \quad (2-9)$$

분모, 분자에 μ를 곱해 식 (2-7)과 비교하면,

$$B = \frac{\mu m}{4\pi \mu r^2}[Wb/m^2] = \mu H[Wb/m^2] = \mu_0 \mu_s H[Wb/m^2] \qquad (2-10)$$

단위요약

- 자력선의 단위: 맥스웰(Mx), 1[Mx] = 1개의 자력선
- 자속의 단위: 웨버(Wb), 1[Wb] = 1×10[Mx]
- 자속밀도의 단위: 가우스(G), 1[G] = 1[Mx/cm^2]
  테슬라(T), 1[T] = 1[Wb/m^2]
  1[T] = 10,000[G]

[예제 4] 진공중에 있는 자극의 세기 0.624[Wb]인 N극에서는 몇 개의 자력선이 나오는가?

[풀이] 자력선수 $= \frac{m}{\mu_0} = \frac{0.624}{4\pi \times 10^{-7}} = \frac{0.624 \times 10^7}{4\pi} = 500,000$[개]

[예제 5] 자력선이 0.05[m]에 수직으로 100개가 지나고 있는 곳의 자계의 세기는 얼마인가?

[풀이] 1[m]에 수직으로 지나는 자력선 수를 자계의 세기로 정의하므로 100/0.05=2000, 따라서 자계의 세기 H=2000[AT/m]

[예제 6] 10[cm²]의 면에 수직으로 10,000[Mx]의 자속을 가진다면 자속밀도는 몇 [G]인가?

[풀이] $B = \varnothing/A = 10{,}000/10 = 1000[Mx/cm^2] = 1000[G]$

[예제 7] 면적이 0.01[m]인 곳을 5000[μWb]의 자속이 통한다면 이 곳의 자속밀도는 몇 [T]인가?

[풀이] $B = \varnothing/A = \dfrac{5000\times10^{-6}}{1\times10^{-2}} = 0.5[Wb/m^2] = 0.5[T]$

[예제 8] 자계의 세기가 10,000[AT/m]일 때 매질이 공기일 때와 비투자율 1,500인 철일 때 자속밀도를 계산하라.

[풀이] 공기일 때: $B = \mu\ \mu\ H = \mu\ \cdot 1 \cdot H = 4\pi\times10\ \times10{,}000 = 0.01256[Wb/m^2]$

철일 때: $B = \mu\ \mu\ H = \mu\ \cdot 1500 \cdot H = 4\pi\times10\ \times1500\times10{,}000 = 18.84[Wb/m^2]$

[예제 9] 변압기용 규소강판의 자계의 세기가 4,000[AT/m²]일 때 자속밀도가 2.0[Wb/m²]이라고 한다면 이 강판의 투자율은 얼마인가?

[풀이] $\mu = \dfrac{B}{H} = \dfrac{2.0}{4000} = 5\times10^{-4}[H/m]$, $\mu = \mu_0\mu_s$에서 $\mu_s = \dfrac{\mu}{\mu_0} = \dfrac{5\times10^{-4}}{4\pi\times10^{-7}} \fallingdotseq 398$

5. 전류에 의한 자계현상

전류가 흐르고 있는 전선에 나침반을 가까이 하면 전류가 흐르는 방향에 따라 그림 2-4(a)와 같이 나침반이 움직인다. 즉, 전류는 자석을 만든다는 것을 알 수 있으나 자석 같은 것은 전혀 볼 수 없다. 실제로 전류가 자석이 갖고 있는 자계를 만든 것이다. 전류가 만드는 자계에 대해 자세히 알아보면 그림 2-4(b)와 같이 두꺼운 종이에 구멍을 뚫어 전선을 통과시킨 후 종이 위에 철분을 뿌리면 철분은 전선을 중심으로 여러 개의 원 모양으로 배열된다.

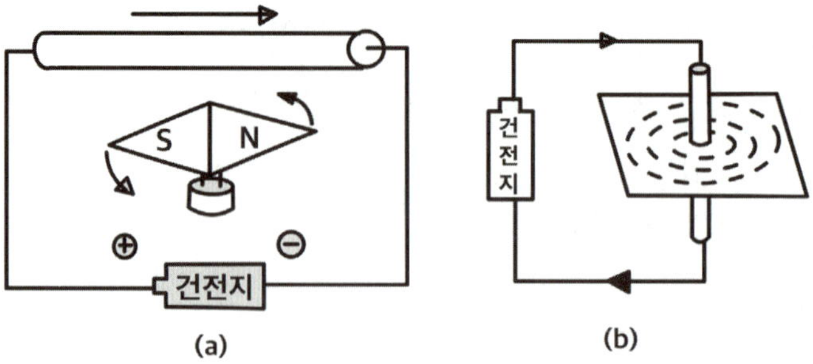

그림 2-4 전류와 자계와의 관계

이 현상은 전선에 전류가 흐르면 자계가 전선을 중심으로 원 모양의 자계가 형성되는 것을 알 수 있다. 비오-사바르 법칙에 따르면, 전류가 흐르는 도체의 각 지점에서 형성되는 자기장은 도체에 수직인 평면을 따라 원형으로 퍼지며, 그 세기는 전류의 크기에 비례하고, 관측 지점과 도체 사이 거리의 제곱에 반비례하는 자기장이 된다.

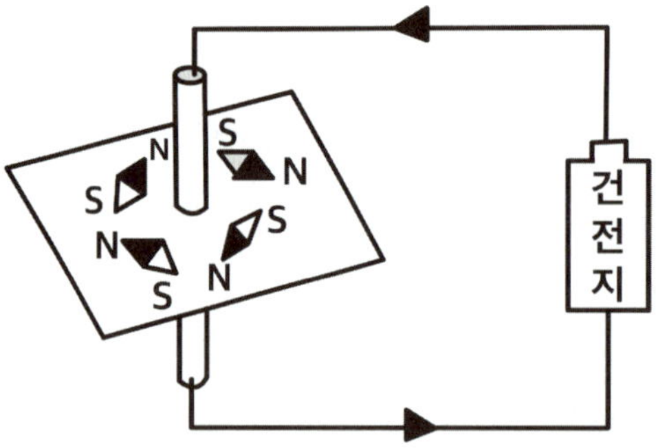

그림 2-5 전류와 자력선의 관계

자력선(자계)의 방향은 그림 2-5와 같이 나침반을 놓으면 오른나사의 진행 방향으로 전류(자계)가 흐르면 오른 나사가 회전하는 방향으로 자계(전류)가 생긴다. 이것을 앙페르(Ampere)의 오른나사 법칙이라 한다.

[예제 10] 다음 그림에서 자석이 움직이는 방향은 어느 것인가?

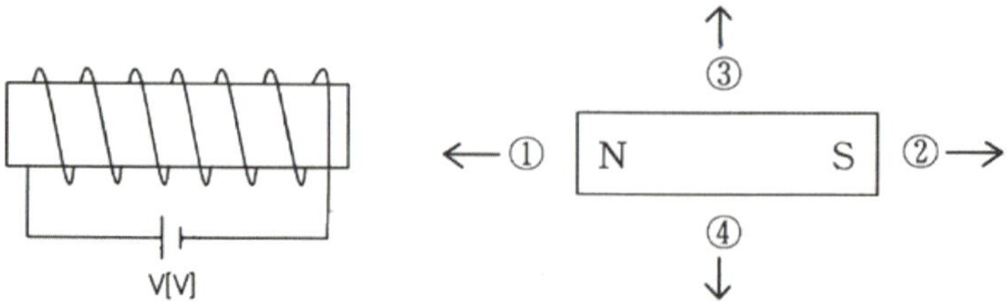

[풀이] ②

6. 코일 전류에 의한 자계 발생

그림 2-6에서 보는 것처럼 직선의 도선을 구부려서 고리를 만들면 두 가지 효과를 얻게 된다. 먼저 자기력선이 코일(coil) 내에 더 밀집해 있다. 자기력선의 전체 수는 직선일 때와 같지만 코일 내부의 자력선은 작은 공간 내로 밀집된다. 더구나 코일 내에서 모든 자력선은 같은 방향으로 더해진다. 이것은 코일의 자계가 반대편에 반대극을 가지고 있는 막대자석과 같은 작용을 하게 된다.

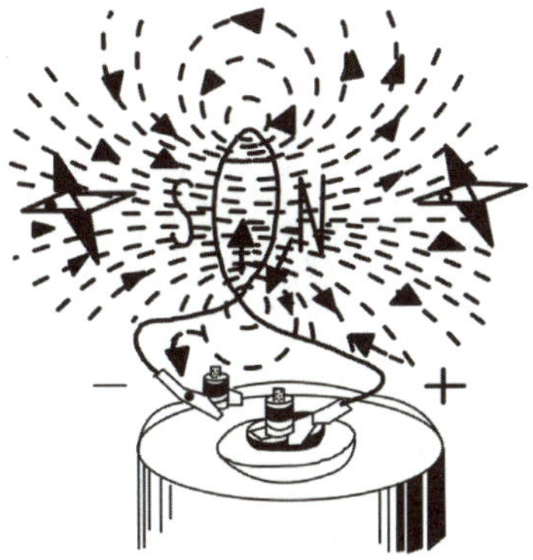

그림 2-6 코일이 만드는 자계

솔레노이드(solenoid)란 한 번 이상의 회전수를 가진 도체를 원통형으로 촘촘히 감아 만든 코일을 말한다. 이는 전류를 흘려 자기장을 만들 수 있어 전자석으로 널리 사용된다. 솔레노이드는 유도자(인덕터)의 일종으로, 교류가 사용되는 전자 회로에서 매우 유용하게 활용된다.

솔레노이드 내부에 강자성체를 넣으면 자화 현상이 발생하여 자기장이 더욱 강해지는 효과를 얻을 수 있다. 하지만 이론적으로 이상적인 솔레노이드는 지름에 비해 길이가 매우 긴 형태를 가진다.

하나의 고리로 된 코일과 마찬가지로, 솔레노이드는 코일 내부에 자기장을 집중시키며 양 끝에는 서로 반대되는 자극이 형성된다. 특히 자력선은 코일 내부에서 한 방향으로 정렬되어 더해지기 때문에, 회전수(회선수)가 많을수록 내부 자기장이 더욱 강해지는 효과를 얻을 수 있다.

코일의 바깥에서 자계는 그림 2-7에서 나타난 것처럼 한 끝에 북극을 가지고 반대 끝에 남극을 가진 막대자석과 같다.

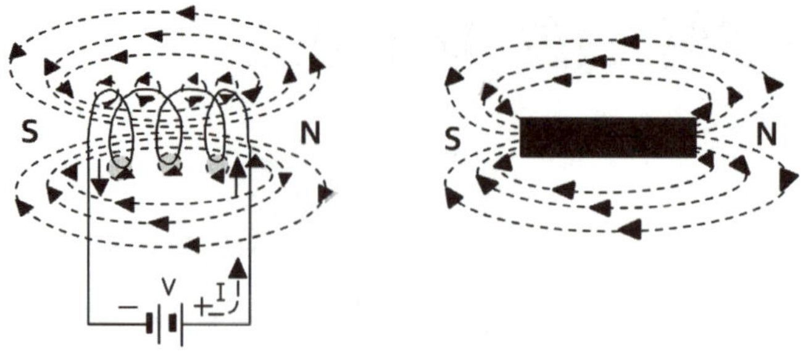

(a) (b)

그림 2-7 솔레노이드의 자계

7. 전자석

그림 2-8과 같은 코일에 전류를 흐르게 하고 이것을 철편에 가까이 하면 철편은 조금씩 움직이나, 코일에 강하게 끌리지 않는다. 그러나 그림 2-8(b)와 같이 솔레노이드(코일) 속에 철심을 넣으면 강력한 자석이 되어 철편을 잡아당긴다. 이와 같이 제작한 자석을 전자석(electromagnet)이라 한다.

코일에 철심을 넣지 않은 때는 자계도 약하고 자극도 생기지 않는다. 그러나 코일 속에 철심을 넣으면, 철은 자력선이 잘 통하기 때문에 자력선이 철심에 집중 작용한다.

자력선은 철심 속에는 제멋대로의 방향으로 향하고 있는 분자 자석들이 코일에서 발생한 자력에 의하여 같은 방향으로 정렬되어 철심은 자석이 된다.

이와 같이 된 자석을 전자석이라 한다. 전자석에서는 코일의 전류를 차단하면 철심 속의 분자 자석이 다시 본래와 같이 제멋대로의 방향으로 향하게 되어 자력선은 없어지고 철심은 자성을 잃게 된다. 그러나 어떤 종류의 철은 코일의 전류를 차단해도 분자 자석이 같은 방향으로 정렬된 상태로 남아있어 자석으로 작용을 지속한다. 이와 같은 성질을 가진 자석을 영구자석이라 한다.

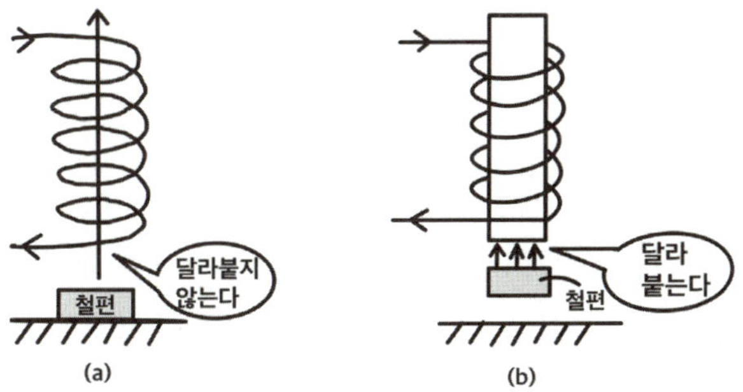

그림 2-8 코일과 전자석의 차이

정리

① 자성체란 자력선이 통하기 쉬운 성질의 금속을 말한다.

② 비자성체란 자력선이 통하기 어려운 성질의 금속을 말한다.

자력선이 통하기 쉬운 척도를 투자율이라 하며, 공기의 투자율(진공)을 1로 하면 철은 5,000~10,000배나 크다.

8. 자기회로

1) 기자력

전류가 흐르는 길을 전기회로라고 하듯이 자속이 흐르는 길을 자기회로라고 한다. 전기회로에서 전류를 흐르게 하는 원동력은 **기전력**이라 하고 자기회로에 자속을 흐르게 하는 원동력은 기자력(magnetomotion force)이라 한다. 크기는 코일에 흐르는 전류 I[A]와 코일의 권선수 N의 곱에 비례한다.

따라서,

$$\text{기자력 } F = NI[AT] \quad \cdots\cdots\cdots \quad (2-11)$$

이 되고 단위는 암페어턴(ampere turn, AT)을 사용한다.

2) 자기저항

전기회로에서 전류의 흐름을 방해하는 성질을 전기저항이라 하는데 이에 대응하여 자기회로에서 자속의 흐름을 방해하는 성질을 자기저항이라 한다. 자기저항은 자기회로의 단면적 A[m], 투자율 μ에 반비례하고 자기회로의 길이 ℓ[m]에 비례한다. 자기저항의 단위는 [AT/wb]나 [H]로 나타낸다. 자기저항 R_m은

$$R_m = \frac{\ell}{\mu A}[AT/wb],\ [H^{-1}] \quad \cdots\cdots (2-12)$$

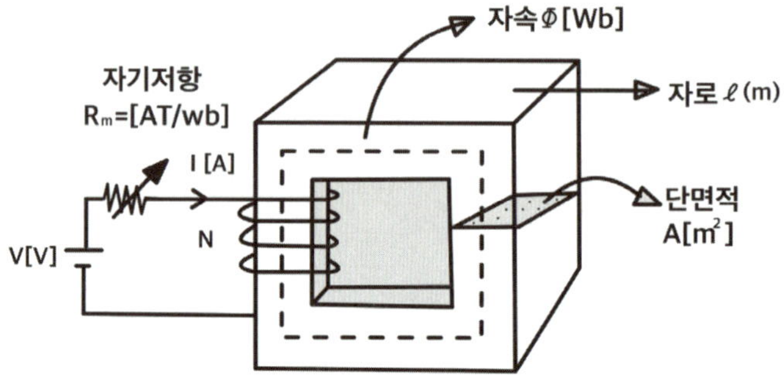

그림 2-9 자기저항

[예제 11] 투자율이 2×10[H/m], 단면적이 3[cm], 자로의 길이가 30[cm]일 때 자기저항의 값은 얼마인가?

[풀이] 자기저항 $= \frac{\ell}{\mu A}$

$$= \frac{30[cm]}{2\times 10^{-2}[H/cm]\times 3[cm^2]} = 5\times 10^6[H^{-1}]$$

3) 자기회로의 옴의 법칙

자기회로와 전기회로를 비교하면 자속은 전류에 대응되며 자속을 발생시키는 원동력인 기자력은 기전력에 대응되고 자기저항은 전기저항에 대응하여 비교할 수 있듯이 자속, 기자력, 자기저항은 다음과 같은 관계가 있다.

$$자속 = \frac{기자력}{자기저항}$$

$$\Phi = \frac{F(=NI)}{R_m}[wb] \quad \cdots\cdots \quad (2-13)$$

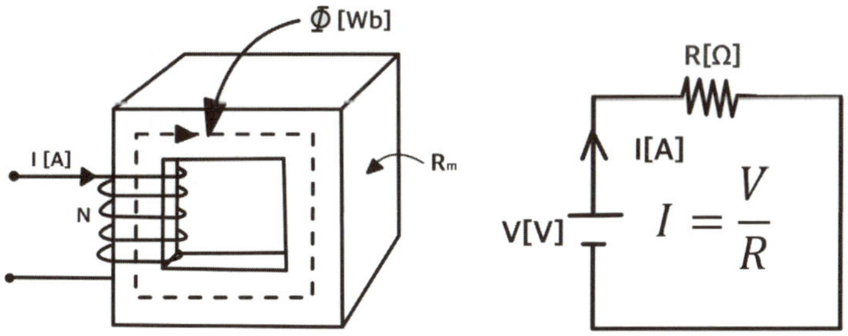

(a) 자기회로　　(b) 전기회로

그림 2-10 자기회로와 전기회로

전기회로	자기회로
기전력 E[V]	기자력 F = N·I[AT]
전류 I[A]	자속 Φ[Wb]
전기저항 R[Ω]	자기저항 R[AT/Wb]
$I = \frac{E}{R}$	$\Phi = \frac{N \cdot I}{R_m}$

[예제 12] 어느 자기회로에 권선수 100회인 코일에 1[A]의 전류를 흘렀더니 10[wb]의 자속이 발생했다면 자기저항은 얼마인가?

[풀이] 자기저항 $\Phi = \frac{NI}{R}$, $R = \frac{NI}{\Phi} = \frac{100 \times 1}{10} = 10[AT/wb]$

9. 자화곡선과 히스테리시스 곡선

1) 자화곡선

그림 2-11과 같이 철심에 코일을 감아서 코일에 전류를 흐르게 하면 자화력이 발생하게 된다. 다시 말해 자기회로에서 NI[AT]의 기자력이 발생한다. 그러나 철심을 자화하려는 기자력은 같아도 자기회로의 길이에 따라 다르다. 따라서 단위 길이에 대한 기자력을 **자화력**(H)이라 하며, 자기회로의 길이가 ℓ[m]일 경우

$$자화력[H] = \frac{기자력}{길이} = \frac{NI}{\ell}[AT/m] \quad \cdots\cdots\cdots\cdots (2-14)$$

이다.

자화력의 증가에 따라 자속밀도가 증가하지만 어느 정도 크기에 이르러서는 더 이상 증가하지 않고 포화상태가 된다. 이 현상을 자기포화라고 하며 그림과 같은 곡선을 **자화곡선**이라 한다.

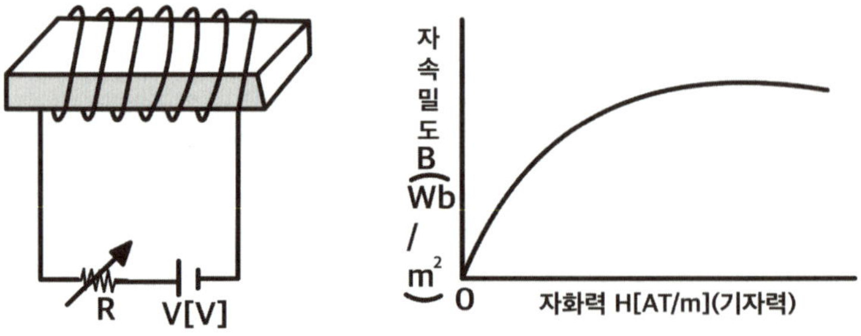

그림 2-11 자화곡선

2) 자기히스테리시스

자기 히스테리시스란 자성체에 외부 자기장을 가하고 제거했을 때, 자화 상태가 즉시 원래대로 되돌아가지 않고 일정한 자성을 남기는 현상을 말한다. 이는 자성체 내부의 자기 영역들이 외부 자기장의 영향을 받아 정렬되었다가, 자기장을 제거한 이후에도 완전히 무질서한 상태로 돌아가지 않기 때문에 발생한다. 이로 인해 자성체는 외부 자기장이 없는 상태에서도 일정한 자성을 유지하게 되며, 이를 잔

류자기라고 한다.

자성체의 자화를 완전히 제거하려면 반대 방향의 자기장을 가해야 하고, 이때 필요한 자기장 세기를 보자력(강제력)이라 한다. 이러한 과정을 통해 자성체에 자기장을 가했다가 제거하는 동안 자화가 변하는 경로를 나타내면, 자기장(H)과 자화(M) 또는 자속밀도(B) 사이의 관계가 폐곡선 형태의 그래프로 나타나는데, 이것을 히스테리시스 루프라고 한다.

히스테리시스 루프의 면적은 자성체가 자기화 및 자기 이완을 반복할 때 발생하는 에너지 손실의 양을 의미한다. 이 손실은 변압기, 전동기, 인덕터 등 교류 전류가 흐르는 자기 회로에서 중요한 요소로 작용하며, 히스테리시스 손실이 큰 재료는 에너지 효율에 영향을 미친다. 반면에 히스테리시스 현상을 이용하면 정보 저장 매체와 같은 분야에서 자성 상태를 안정적으로 유지하는 데 유리하다.

이처럼 자기 히스테리시스는 자성체의 자화 특성을 이해하고, 이를 다양한 전자기기나 재료 설계에 적용하기 위해 반드시 고려해야 하는 중요한 물리적 개념이다.

자기히스테리시스(magnetic hysteresis) 현상을 자기 이력현상이라고도 한다. 그림 2-1과 같이 철심에 코일을 감고 전류를 점점 증가시키면 자화력(H)가 증가하고 자속밀도(B)도 증가한다. 이때 B와 H의 비를 그 자기회로를 형성하고 있는 자성체의 투자율(μ)이라 하고

$$\text{투자율 } \mu = \frac{\text{자속밀도}}{\text{자화력}} = \frac{B}{H} \quad \cdots\cdots\cdots\cdots \quad (2-15)$$

인 관계가 있다.

전자석 철심 내의 자기 포화상태에서 자화력(자계의 세기)을 감소시킨 경우 자속밀도가 감소하지만 자화력이 없는 상태에서도 철심에 자속이 남아 그림 2-12와 같은 곡선이 된다. 이런 현상을 히스테리시스 현상이라 한다. 히스테리시스 곡선은 철심의 재료에 따라 모양이 다르며 곡선의 면적에 비례하여 전기에너지가 소비되어 열이 발생한다. 이 에너지 손실을 **히스테리시스손**이라 한다. 전기 기기 중에서 히스테리시스손을 감소시키기 위해 규소강판을 사용한다.

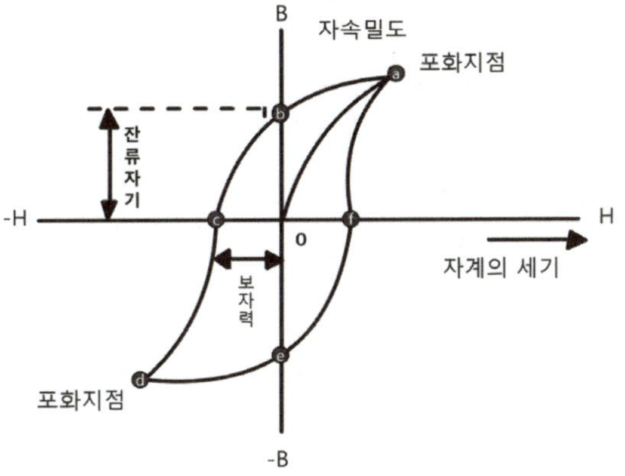

그림 2-12 **자기히스테리시스**

10. 전자력

자계 내에 도체를 놓고 전류를 흐르게 하면 도체에는 힘이 작용한다. 이 힘을 전자력(electromagnetic force)이라 한다. 전자력의 방향은 전류의 방향과 자계에 의해 결정된다. 이 관계를 플레밍의 왼손법칙에 따르게 되는데 왼손의 엄지, 검지, 중지 세 손가락을 서로 직각으로 하여 구부리면 엄지의 방향이 전자력의 방향, 검지의 방향이 자계의 방향, 중지의 방향이 전류의 방향이 된다는 법칙이다. 그림 2-13은 플레밍의 왼손법칙을 전동기(모터)의 원리를 나타내는 법칙으로 그림 2-14와 같이 전자력(F)의 크기는

$$F = BI\ell\sin\theta[N] \quad \cdots\cdots (2-16)$$

로 나타낸다.

이때 B는 자속밀도, I는 전류, ℓ은 도체의 길이, θ는 도체와 자계의 방향이 이루는 각도이다.

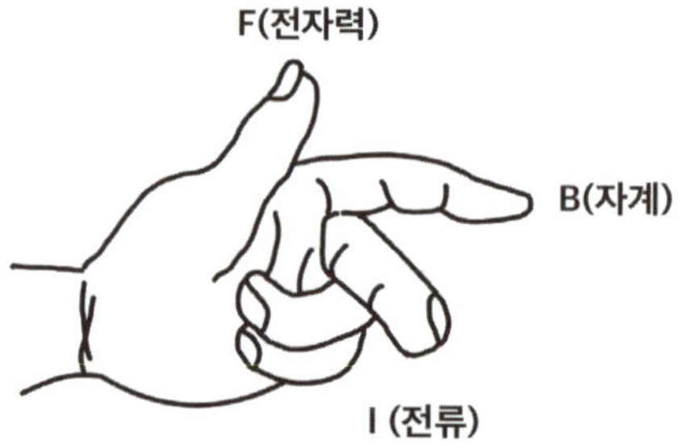

그림 2-13 플레밍의 왼손법칙

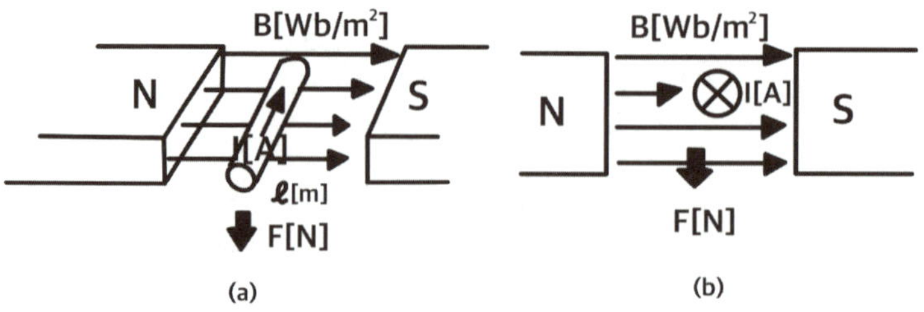

그림 2-14 플레밍의 왼손법칙

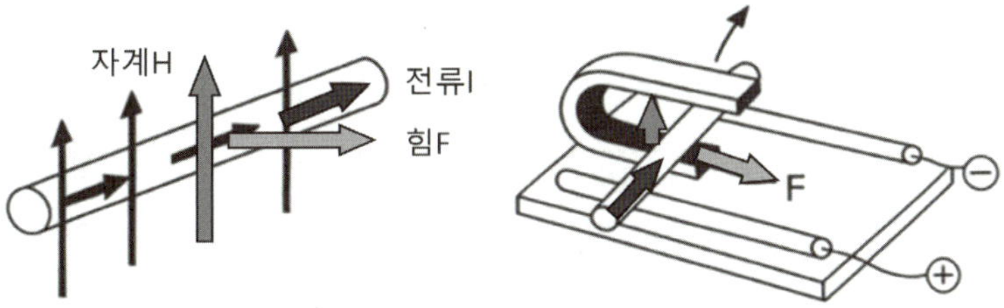

위 그림은 전류가 흐르는 도선이 자기장 속에 놓일 때, 도선이 어떤 힘을 받는지를 보여준다. 이는 플레밍의 왼손 법칙에 의해 설명되며, 전동기(모터)의 기본 원리가 된다.

위쪽 그림에서는 자기장이 수직 방향(위쪽)으로 형성되어 있고, 도선에는 오른쪽 방향으로 전류가 흐르고 있다. 이때, 자기장과 전류가 서로 수직을 이루기 때문에, 도선은 이 두 방향 모두에 수직인 방향, 즉 위쪽 방향으로 힘을 받는다. 이 힘을 전자기력 또는 로렌츠 힘이라고 하며, 플레밍의 왼손 법칙에 따라 그 방향을 판단할 수 있다. 왼손의 엄지는 힘(F)의 방향, 검지는 자기장(H)의 방향, 중지는 전류(I)의 방향을 나타내는데, 이 세 방향이 서로 직각을 이루는 관계다.

아래쪽 그림은 이러한 원리를 실제 장치에 적용한 예를 보여준다. 도선은 말굽 모양 자석의 극 사이에 놓여 있고, 외부 회로를 통해 도선에 전류가 흐르고 있다. 자기장은 자석의 N극에서 S극으로 수직으로 형성되어 있으며, 전류는 도선 안에서 수평 방향으로 흐른다. 이때 도선은 자기장과 전류의 작용으로 인해 수직 방향, 즉 그림에서 위쪽 방향으로 힘을 받아 움직인다.

이처럼 전류가 흐르는 도선이 자기장 속에 놓이면, 자기장과 전류 방향에 따라 도선에 힘이 작용하고, 이 힘은 도선을 물리적으로 움직이게 만든다. 이러한 현상은 전기 에너지를 운동 에너지로 변환하는 전동기의 원리에 해당하며, 다양한 전자기기에서 응용되고 있다.

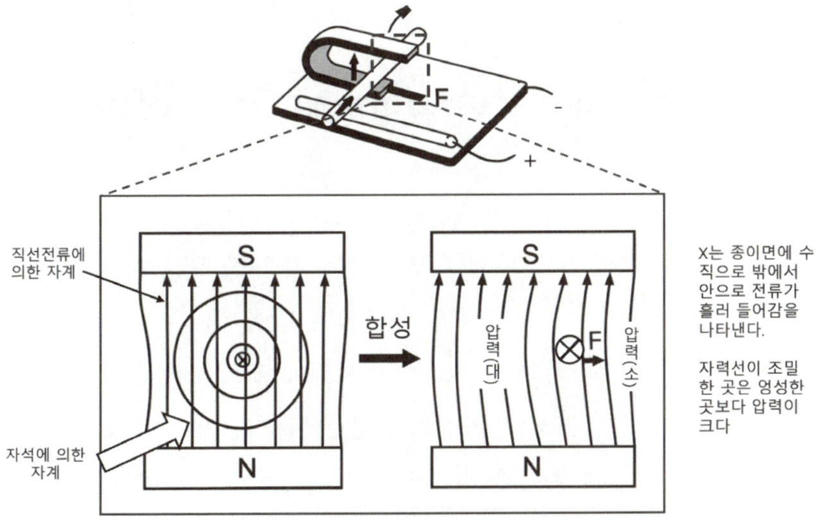

직선전류가 자계로부터 받는 힘의 설명

이 그림은 전류가 흐르는 직선 도선이 자기장 속에 놓일 때, 도선이 어떤 원리로 힘을 받게 되는지를 설명한다. 전류가 흐를 때 도선 주위에는 고유의 자기장이 형성되며, 이 자기장은 원형의 자력선 형태로 도선을 중심으로 퍼져 나간다. 도선이 자석 사이에 놓이게 되면, 자석에 의해 수직 방향으로 균일한 자기장이 형성되는데, 이 두 자기장이 서로 영향을 주면서 도선 주변의 자기장 분포에 불균형이 생기게 된다.

도선의 왼쪽에서는 전류에 의해 생긴 자기장과 자석에 의한 자기장이 같은 방향으로 작용하여 자기장의 세기가 더 강해지고, 반대로 도선의 오른쪽에서는 두 자기장이 서로 반대 방향으로 작용하여 자기장이 약해진다. 이로 인해 도선의 좌우에는 자기장의 밀도 차이가 생기며, 이는 마치 압력 차이처럼 작용한다. 자력선이 더 조밀한 곳은 자계가 강한 곳으로, 더 큰 '자기 압력'이 작용하고, 자력선이 희박한 곳은 자계가 약하여 상대적으로 압력이 작다.

결과적으로 도선은 자기장이 강한 곳에서 약한 곳으로 힘을 받게 되며, 이 힘은 도선을 실제로 움직이게 만든다. 이 힘을 로렌츠 힘이라 하며, 이는 플레밍의 왼손 법칙으로도 설명할 수 있다. 이와 같은 현상은 전류와 자기장을 이용해 물체를 움직이는 대표적인 원리로, 전기 모터를 포함한 여러 전자기기에서 널리 응용된다.

[예제 13] 자속밀도가 2[Wb/m]인 자계 내에 길이가 100[cm]인 도체를 자계와 수직으로 하여 도체에 10[A]의 전류를 흐르게 하였다면 전자력은 몇 [N]인가?

[풀이] 전자력 $F = BI\ell\ \sin\theta$에서

$F = 2\times10\times1\times\sin\ 90°(\sin\ 90° = 1)$

$= 20[N]$

11. 전자기유도(electromagnetic induction)

그림 2-15와 같이 코일의 양 끝에 검류계를 연결하여 자석을 코일 속에 넣었다 뺐다 하면 코일 속을 지나는 자속이 변화하므로 코일에 기전력이 유도되어 검류계의 바늘이 좌우로 움직인다.

그림 2-16과 같이 말굽자석(U자형)의 N극과 S극 사이에 도체를 놓아 도체의 양 끝에 검류계를 연결하여 도체를 상하로 움직이면 검류계의 지침이 좌우로 움직임으로써 도체에 전류가 흐른다는 것을 알 수 있다. 이와 같이 코일 내부에 통과하는 자속수가 변화하거나 자계 내에서 도체가 자속을 차단하면 기전력이 발생한다는 이 현상을 **전자기유도**(electromagnetic induction)라 하며, 발생된 기전력을

유도기전력, 전류를 유도전류라 한다. '유도기전력은 코일을 관통하는 자력선이 변화하는 속도에 비례한다.'는 패러데이의 법칙(Faraday's Law)이나 '유도기전력은 유도전류가 만드는 자계가 원래의 자계의 변화를 방해하는 방향으로 발생한다.'는 렌츠의 법칙(Lenz's Law)도 모두 전자기유도 현상에 포함된다.

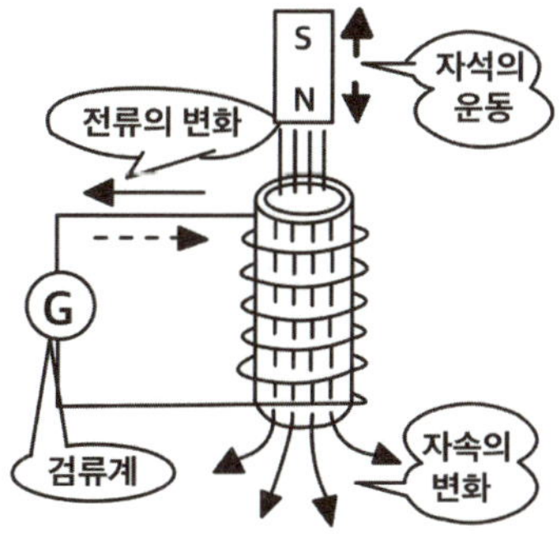

그림 2-15 코일 내 자속의 변화

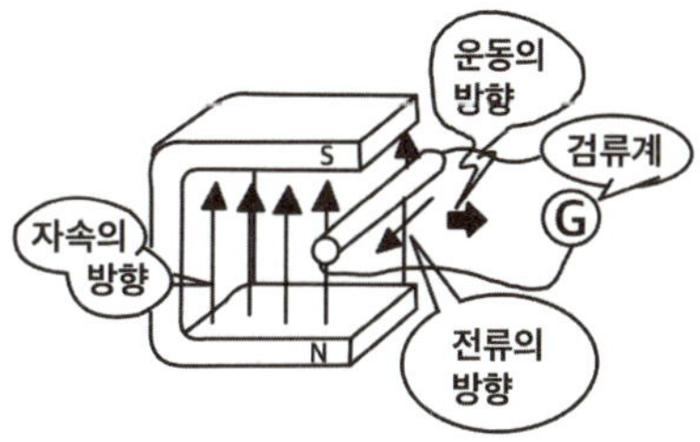

그림 2-16 도체의 운동과 전자유도

1) 패러데이(Faraday)의 법칙

전자유도에 의해 코일이나 도체에 생기는 유도기전력의 크기는 코일이나 도체와 교차하는 자속수가 단위시간에 변화하는 비율에 비례한다. 이것을 전자유도에 관한 패러데이 법칙이라 한다. 일반적으로 도체 또는 코일의 권선수가 N인 코일을 통과하는 자속이 Δt초 동안에 $\Delta \Phi$[Wb]만큼 차단되었을 때 발생하는 유도기전력의 크기 e는 다음과 같다.

$$e = N\frac{\Delta \Phi}{\Delta t}[V] \quad \cdots\cdots (2-17)$$

[예제 14] 권선수가 10회인 코일에 자속을 1초 동안에 5[Wb]fh 변화시켰을 때 발생하는 유도기전력의 크기는 얼마인가?

[풀이] 패러데이 법칙에서

$$e = N\frac{d\Phi}{dt} = 10 \times \frac{5}{1} = 50[V]$$

2) 렌쯔(Lenz)의 법칙

전자유도 현상에서 전류와 자속의 관계를 보면 코일을 지나는 자속이 증가할 때 자속을 감소시키는 방향으로 유도 기전력이 발생하고, 자속이 감소할 때 자속을 증가시키는 방향으로 유도기전력이 발생한다. 이와 같이 **유도기전력은 코일 내 자속의 변화를 방해하는 방향으로 발생**한다. 이것을 렌쯔의 법칙이라 한다.

$$e = -N\frac{\Delta\Phi}{\Delta t} \quad \cdots\cdots \quad (2-18)$$

부호의 [−]는 유도기전력의 방향을 나타낸다.

3) 플레밍(Fleming)의 오른손 법칙

그림 2-17과 같이 자계 내에서 도체를 자속과 직각인 방향으로 움직이면 도체에 유도기전력이 발생한다. **유도기전력의 방향을 알기 위해 오른손의 엄지를 도체의 운동방향, 검지를 자계의 방향으로 한다면, 중지의 방향이 유도기전력의 방향**이 된다. 이것을 플레밍의 오른손 법칙이라 한다. 유도기전력은 다음과 같이 구할 수 있다.

$$e = B\ell v \sin\theta[V] \quad \cdots\cdots \quad (2-19)$$

여기서 B[Wb/m]는 자속밀도, ℓ[m]은 도체의 길이, v는 도체의 운동속도[m/s], θ는 도체의 운동방향과 자계의 방향이 이루는 각도이다.

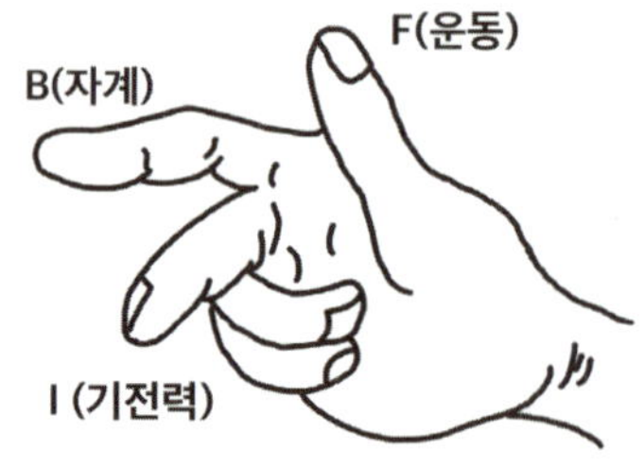

그림 2-17 플레밍의 오른손 법칙

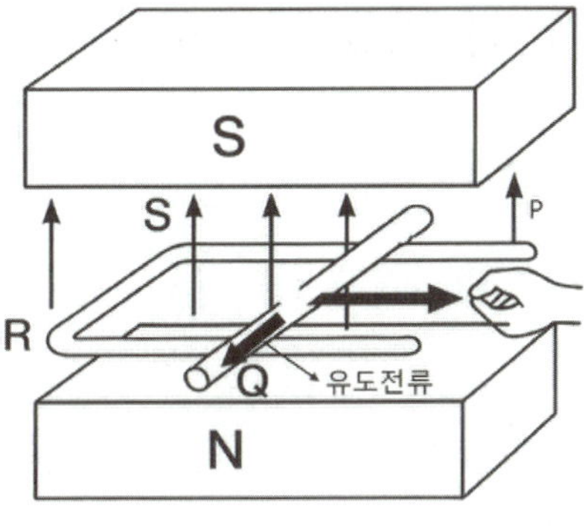

자계 속에서 도선을 움직이면 유도전류가 흐른다.

이 그림은 도선을 자기장 속에서 움직일 때 발생하는 유도기전력과 유도전류의 방향을 플레밍의 오른손 법칙으로 설명할 수 있는 상황을 보여준다. 자석의 N극과 S극 사이에는 위쪽 방향의 자기장이 형성되어 있으며, 도선은 이 자기장 속을 오른쪽 방향으로 이동하고 있다. 이때 도선에는 전자기유도에 의해 기전력이 발생하며, 결과적으로 도선 내부에 유도전류가 흐르게 된다.

플레밍의 오른손 법칙에 따르면, 오른손의 엄지, 검지, 중지를 서로 직각이 되도록 펼쳤을 때:

- 엄지는 도선이 움직이는 운동 방향(속도) : 이 그림에서는 오른쪽 방향
- 검지는 자기장의 방향 : 이 그림에서는 아래에서 위로(또는 N극 → S극)
- 중지는 유도되는 전류의 방향

이 법칙을 적용하면, 도선이 오른쪽으로 움직이고, 자기장이 위쪽으로 형성되어 있으므로, 전류는 도선 내부에서 그림에서 볼 때, 뒤쪽에서 앞쪽 방향(즉, R → S 방향)으로 흐르게 된다.

이와 같이 도선이 자기장을 가로질러 움직이면, 운동 방향, 자기장 방향, 전류 방향 사이에는 플레밍의 오른손 법칙에 따른 일정한 관계가 성립하며, 이를 통해 유도전류의 방향을 쉽게 판단할 수 있다.

이 현상은 자기적 에너지를 전기 에너지로 변환하는 발전기의 원리로 작용하며, 자속 변화에 따른 전류 유도 현상을 직관적으로 이해하는 데 매우 유용한 법칙이다.

[예제 15] 자속밀도 2.0[Wb/m]의 자계 내에서 이것과 직각으로 10 cm의 도체를 50[m/sec]의 속도로 이동시켰을 때 도체 중에 유도되는 기전력은 얼마인가?

[풀이] B = 2.0[Wb/m], ℓ = 10 cm = 10×10[m], V = 50[m/sec]이므로 식 2−19에 의해 e = 2.0×10×10 ×50 = 10[V]

12. 자체유도(self induction)

그림 2-18과 같이 원통형의 코일에서 스위치를 닫는 즉시 흐르는 전류를 가변저항기에 의하여 전류의 크기를 변화시켜 흐르게 하면, 원통형 코일의 내부에 자속이 변화된다. 이때 코일 자체에 이 자속의 변화를 방해하는 방향으로 유도기전력이 생긴다. 이 현상을 자체 유도라고 한다. 유도기전력의 크기 v는

$$v = L\frac{di}{dt} \quad \cdots\cdots (2-20)$$

가 된다. 단, 이 식은 기전력의 크기를 나타내고 방향은 고려하지 않았다.

자체 인덕턴스(self inductance, L)는 전류의 변화에 따라 자기장과 자속이 변화하면서, 그 변화된 자속이 다시 원래의 회로(자기 자신)에 기전력(유도전압)을 유도시키는 현상을 정량적으로 나타내는 물리량이다. 다시 말해, 코일이나 도선에 흐르는 전류가 변할 때, 그 전류가 만든 자기장이 변화하고, 이로 인해 코일 자체에 유도기전력이 발생하는데, 이 유도기전력의 크기를 결정하는 것이 바로 자체 인덕턴스이다.

자체 인덕턴스는 코일의 구조(감은 수, 면적, 길이 등)와 재료(자성체의 투자율 등)에 따라 결정되며, 단위는 헨리(Henry, H)를 사용한다. 전류가 빠르게 변할수록 자기장의 변화도 커지므로, 유도되는 기전력도 커지게 된다.

자체 인덕턴스는 회로에 흐르는 전류가 갑작스럽게 변화하는 것을 저지하려는 성질, 즉 전류의 변화에 대한 관성과도 같은 역할을 하며, 이 때문에 인덕터는 스위칭 회로나 전류 안정화 장치 등에서 중요한 역할을 수행한다.

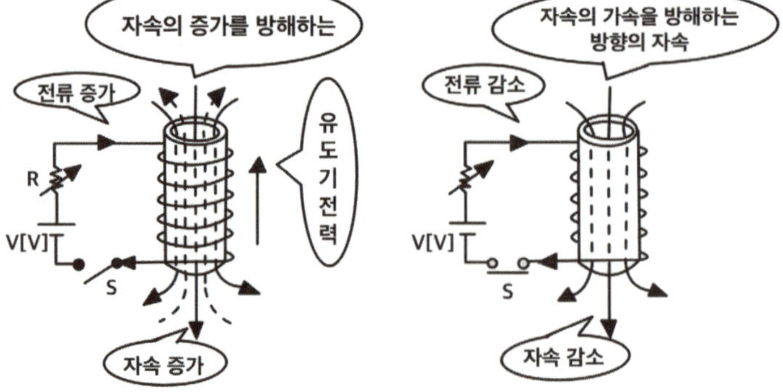

그림 2-18 자체유도

[예제 16] 자기인덕턴스가 5[H]인 코일에 전류를 0.01초 동안에 전류1[A] 변화시켰다면 유도기전력은 몇 볼트인가?

[풀이] 자체유도법칙에서

$$e = L\frac{\Delta i}{\Delta t} = 5 \times \frac{1}{0.01} = 500[V]$$

13. 상호유도(mutual induction)

그림 2-19와 같이 철심에 2개의 코일 P, S를 감고 P 코일에 전원과 가변저항기를 연결하고 S 코일에 검류계를 연결한다음 1차 코일에 흐르는 전류를 가변저항기로 변화시키면 1차 코일 P에 발생하는 자속이 변화하게 되고 이 자속이 2차 코일 S와 쇄교한다. 전자유도에 의해 2차 코일에는 자속의 변화를 방해하는 방향으로 유도기전력이 발생한다. 이 현상을 상호유도(mutual induction)라고 한다.

2차 코일에 발생한 유도기전력의 크기 e[V]는 1차 코일에 흐르는 전류의 변화율에 비례하므로 비례상수를 M이라고 하면

$$e = M\frac{dI}{dt} \quad \cdots\cdots (2-21)$$

비례상수 M을 상호인덕턴스라고 하며 상호유도의 정도를 나타낸다. 이 값은 2개의 코일의 권선수, 형태, 상호위치 및 철심 등의 유무에 의해 결정되고 단위는 헨리[H]를 사용한다.

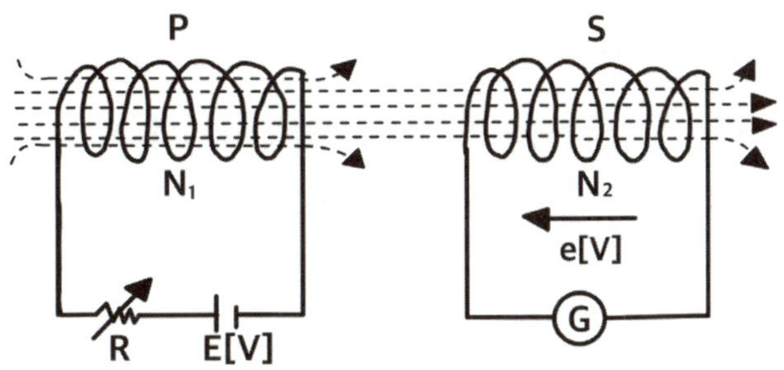

그림 2-19 상호유도

상호 인덕턴스는 자기 언덕턴스[L] 및 코일의 권선비(N/N)에 비례한다.

$$\text{즉}\quad M = L \times \frac{\text{2차코일 권선수 }(N_2)}{\text{1차코일 권선수 }(N_1)}$$

따라서 식 (2-21)은

$$e_2 = L \cdot \frac{N_2}{N_1} \cdot \frac{dI}{dt} = e_1 \cdot \frac{N_2}{N_1} \quad \cdots\cdots (2-22)$$

이 된다.

1) 변압기의 원리

그림 2-20과 같이 같은 철심에 권수가 N인 1차 코일과 권수가 N인 2차 코일을 감은 다음 1차코일에 V의 교류전압을 인가하면 교류전류가 흘러 1차 코일 안에 자속 Φ가 증감한다. 따라서 자체유도 현상에 의해 e[V]의 기전력이 발생하고, 2차 코일에는 상호유도 작용에 의해 e[V]의 전압이 발생한다. 이때 발생한 전압은 1차 코일과 2차 코일의 권선비에 비례한다.

변압기는 그림 2-20과 같이 같은 철심에 권선수가 N_1인 1차 코일과 권수가 N_2인 2차 코일을 하나의 철심에 감아 구성한 전자기유도 장치로, 전압과 전류의 크기를 변환시키는 데 사용된다. 권선수가 N_1인 1차 코일에 교류 전압 V_1을 인가하면, 교류 전류가 흐르면서 1차코일 내부의 자기장이 시간에 따라 변화하게 되고, 그로 인해 시간에 따라 변하는 자속(Φ)이 발생한다. 이 자속은 철심을 따라 2차코일로 전달되며, 이 과정에서 자체 유도에 의해 1차코일에는 유도 기전력 e[V]이, 상호 유도에 의해 2차코일에는 유도 전압 e[V]가 발생하게 된다.

이때, 이상적인 변압기에서는 자속의 손실이 없다고 가정하므로, 1차코일과 2차코일의 전압은 각 코일의 권선수에 비례하게 된다. 즉, 전압과 권선수 사이에는 다음과 같은 비례 관계가 성립한다.

$$\frac{e_2}{e_1} = \frac{N_2}{N_1} \quad \cdots\cdots (2-23)$$

또한, 이상적인 변압기에서는 에너지 보존 법칙에 따라 입력 전력과 출력 전력이 같다고 가정하므로, 전류는 전압과 반비례하여 다음과 같은 관계식이 성립한다.

$$\frac{I_1}{I_2} = \frac{N_2}{N_1} = \frac{e_2}{e_1} \quad \cdots\cdots (2-24)$$

즉, 전압은 권선수에 비례하고, 전류는 권선수에 반비례한다. 이러한 원리에 따라 변압기는 전압을 높이거나 낮추되, 그에 따라 전류를 반대로 조절하여 전력을 유지하는 기능을 수행한다. 이를 통해 송전선에서는 전압을 높여 전류를 줄임으로써 전력 손실을 최소화하고, 가정용에서는 다시 전압을 낮추어 안전하게 전력을 공급할 수 있도록 한다.

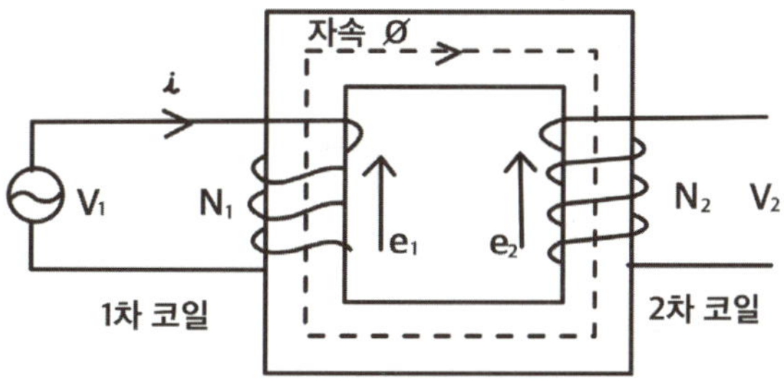

그림 2-20 변압기의 원리

[예제 17] 1차 코일과 2차 코일의 권선비가 1 : 1000이고 1차 코일에 200[V]의 유기전압이 발생했다면 2차코일에는 몇 볼트의 전압이 발생하는가?

[풀이] $\frac{e_2}{e_1} = \frac{N_2}{N_1}$ 에서

$$\frac{e_2}{200} = \frac{1000}{1} \qquad \therefore e = 200[kV]$$

PART 03

전기장

학습목표

- 압전현상을 알아야 한다.
- 전기력 및 전계에 대해서 알아야 한다.
- 콘덴서의 충·방전 특성을 알아야 한다.
- 콘덴서의 직렬연결과 병렬연결에 대한 성질을 이해할 수 있어야 한다.
- 전기장에서의 쿨롱의 법칙을 알아야 한다.
- 콘덴서 및 정전용량에 대해서 알아야 한다.
- 콘덴서의 축적에너지에 대해서 알아야 한다.
- 정전기 및 정전유도에 대해서 알아야 한다.
- 유전체 및 유전분극현상 대해서 알아야 한다.

개요

제 3장에서는 정전기 현상에서 출발하여 전하 사이에 작용하는 힘과 그로 인해 형성되는 전기장을 다룬다. 전기장은 전기전자공학의 가장 기초적이면서도 핵심적인 개념으로, 이후 회로 이론과 전자기학을 이해하는 데 필수적이다. 따라서 본 장에서는 쿨롱의 법칙을 통해 전하 사이의 상호작용을 수학적으로 규정하고, 이를 바탕으로 전기장의 정의와 특성을 단계적으로 확립한다.

먼저 쿨롱의 법칙은 두 점전하 사이에 작용하는 힘의 크기와 방향을 설명한다. 이 힘은 전하의 곱에 비례하고 거리의 제곱에 반비례한다는 단순한 형태를 가지며, 모든 전기 현상을 설명하는 기본 토대가 된다. 쿨롱의 법칙은 전하가 공간에 미치는 영향을 정량적으로 파악할 수 있게 되고, 전기장의 개념을 도입하는 기반을 마련할 수 있다.

전기장은 단위 양전하가 받는 힘으로 정의되며, 특정 위치에서 전기적 영향이 얼마나 강하게 작용하는지를 나타낸다. 전기력선은 이러한 전기장의 방향과 세기를 시각적으로 보여주는 도구로, 밀도가 높을수록 전기장이 강하다는 점을 직관적으로 이해할 수 있다. 이러한 시각적 표현은 전기장이 보이지 않는 물리량이라는 점을 보완해주며, 복잡한 전기장 분포를 쉽게 해석할 수 있도록 돕는다.

이어서 전위와 전위차의 개념을 학습한다. 전위는 전기적 위치 에너지를 의미하며, 전위차는 단위 전하가 두 지점 사이를 이동할 때 얻거나 잃는 에너지의 차이를 나타낸다. 전위 개념은 전기장과 밀접하게 연관되어 있으며, 전기력과의 관계를 수식으로 정리하면 회로 해석과 에너지 계산에 직접적으로 활용할 수 있다. 이를 통해 독자들은 전기장 속에서 에너지가 어떻게 저장되고 전달되는지를 이해하게 된다.

또한 축전기의 구조와 동작 원리를 다룬다. 축전기는 두 도체 사이에 절연체를 두어 전하를 저장하는 소자로, 전기 에너지를 축적하고 방출하는 역할을 한다. 축전기의 전기 용량, 전하와 전압의 관계, 그리고 에너지 저장 원리를 수학적으로 학습하며, 직렬 및 병렬 연결에서의 용량 계산도 익힌다. 유전체의 특성과 삽입 효과를 함께 다루어 실제 응용에서 축전기의 성능을 최적화하는 방법을 이해할 수 있도록 한다.

또한 전기장과 전위의 관계를 수학적으로 연결하여, 미분과 적분을 통한 전기장 해석 방법을 소개한다. 이러한 수학적 표현은 정전기 문제를 정량적으로 풀어내는 데 핵심적인 역할을 하며, 물리적 직관과 함께 활용할 수 있도록 구성되어 있다.

결론적으로 제3장 전기장은 전하의 상호작용에서 출발하여 전기장의 정의, 전위와 전위차, 전기력선의 시각적 해석, 그리고 축전기의 응용까지 종합적으로 다룬다. 전기 전자학을 학습하는 학생들은 이 장을 통해 전기 현상을 공간적·에너지적 관점에서 이해할 수 있으며, 전기장이 회로 이론과 전자기학의 토대를 이루는 핵심 개념임을 깨닫게 된다. 나아가 이러한 지식은 전력 시스템, 통신 회로, 전자 소자 설계 등 다양한 분야에서 활용될 수 있는 기초가 될 것이다.

1. 정전기

두 개의 절연체(전기가 잘 흐르지 않는 물질)를 서로 마찰하면 전기를 띠게 되고, 그 결과로 가벼운 물체를 끌어당기는 성질을 나타낸다. 이러한 현상은 일상에서도 쉽게 관찰할 수 있는데, 예를 들어 건조한 날 머리를 빗으로 빗었을 때 머리카락이 빗에 달라붙는 것도 이와 같은 원리이다. 이처럼 본래 전기적으로 중성이었던 물체가 어떤 외적인 작용, 특히 마찰에 의해 전기를 띠게 되는 현상을 '**대전**(electrification)'이라고 한다. 이때 물체가 띠게 되는 전기의 양을 '**전하**(charge)'라고 하며, 전하는 양(+)과 음(−)의 두 가지 형태가 있다.

대전체가 띠고 있는 전하는 물체의 표면에 정지한 상태로 존재할 수 있다. 이러한 상태를 '**정전기**(static electricity)'라고 한다. 정전기는 흐르지 않고 고정되어 있기 때문에 눈에 보이는 형태로는 잘 드러나지 않지만, 주변의 가벼운 물체를 끌어당기거나 방전현상으로 느껴질 수 있다. 반면, 전하가 이동하여 전류가 흐를 때 발생하는 다양한 현상은 '**동전기**(dynamic electricity)', 즉 우리가 흔히 말하는 전기 에너지로서, 전기 회로나 전자 기기에서 사용되는 전기와 밀접한 관련이 있다.

또한, 마찰 이외에도 물체가 대전되는 방식 중 하나로 '**정전유도**(electrostatic induction)' 현상이 있다. 이는 그림 3-1과 같이 전기적으로 중성인 도체(전기가 잘 흐르는 물질) 근처에 대전체(전기를 띤 물체)를 가까이 가져갔을 때 발생한다. 대전체가 도체에 직접 접촉하지 않아도, 대전체에 의한 전기장의 영향으로 도체 내부의 자유 전하들이 재배치된다. 이 결과, 대전체에 가까운 쪽에는 대전체와 반대 종류의 전하가, 먼 쪽에는 같은 종류의 전하가 나타난다. 이는 도체가 외부 전기장에 반응하여 내부 전하를 분리시키는 작용이며, 이처럼 물체에 접촉 없이도 전하의 분리를 유도하는 현상을 '정전유도'라고 한다.

정전유도는 전기를 저장하거나 방지하는 기술, 정전기 센서, 전기 집진기 등 다양한 전기공학적 응용 분야에서도 중요한 역할을 하며, 물질의 전기적 성질을 이해하는 데 필수적인 개념이다.

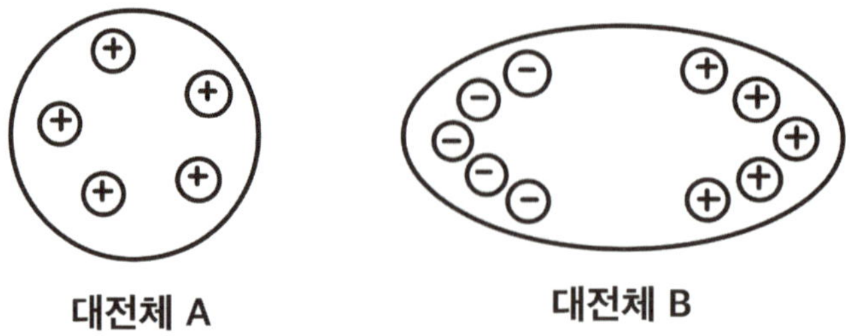

그림 3-1 정전유도

2. 쿨롱의 법칙

전하에는 양(+)전하와 음(−)전하의 두 종류가 있다. 같은 종류의 전하는 반발력이 발생하고, 다른 종류의 전하는 흡인력이 발생한다. **"두 전하 간에 발생하는 힘은 전하 크기의 곱에 비례하고 거리의 제곱에 반비례한다."**는 것이 쿨롱에 의해 밝혀진 전기력에 관한 쿨롱의 법칙이다.

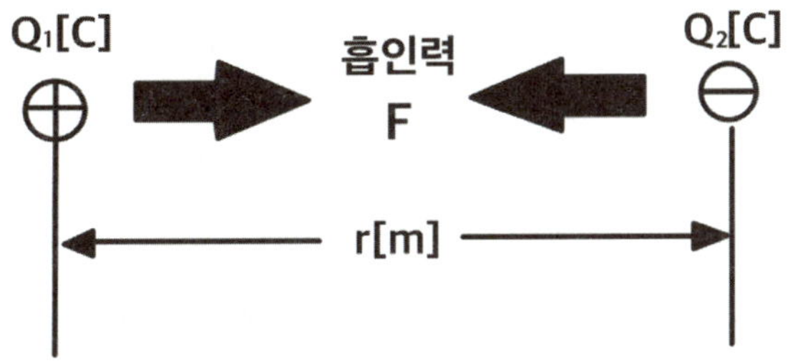

그림 3-2 쿨롱 법칙

그림 3-2와 같이 2개의 전하 Q_1[C], Q_2[C] 사이의 거리가 r[m]라고 하면 전하 간에 작용하는 힘 F[N]는 다음과 같다.

$$F = k\frac{Q_1 Q_2}{r_2}[N] \quad \cdots\cdots (3-1)$$

여기서 k는 비례상수로 $k = \frac{1}{4\pi\varepsilon}$로 표시할 수 있다. ε은 매질의 유전율(dielectric constant permitivity)이라 하고 유전체가 전하를 축적하는 성질로 유전체에 의해 결정되는 상수이다.

※ 유전율(permittivity) : 전기를 끌어당기는 능력의 정도

$$유전율\ \varepsilon = \varepsilon_0 \cdot \varepsilon_s \quad \cdots\cdots (3-2)$$

여기서 ε_0: 진공유전률, $\varepsilon_0 = 8.855 \times 10^{-12}$[F/m], ε_s: 매질의 비 유전률
이므로 식 (3-1)은 다음과 같다.

$$F = \frac{1}{4\pi\varepsilon_0\varepsilon_s}\frac{Q_1Q_2}{r^2}[N] \quad \cdots\cdots (3-3)$$

그런데 공기 중에서의 비유전율은 거의 1이기 때문에 $\frac{1}{4\pi\varepsilon} = 9\times10^9$이 되어 진공 및 공기 중에서 두 전하 사이의 힘

$$F = 9\times10^9\frac{Q_1Q_2}{r^2}[N] \quad \cdots\cdots (3-4)$$

이다.

표 3-1 유전체의 비유전률(ε_s)

유전체	ε_s	유전체	ε_s
진공	1.00000	운모	5~9
공기	1.00059	소다유리	6~8
절연유	2.2~2.4	자기	6~8
폴리에틸렌	2.2~2.4	산화티탄자기	60~100
수정	3.6	티탄산바륨	1000~3000

[예제 1] 같은 양의 점전하가 진공 중에 1[m]의 간격으로 있을 때 9×10^9[N]의 힘이 작용했다면 점전하의 전기량[C]는 얼마인가?

[풀이] $F = 9\times10^9\frac{Q_1\cdot Q_2}{r^2}[N]$에서

$$Q_1\cdot Q_2 = \frac{F\cdot r^2}{9\times10^9} = \frac{9\times10^9\times1}{9\times10^9} = 1[C]$$

[예제 2] 2[μC]과 5[μC]의 점전하가 공기 중에서 5 cm 떨어져 있을 때 두 전하 사이의 작용하는 정전력은 몇 [N]인가?

[풀이] $F = 9\times10^9\cdot\frac{(2\times10^{-6})\times(5\times10^{-6})}{(5\times10^{-2})^2} = 36[N]$

3. 전계(전기장)

전계(전기장, electric field)는 전기력이 작용할 수 있는 공간, 즉 전하사이에 인력이나 척력과 같은 전기적 상호작용이 발생하는 범위를 의미한다. 전기력은 대전된 두 물체 또는 전하 사이에 작용하는 힘으로, 같은 종류의 전하(예: +와 +, 또는 −와 −) 사이에는 서로 밀어내는 척력이, 서로 다른 종류의 전하(예: +와 −) 사이에는 끌어당기는 인력이 작용한다.

전기장이라는 개념은 이러한 전기력이 '순간적으로 멀리 있는 전하에 직접 작용한다'는 비현실적인 설명 대신, 전기력이 어떤 공간 매개체를 통해 전달된다고 이해하려는 시도에서 도입되었다. 즉, 전기력의 비접촉적 상호작용(원격력)을 설명하기 위해, 전기장이란 개념이 물리학적으로 도입된 것이다. 전기장은 마치 중력이 질량 사이에서 작용하듯, 전하가 존재함으로써 주변 공간에 영향을 미쳐 다른 전하에 힘을 가하는 "보이지 않는 장(field)"으로 이해할 수 있다.

전기장 내의 특정 지점에서 단위 양전하(1 쿨롱의 +전하)가 받는 전기력의 크기를 전계의 세기 또는 전기장의 세기라고 하며, 이는 일반적으로 $E=\frac{F}{Q}$로 표현된다. 이때 E는 전기장 세기, F는 전기력, Q는 전하량이다. 전계의 세기는 단위로는 V/m 또는 N/C으로 나타내며, 두 단위는 동일한 의미를 갖는다. 또한, 해당 지점에서 전기력이 작용하는 방향은 곧 전계의 방향이라고 정의되며, 이는 항상 양전하가 움직이려는 방향과 일치한다.

전기장을 보다 직관적으로 이해할 수 있도록 돕는 시각적 도구가 바로 전기력선(electric field lines)이다. 전기력선은 전기장 안에서 양전하가 받는 전기력의 방향을 따라 이동하는 경로를 연결한 가상의 선이며, 이를 통해 전기장의 방향과 세기를 시각적으로 표현할 수 있다.

전기력선의 성질은 다음과 같다. 첫째, 전기력선은 항상 양전하에서 출발하여 음전하로 들어간다. 이는 전기장의 방향이 양전하에서 음전하로 향하기 때문이며, 모든 전기장 선은 그 흐름 방향을 갖는다. 둘째, 전기력선은 도중에 분기되거나 교차하지 않는다. 이는 하나의 지점에서 하나의 전기장 방향만 존재하기 때문으로, 여러 방향으로 갈라지거나 겹치는 일은 없다. 셋째, 전기력선 위의 임의의 한 점에서 접선을 그었을 때, 그 접선의 방향은 해당 지점의 전기장의 방향과 정확히 일치한다. 이를 통해 전기장 방향을 위치별로 시각적으로 알 수 있다.

또한, 단위 면적을 수직으로 통과하는 전기력선의 개수는 그 지점에서의 전기장 세기를 의미한다. 다시 말해, 전기력선이 조밀하게 모여 있는 곳은 전기장이 강한 곳이며, 듬성듬성 나타나는 곳은 전기장이 약한 곳이다. 이러한 밀도의 차이는 공간 내 전기장의 세기 분포를 나타내는 중요한 단서가 된다.

마지막으로, 전기력선은 항상 등전위면(equipotential surface)과 수직으로 교차한다. 등전위면이란 전기적인 위치 에너지가 같은 점들을 이은 면으로, 그 면을 따라서는 전하가 이동해도 전기적인 위치 에너지의 변화가 없다. 전기장이 등전위면에 대해 수직이라는 성질은 전하가 가장 빠르게 전기적 위치 에너지를 변화시키는 방향이 바로 전기장 방향임을 뜻한다.

이처럼 전기력선은 전기장의 특성을 시각적으로 파악할 수 있게 해 주며, 전기장 내의 세기와 방향, 전위 차이 등을 직관적으로 이해하는 데 매우 유용한 도구로 활용된다.

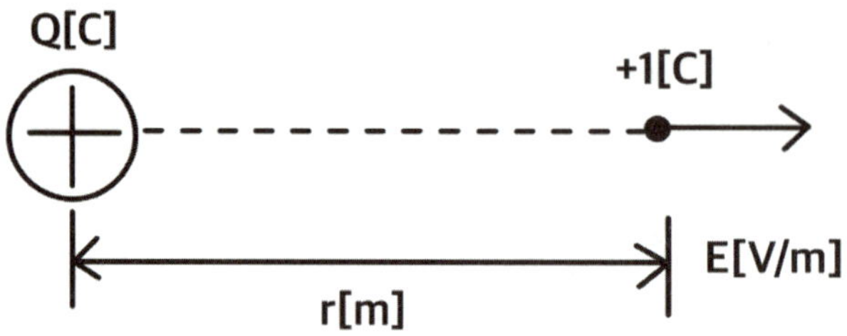

그림 3-3 전계의 세기

전계의 세기는 그림 (3−3)과 같이 전계 내에 1[C]의 전하를 놓았을 때 작용하는 정전력의 크기로서

$$E = k\frac{Q_1 \times 1}{r^2} = 9 \times 10^9 \frac{Q_1}{\varepsilon_s r^2}[N/C] \quad \cdots\cdots (3-5)$$

이 된다. 이때의 힘을 그 지점에서의 전계의 세기로 정의하고 E로 나타낸다. 따라서

$$E = 9 \times 10^9 \frac{Q_1}{\varepsilon_s r^2}[V/m] \quad \cdots\cdots (3-6)$$

가 된다. 단위는 [V/m]이며, 1[V/m]는 전장 중에 1[C]의 전하에 1[N]의 힘이 작용하는 전계의 세기를 의미한다.

E[V/m]의 전계에 Q[C]의 전하를 가져가면 정전력은

$$F = 9 \times 10^9 \cdot \frac{Q_1 Q}{\varepsilon_s r^2} = E \cdot Q[N] \quad \cdots\cdots (3-7)$$

이 된다.

전하량 Q[C]에서 발생하는 전기력선의 수는

$$\text{전기력선수(N)} = \text{전계의 세기} \times \text{구의 표면적}$$
$$= E \times 4\pi r^2 = \frac{1}{4\pi\varepsilon} \cdot \frac{Q}{r^2} \times 4\pi r^2 = \frac{Q}{\varepsilon}[\text{개}]$$

따라서 1[C]의 전하량에서 $\frac{1}{\varepsilon}$개의 전기력선이 발생하며 이는 1개의 전속에 해당한다고 할 수 있다.

[예제 3] 공기 중에서 18[εC]의 전하에서 3 m 떨어진 점의 전계의 세기는 얼마인가?

[풀이] $E = 9 \times 10^9 \cdot \frac{18 \times 10^{-6}}{3^2} = 18000[V/m]$

[예제 4] 공기 중에서 세기가 1000[V/m]인 전계에 −10[μC]의 전하를 놓을 때 작용하는 흡입력은 얼마인가?

[풀이] $F = 1000[V/m] \times (-10 \times 10^{-6})[C] = -10^2[N]$

4. 콘덴서

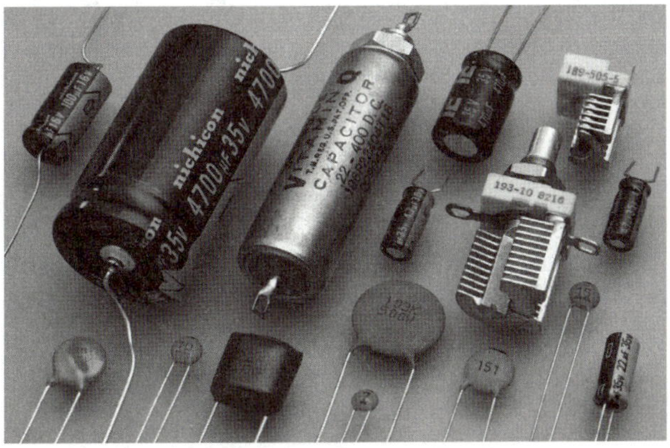

콘덴서는 전기회로를 구성하는 중요한 회로소자이다. 콘덴서는 전하를 축적시키는 장치로서 그림 3-4와 같이 콘덴서에 전압을 가하면 전극 A에는 +Q[C]의 전하가 축적되고 전극 B에는 −Q[C]의 전

하가 축적된다. 이같이 전극 A, B에는 같은 양의 양전하와 음전하가 축적된다. 이와 같이 콘덴서에 전압을 가해서 전하를 축적하는 것을 충전(charge)이라 하고 그 전하를 방출시키는 것은 방전(discharge)이라 한다.

전극에 V[V]의 전압을 가하면 축적되는 전하 Q[C]는 가한 전압에 비례한다.

$$Q = CV[C]$$

C: 비례상수(정전용량) ······································ (3-8)

이 비례상수 C는 전극이 전하를 축적하는 능력의 크기를 나타내는 상수로서 정전용량이라 한다. 단위로는 패럿(Farad, 기호 F)을 사용한다. 1[F]는 1[V]의 전압을 가하여 1[C]의 전하가 축적된 정전용량이다.

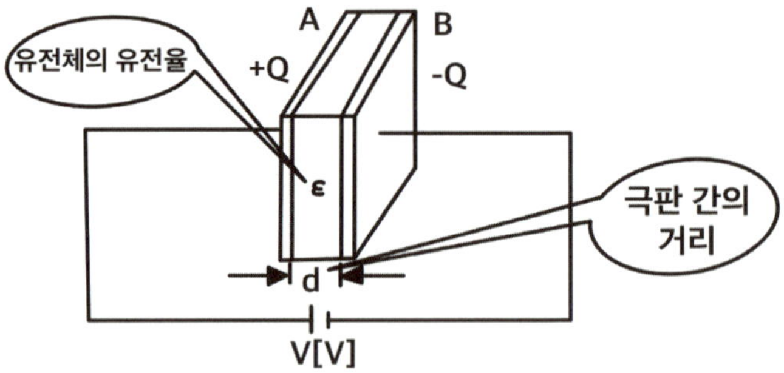

그림 3-4 콘덴서의 구조

그림 3-4와 같이 전극의 면적이 $S[m^2]$, 전극 간의 거리가 d[m]인 경우 정전용량 C는

$$C = \frac{\varepsilon S}{d} = 8.855 \times 10^{-12} \times \frac{\varepsilon_s S}{d} [F] \qquad (3-9)$$

가 된다.

ε: 유전율, ε_s: 비유전율

콘덴서의 정전용량을 크게 하기 위해서는 극판의 면적을 크게 하는 방법, 극판의 간격을 작게 하는 방법, 유전체의 비유전율이 큰 것을 사용하는 방법이 있다.

전하가 어떤 공간이나 물체에 축적되면, 마치 물이 높은 곳에 모여 있는 것처럼 전기적인 위치 에너지가 쌓이게 된다. 이러한 전기적 에너지는 다른 전하나 회로에 영향을 주거나, 실제로 일을 해줄 수 있는 잠재력을 가지게 되는데, 이처럼 전하가 모여서 축적된 에너지를 정전에너지(electrostatic energy, W)라고 한다. 특히 콘덴서(또는 축전기, capacitor)는 두 도체판 사이에 전하를 저장할 수 있도록 설계된 소자이며, 이 도체판 사이에 전위를 걸어주면 하나의 판에는 양전하가, 다른 판에는 음전하가 모이게 된다. 이때 전하가 저장되면서 전기장이 형성되고, 그 결과 전기적인 에너지가 내부에 축적된다. 즉, 콘덴서는 단순히 전하를 저장하는 것뿐만 아니라, 이 전하를 통해 언제든지 외부 회로에 에너지를 공급할 수 있는 상태로 만드는 것이다. 이처럼 축전기에 저장된 에너지는 필요할 때 방전되어 회로에 전류를 흐르게 하거나, 전기적 신호를 전달하는 등 다양한 방식으로 '일'을 하는 데 사용될 수 있다. 이러한 저장된 에너지를 우리는 정전에너지(W)라고 부르며, 이는 축전기의 핵심 기능 중 하나인 에너지 저장과 공급의 원리를 설명하는 중요한 개념이다. 정전에너지의 크기는 저장된 전하의 양과 축전기의 전압, 그리고 전기 용량(C)에 따라 결정되며, 다음과 같은 수식으로 표현할 수 있다.

$$W = \frac{1}{2}CV^2 = \frac{1}{2}QV$$

여기서, W: 정전에너지, C: 축전기의 정전용량, V: 축전기에 걸린 전압

이 식은 콘덴서에 전하를 저장하는 과정에서 점점 더 큰 전압에 대항하여 전하를 축적해야 하므로, 평균 전압을 고려한 형태로 유도된 것이다. 즉, 단순한 전기 저장을 넘어서, 콘덴서는 전기에너지를 저장하고 필요할 때 방출하는 역할을 하며, 이는 정전기 응용 기기나 전자 회로 설계에서 매우 중요한 역할을 한다.

콘덴서에는 크게 나누어 보면 정전용량이 고정된 고정 콘덴서와 정전용량이 변하는 가변 콘덴서로 나눌 수 있다. 가변 콘덴서에는 공기가변콘덴서(일명: 바리콘)가 있다. 이 콘덴서의 전극은 고정전극과 가변전극으로 되어 있고 가변전극을 회전하면 전극판의 상대면적이 변해서 정전용량이 변한다(그림 3-5).

그림 3-5 공기 가변 콘덴서

[예제 5] 정전용량 C의 평행판 콘덴서를 전압 V로 충전하고 전원을 제거한 후 전극의 간격을 1/2로 줄이면 전압은 몇 배로 변하는가?

[풀이] $Q = CV$, $C = \frac{\varepsilon A}{d}$, $V = \frac{Q}{C} = \frac{d \cdot Q}{\varepsilon A}$ 에서

$$V' = \frac{\frac{1}{2} d \cdot Q}{\varepsilon A} = \frac{1}{2} V \qquad \therefore \frac{1}{2} \text{배}$$

[예제 6] 어느 콘덴서에 100[V]의 전압을 가했더니 10[μC]의 전하가 축적되었다. 이 콘덴서의 정전용량은 얼마인가?

[풀이] $C = \frac{Q}{V}$ 에서 $C = \frac{10 \times 10^{-6}}{100} = 0.1[\mu F]$

5. 콘덴서의 연결

콘덴서의 연결은 저항을 전기회로에서 이용한 것처럼 기본적인 연결방법에는 병렬연결과 직렬연결이 있다.

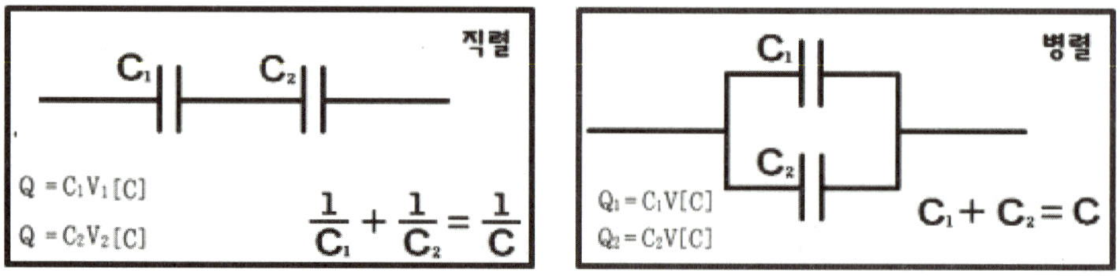

1) 병렬연결

그림 3-6과 같이 정전용량이 C_1[F], C_2[F], C_3[F]인 3개의 콘덴서를 병렬연결하고 전압V[V]를 가한다. 이때 각 콘덴서에 V[V]의 전압이 가해지며 각각 콘덴서에 축적되는 전하 Q_1, Q_2, Q_3는

$$Q_1 = C_1V[C], \ Q_2 = C_2V[C], \ Q_3 = C_3V[C]$$

이 되고 이 회로의 전체 전하량 Q[C]은

$$Q = Q_1+Q_2+Q_3 = C_1V+C_2V+C_3V = (C_1+C_2+C_3)V \quad ①$$

$$Q = C_0V \qquad (C_0\text{: 합성 정전용량}) \cdots\cdots\cdots ②$$

식 ① = 식 ②에서 합성 정전용량 C_0[F]은 다음과 같이 된다.

$$C_0 = C_1+C_2+C_3[F] \cdots\cdots\cdots (3-10)$$

일반적으로 C_1, C_2, C_3 ……… C_n의 n개의 콘덴서를 병렬 연결한 경우 합성 정전용량 C_0는 다음 식으로 구할 수 있다.

$$C_0 = C_1+C_2+C_3[F] \cdots\cdots\cdots C_n[F] \cdots\cdots\cdots (3-11)$$

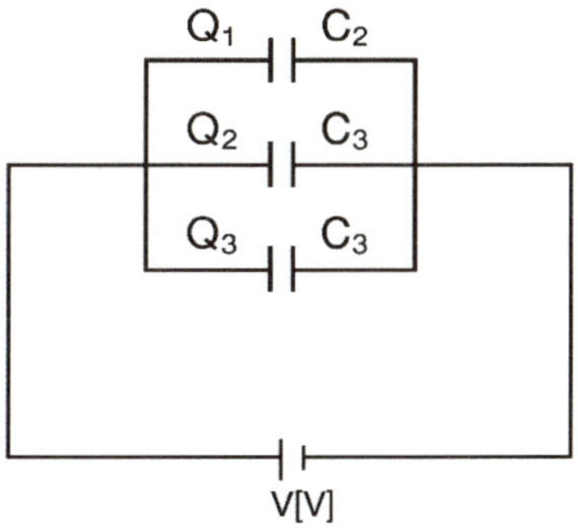

그림 3-6 콘덴서의 병렬연결

[예제 7] 2[μF]와 6[μF]의 콘덴서를 병렬로 연결하고 100[V]의 전압을 인가하면 축적되는 전하(Q)는 얼마인가?

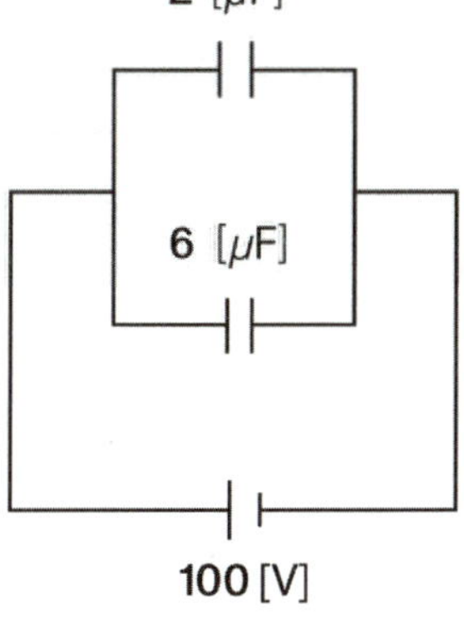

[풀이] 콘덴서 병렬 연결

$C_0=C_1+C_2$

$C_0=2[\mu F]+6[\mu F]=8[\mu F]$

$Q=C_0\times V=8\times 10^{-6}\times 100=800[\mu C]$

$Q_1=C_1\times V=2\times 10^{-6}\times 100=200[\mu C]$

$Q_2=C_2\times V=6\times 10^{-6}\times 100=600[\mu C]$

2) 직렬연결

그림 3-7과 같이 정전용량이 C_1[F], C_2[F], C_3[F]인 3개의 콘덴서를 직렬로 연결하여 전압V[V]를 가했을 때 각각 콘덴서의 전하는 전부 Q[C]이다. 따라서 각 콘덴서의 단자전압을 다음과 같이 나타낼 수 있다.

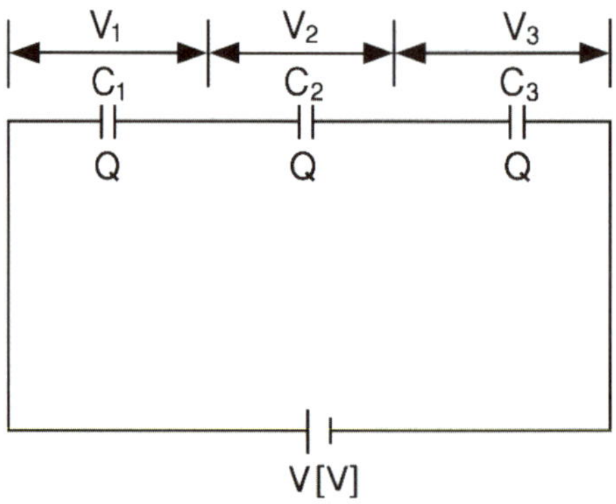

그림 3-7 콘덴서의 직렬연결

$$Q_1 = C_1V_1[C] \qquad V_1 = \frac{Q}{C_1}[V]$$

$$Q_2 = C_2V_2[C] \qquad V_2 = \frac{Q}{C_2}[V]$$

$$Q_3 = C_3V_3[C] \qquad V_3 = \frac{Q}{C_3}[V]$$

각 단자전압의 합은 전원 전압과 같으므로

$$V = V_1 + V_2 + V_3$$
$$= \frac{Q}{C_1} + \frac{Q}{C_2} + \frac{Q}{C_3} = \left(\frac{1}{C_1} + \frac{1}{C_2} + \frac{1}{C_3}\right)Q\,[V] \quad \cdots\cdots\cdots\cdots \text{①}$$
$$V = \frac{Q}{C_0} \quad \cdots\cdots\cdots\cdots\cdots\cdots\cdots\cdots \text{②}$$

식의 ①과 식 ②는 같으므로 다음과 같이 된다.

$$\frac{1}{C_0} = \frac{1}{C_1} + \frac{1}{C_2} + \frac{1}{C_3} + \cdots + \frac{1}{C_n}\,[F]$$

따라서 $C_0 = \dfrac{1}{\dfrac{1}{C_1} + \dfrac{1}{C_2} + \dfrac{1}{C_3}}[F]$ ……………………… (3-12)

일반적으로 정전용량이 C_1, C_2, C_3 ………… C_n의 n개의 콘덴서 직렬연결의 합성 정전용량 C_0는

$$C_0 = \frac{1}{\frac{1}{C_1} + \frac{1}{C_2} + \frac{1}{C_3} \cdots\cdots + \frac{1}{C_n}}[F] \quad \cdots\cdots\cdots\cdots \text{(3-12)}$$

[예제 8] 다음 콘덴서의 직렬연결 회로에서 V_1과 V_2는 얼마인가?

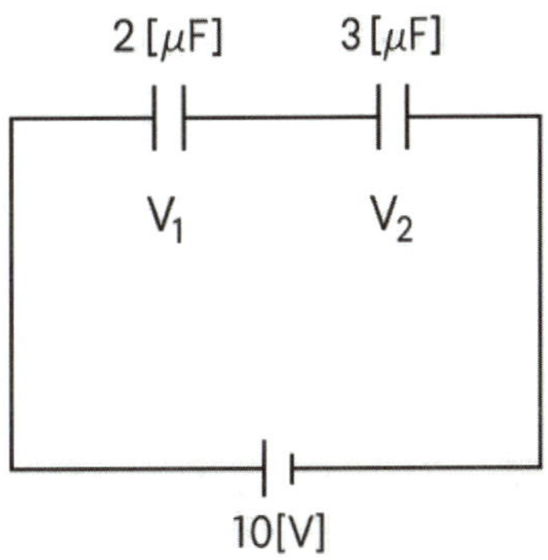

[풀이] 콘덴서 직렬 연결

$V=V_1+V_2=10$

$C_0=1/(1/2+1/3)[\mu F]=6/5[\mu F]=1.2[\mu F]$

$Q=C_0 \times V=1.2\times10^{-6}\times10=12[\mu C]$

$Q=C_1 \times V_1=2\times10^{-6}\times V_1=12[\mu C],\quad V_1=6[V]$

$Q=C_2 \times V_2=3\times10^{-6}\times V_2=12[\mu C],\quad V_2=4[V]$

6. 콘덴서의 충전과 방전

그림 3-8과 같은 회로에서 스위치를 Ⓐ로 연결하면 콘덴서에 저항 R을 통하여 전하가 축적된다. 이것을 **충전**이라 하고 이때 흐르는 전류를 충전전류라 한다.

그런데 스위치는 Ⓑ로 연결하면 콘덴서에 축적되었던 전하는 저항 R을 통해 **방전**된다. 이때 흐르는 전류를 방전전류라 한다.

그림 3-9는 충전·방전시의 전압과 전류의 특성을 표시한 것으로 저항 R과 정전용량 C의 크기에 따라 충·방전의 시간이 변화한다.

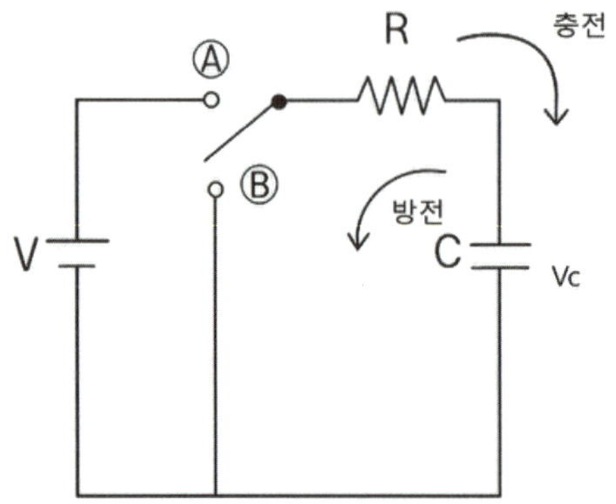

그림 3-8 콘덴서의 충 · 방전

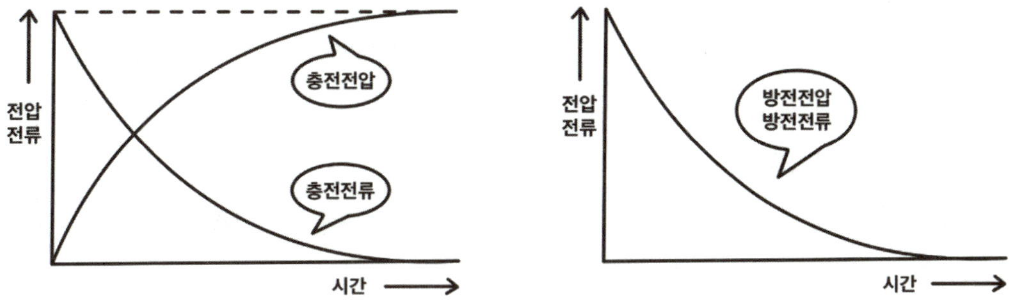

그림 3-9 콘덴서의 충전과 방전 특성

7. 유전체

콘덴서는 두 개의 도체(전극) 사이에 절연체를 끼워 넣어 전하를 저장하는 소자로, 전기회로에서 에너지를 저장하거나 필터링 등에 널리 사용됩니다. 이때, 전극 사이에 삽입되는 절연체의 종류에 따라 콘덴서의 정전용량이 달라지게 됩니다. 정전용량이란 전극 사이에 얼마나 많은 전하를 저장할 수 있는지를 나타내는 값으로, 단위 전압당 저장할 수 있는 전하의 양을 의미합니다.

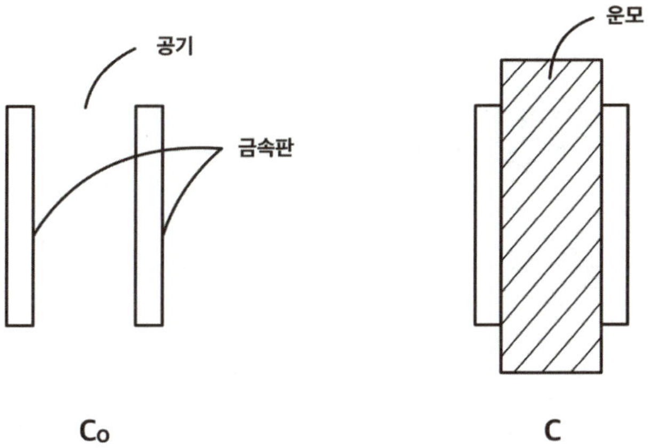

그림 3-10 유전체(C_0<C)

그림 3-10을 보면, 절연체로 공기를 사용했을 때의 정전용량을 C_0, 운모를 사용했을 때의 정전용량을 C라고 할 때, 운모를 사용한 경우가 더 큰 정전용량을 가지는 것을 확인할 수 있다. 이는 절연체가 단순히 전류의 흐름을 막는 역할만 하는 것이 아니라, 콘덴서의 정전용량을 증가시키는 데 중요한 영향을 미친다는 것을 의미한다. 이와 같이 절연성과 함께 전기적 성질에 영향을 주는 물질을 **유전체**

(Dielectric)라고 한다.

유전체가 전기장을 받으면 내부의 전하가 재배치되어 전기적으로 편극(polarization)되는데, 이로 인해 전극 간의 전기장이 줄어들고, 결과적으로 더 많은 전하를 저장할 수 있게 되어 정전용량이 증가한다. 즉, 유전체는 콘덴서의 성능을 좌우하는 핵심 요소이다.

유전체의 성질을 나타내는 중요한 물리량 중 하나가 바로 **비유전율(Relative Permittivity 또는** Dielectric Constant)입니다. 이는 기준이 되는 공기(또는 진공)의 정전용량 C_0에 대한 어떤 유전체를 삽입했을 때의 정전용량 C의 비로 정의되며, 다음과 같이 표현된다.

$$\varepsilon_s = \frac{C}{C_0} \quad \cdots\cdots (3-14)$$

여기서 ε_s은 비유전율입니다. 비유전율이 클수록 유전체는 전기장을 더 효과적으로 약화시켜 콘덴서의 정전용량을 크게 합니다.

비유전율의 크기에 따라 유전체는 크게 두 가지로 분류된다. 일반적인 유전체는 **상유전체** (Paraelectric)라고 하며, 비유전율이 매우 큰 유전체는 **강유전체**(Ferroelectric)라고 부른다(표 3-2 참조). 강유전체는 외부 전기장에 민감하게 반응하며, 일정한 전기장이 제거된 후에도 편극 상태가 유지되는 특징이 있어 메모리 소자 등에도 활용된다.

표 3-2 비유전율

유전체	비유전율
공기	1.000594
질소	1.000606
물	81.57
운모	5~8
석영	3.4~4.5
지탄산바륨(VaTiO_3)	1,500

강유전체는 기계적인 자극에 의해 전기적인 반응을 보이는 특성을 갖고 있다. 예를 들어, 압력이나 장력을 가하면 결정 구조 내부에서 전하가 이동하여 결정 표면에 전압이 발생하게 된다. 반대로, 결정에 전압을 인가하면 결정이 신축되거나 형태가 변형되기도 한다. 이러한 전기-기계 간 상호작용을 **압전현상(壓電現象, Piezoelectric Effect)**이라 부른다.

압전현상은 다양한 실생활 기술에 응용된다. 예를 들어, 유전체를 망치처럼 두드리면 순간적으로 고전압이 발생하는데, 이 전압을 전극에 가하여 **불꽃방전(Spark Discharge)**을 일으키면 자동점화장치(예: 가스레인지 점화)에 사용할 수 있다. 반대로 유전체에 전압을 가하면 그것이 기계적인 진동으로 바뀌어 초음파 발생기로 활용되며, 의료용 초음파 진단기기나 거리 센서 등에도 이용된다.

대표적인 강유전체 물질에는 수정(Quartz), 로셀염(Rochelle Salt), 티탄산바륨($BaTiO_3$), 인산칼륨(KH_2PO_4) 등이 있으며, 이들은 전자, 통신, 의료 등 다양한 분야에서 핵심 부품으로 쓰이고 있다.

PART

04

교류회로

학습목표

- 위상, 벡터, 임피던스를 알아야 한다.
- 직렬과 병렬 공진회로에 대해 알아야 한다.
- 교류의 발생 및 성질을 이해할 수 있어야 한다.
- 단상과 3상 교류전력 및 결선방법을 이해할 수 있어야 한다.
- 저항, 인덕터, 콘덴서의 직렬과 병렬 연결시 전기특성을 알아야 한다.
- 교류의 크기, 파형율, 파고율, 순시값, 실효값, 최대값, 평균값을 알아야 한다.

개요

제 4장에서는 전류와 전압이 시간에 따라 주기적으로 변화하는 교류(Alternating Current, AC)의 성질과 회로 해석 방법을 배운다. 교류는 직류(DC)와 달리 극성이 주기적으로 바뀌며, 효율적인 송전과 다양한 전력 변환이 가능하다는 장점을 가진다. 오늘날 가정과 산업에서 사용하는 전력의 대부분이 교류 형태로 공급되기 때문에, 교류 회로에 대한 이해는 전기전자공학의 핵심 기초 중 하나라 할 수 있다.

먼저 교류의 발생 원리와 파형을 살펴본다. 발전기의 회전 운동으로 인해 코일에 유도되는 전압은 시간에 따라 사인 함수 형태로 변한다. 이러한 사인파 교류 전압과 전류는 크기와 방향이 주기적으로 바뀌며, 이를 수학적으로 표현하기 위해 최대값, 평균값, 실효값(RMS) 개념이 도입된다. 특히 실효값은 교류를 직류와 비교할 수 있도록 하는 기준 값으로, 전력 계산과 기기 설계에서 반드시 활용된다.

이어서 교류 신호의 중요한 특징인 위상(Phase) 개념을 학습한다. 위상은 신호의 시간적 위치를 나타내며, 두 신호 간의 위상차는 회로 동작을 결정하는 핵심 요소이다. 위상이 일치하면 두 신호가 서로 강화되지만, 위상이 어긋나면 감쇄가 발생한다. 이러한 관계를 정확히 이해하는 것은 교류 회로 해석뿐 아니라 통신, 제어 시스템에서도 중요하다.

교류 회로의 해석을 단순화하기 위해 페이저(Phasor)와 임피던스(Impedance) 개념을 도입한다. 페이저는 교류 전압과 전류를 크기와 위상으로 나타내는 벡터 표현이며, 임피던스는 저항(R), 인덕턴스(L), 커패시턴스(C)의 전기적 특성을 복소수 형태로 통합해 표현한다. 이를 통해 시간 영역에서 복잡했던 해석이 주파수 영역에서 간단한 대수 연산으로 가능해진다.

저항, 인덕터, 커패시터 각각의 교류 특성을 구체적으로 살펴본다. 저항은 전류와 전압이 같은 위상을 가지며, 인덕터는 전류가 전압보다 90° 늦고, 커패시터는 전류가 전압보다 90° 앞선다. 이러한 위상 특성은 회로의 전력 전달과 신호 파형에 큰 영향을 미치며, 실제 회로 설계에서 중요한 고려 사항이 된다.

이어서 RLC 직렬·병렬 회로의 동작을 해석한다. 직렬 RLC 회로에서는 임피던스의 크기와 위상 관계를 분석하며, 특정 주파수에서 전류가 최대로 흐르는 공진(Resonance) 현상을 학습한다. 공진은 라디오 수신기의 주파수 선택이나 필터 회로에서 매우 중요한 역할을 한다. 반대로 병렬 RLC 회로에서는 특정 주파수에서 임피던스가 극대화되며, 이를 통해 회로의 특성을 응용할 수 있다.

또한 교류 전력 해석도 다룬다. 교류 전력은 단순히 전압과 전류의 곱이 아니라, 위상차에 따라 유효전력(실제 소비되는 전력), 무효전력(에너지가 왕복하는 전력), 피상전력(전압과 전류의 곱)으로 나누어 해석된다. 전력인자(Power Factor)는 유효전력과 피상전력의 비율을 나타내며, 전력 시스템의 효율을 평가하는 중요한 지표이다. 전력인자가 낮으면 송전 효율이 떨어지므로, 이를 개선하기 위한 콘덴서 보상 기법도 함께 학습한다.

마지막으로 3상 교류 시스템을 다룬다. 3상 전력은 효율적인 송전과 대형 전력 기기의 안정적인 구동에 활용되며, 별형(Y 결선)과 델타형(Δ 결선) 방식으로 연결할 수 있다. 이를 통해 송전선 수를 줄이고, 더 안정적인 전력 공급이 가능해진다.

종합하면, 제4장 교류회로는 사인파 교류의 정의와 특성, 위상과 페이저, 임피던스를 통한 해석, RLC 회로와 공진 현상, 교류 전력의 분류와 전력인자, 그리고 3상 교류 시스템까지 폭넓게 다루고 있다. 독자는 이 장을 학습함으로써 교류 회로의 이론적 이해뿐 아니라, 실제 전력 시스템 설계와 응용으로 이어질 수 있는 기초 능력을 갖추게 된다.

1. 교류의 발생

교류(AC)와 직류(DC)는 전류의 형태 및 전류의 흐름 방식에 따라 구분되는 두 가지 형태이다. 교류(AC, Alternating Current)는 전류의 방향이 주기적으로 바뀌는 전기 형태를 말한다. 교류는 시간에 따라 전압이 위아래로 변화하며, 전류는 일정한 주기(한국 기준 초당 60번, 즉 60Hz)로 방향을 전환한다. 가정용 콘센트나 전등, 냉장고 등 일반적인 전기 기기에서는 교류 전기를 사용하며, 교류는 전기를 멀리까지 효율적으로 송전할 수 있는 장점이 있다. 교류를 흐르게 하는 전압을 교류전압(AC voltage)이라 한다.

직류(DC, Direct Current)는 전류가 한 방향으로만 흐르는 전기 형태를 말한다. 직류는 전압의 방향이 일정하며, 시간에 따라 변하지 않는다. 건전지나 휴대폰, 노트북의 배터리처럼 일정한 전압을 필요로 하는 기기에서 주로 사용된다. 직류는 "+"극에서 "-"극으로만 전류가 흐르며, 전류의 흐름이 일정하다는 특징이 있다.

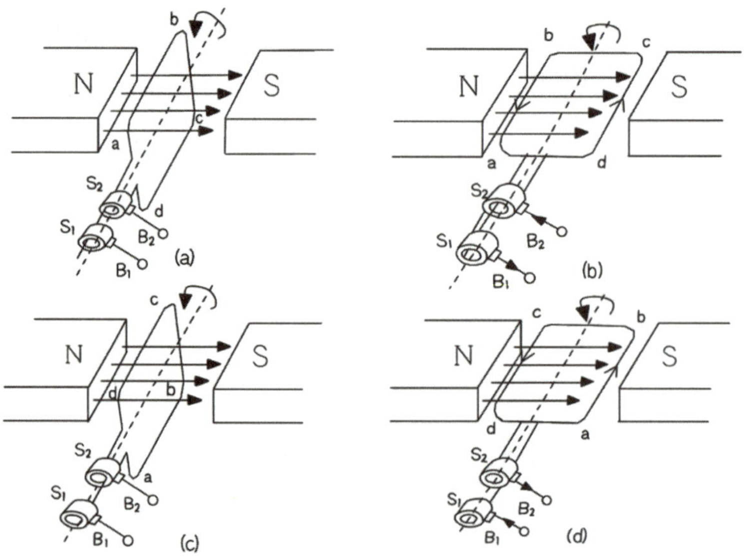

그림 4-1 교류발전기의 원리

그림 4-1과 같이 도체 코일의 양 끝에 슬립 링이라 부르는 금속링 S_1, S_2를 결합한 후 각 슬립 링에 브러시 B_1, B_2를 접촉시켜 자계 속에서 회전시키면 전자유도 작용에 의해 코일에 기전력이 발생된다. 발전기에서 발생한 유도 기전력의 방향을 살펴보면 그림 4-1(b)와 같이 코일을 화살표 방향으로 회전시켜 코일의 a-b가 N극에 접근하고 c-d가 S극에 접근하면 기전력의 방향은 b→a, d→c의 방향이

된다. 또 그림 4-1(d)와 같이 코일이 1/2 회전하여 코일 a-b가 S극에 접근하고 코일 c-d가 N극에 접근하면 기전력의 방향은 a → b, c → d로 되어 반대로 흐른다. 따라서 코일이 1/2 회전할 때마다 전류의 흐르는 방향이 변한다. 이와 같이 전류의 흐르는 방향이 일정한 주기로 변하는 것을 그래프로 나타내면 그림 4-2와 같이 된다.

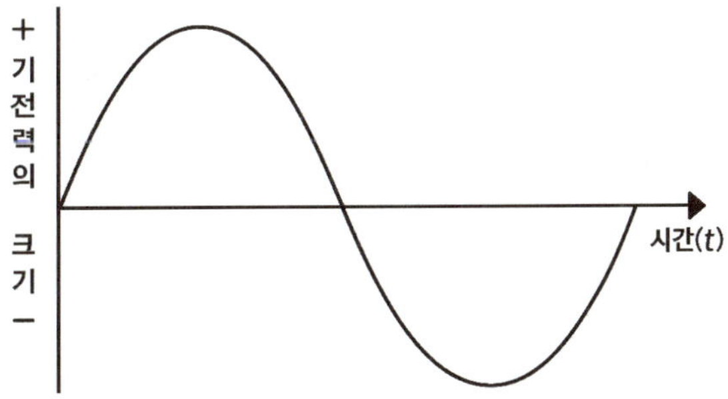

그림 4-2 사인파 교류기전력

가정이나 공장 등에서 일반적으로 사용되고 있는 교류전압은 그림 4-2와 같은 정현과 모양의 전압 파형이며 교류전압 v[V]는 최대값을 V_m[V]라고 하면 다음 식으로 표시할 수 있다.

$$v = V_m \mathrm{Sin}\ \theta [V] \quad \cdots\cdots (4-1)$$

깜빡거림flicker) 현상은 교류 전기의 전압이 주기적으로 변동하면서 빛의 밝기가 깜빡이는 현상을 말한다. 교류는 일정한 주기(예: 60Hz)로 전류 방향이 바뀌기 때문에, 전압도 순간적으로 0V를 지나게 되며, 이로 인해 조명의 밝기가 미세하게 깜빡이는 현상이 발생할 수 있다. 특히 형광등, LED 조명 등에서는 이 깜빡거림이 눈에 보이거나, 눈의 피로를 유발할 수 있다. 일반적으로 사용하는 교류의 주파수는 한국을 포함한 대부분의 국가에서 60Hz이며, 이는 전류의 방향이 1초에 60번 바뀐다는 것을 의미한다. 이때 전압은 한 주기 안에서 두 번 0V를 지나게 되므로, 조명은 1초에 총 120번 밝기가 변화하게 된다. 따라서 깜빡거림 현상에서는 조명이 1초에 120번 깜빡이는 셈이 된다. 유럽 등 50Hz 전원을 사용하는 지역에서는 조명이 1초에 100번 깜빡이게 된다.

2. 교류의 표시

1) 주파수와 주기

교류는 사인파형이므로 동일한 변화가 주기적으로 반복된다. 교류나 교류전압을 수식으로 나타내는데 필요한 요소로 주기와 주파수가 사용된다. 그림 4-3은 사인파 교류의 1회 변화를 나타내며 1회의 변화를 나타내는 파형을 1 사이클(cycle)이라 하고 1초 동안에 반복되는 사이클의 수를 주파수(frequency)라 한다. 단위는 헤르츠(hertz, 기호, Hz)를 사용한다. 1 사이클의 변화에 필요한 시간을 주기(period)라 하며 기호는 T, 단위[sec]를 사용한다. 주파수 f[Hz]와 주기 T[sec] 사이에는

$$T = 1/f[\mathrm{sec}] \qquad \text{또는} \quad f = 1/T[\mathrm{Hz}] \cdots\cdots\cdots\cdots \quad (4-2)$$

의 관계가 있다.

또, 1 사이클 동안에 이동한 거리를 파장이라고 한다. 파장은 주파수와 속도에 의해 결정된다.

$$\lambda = \frac{\text{속도}}{\text{주파수}}, \text{ 여기서 } \lambda\text{는 파장의 기호이다.}$$

[예제 2] 30[GHz]의 주파수를 갖는 무선파의 파장 λ를 계산하시오.
(단, 무선파속도: $3 \times 10^8 [m \cdot s^{-1}]$임)

[풀이] $\lambda = \dfrac{3 \times 10^8 [\mathrm{m/s}]}{30 \times 10^9 [\mathrm{Hz}]} = 1[\mathrm{cm}]$

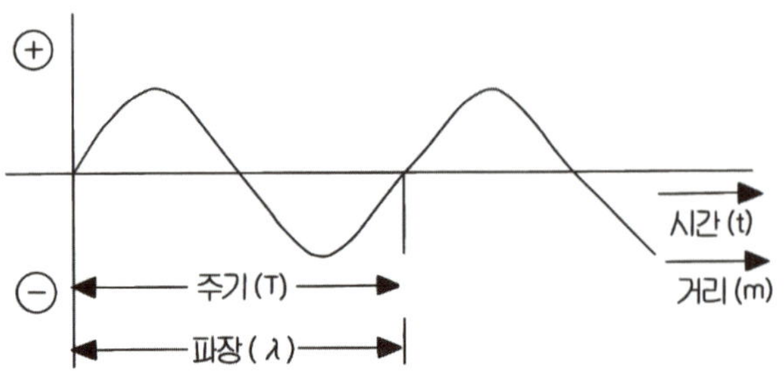

그림 4-3 주파수

[예제 2] TV 안테나의 길이가 60[MHz] 무선파의 $\lambda/2$라 할 때 안테나의 길이는 얼마인가?
(단, 무선파속도: $3\times10^8[m \cdot s^{-1}]$임)

[풀이] $\lambda = \dfrac{3\times10^8[\mathrm{m/s}]}{30\times10^6[\mathrm{Hz}]} = 5[\mathrm{cm}]$, 따라서 $\lambda/2=2.5[\mathrm{m}]$

2) 호도법

각도를 표현하는 방식에는 **도(degree)**와 **라디안(radian)**이라는 두 가지 주요 단위가 있으며, 이는 서로 다른 표기 방식과 수학적 기반을 가지고 있다.

먼저, **도(°)**는 우리가 일상생활에서 가장 널리 사용하는 각도의 단위로, 원을 360등분하여 하나의 단위를 1도라고 정의한다. 이 방식은 고대 바빌로니아에서 유래된 것으로, 각 1도는 다시 60분(′), 1분은 다시 60초(″)로 세분화된다. 이러한 표기법은 **"60분법"**이라고 하며, 시간이나 지리적 좌표 등에서도 널리 활용될 만큼 직관적이고 이해하기 쉬운 장점이 있다. 예를 들어 45°30′15″는 45도 30분 15초를 의미한다.

반면, **라디안(rad)**은 보다 수학적이고 물리적인 개념에 기반한 각도 단위로, 호의 길이와 반지름의 비율을 이용해 정의된다. 반지름과 같은 길이의 호를 만드는 중심각을 1라디안이라 하며, 이와 같은 표현 방식을 **"호도법(弧度法)"**이라고 한다. 라디안은 계산의 일관성이 높고 삼각함수, 미분·적분, 진동, 파동 등의 수학 및 공학적 분야에서 효율적으로 사용된다. 예를 들어, 원 전체의 중심각은 2π라디안이며, 이는 360도와 같고, π라디안은 180도, 1라디안은 약 57.3도에 해당한다.

이러한 각도 표현은 운동의 속도 개념과도 깊은 관련이 있다. **속도(velocity)**는 어떤 물체가 얼마나 빨리 움직이는지를 나타내는 물리량으로, 일반적으로 직선 운동에서의 위치 변화량을 시간으로 나눈 값으로 정의된다. 단위는 m/s 또는 km/h 등을 사용하며, 방향성과 크기를 모두 갖는 벡터량이다. **각속도(angular velocity)**는 물체가 얼마나 빨리 회전하는지를 나타내는 물리량으로, 단위 시간당 회전하는 각도의 크기를 의미한다. 이는 회전 운동에서의 속도 개념에 해당하며, 일반적으로 **rad/s(라디안 매초)**를 단위로 사용한다. 예를 들면, 어떤 물체가 초당 π라디안만큼 회전한다면, 이는 초당 180도 회전에 해당하는 것이다. 각속도는 도 단위(°/s)로도 나타낼 수 있으나, 계산의 편의성으로 인해 주로 라디안 단위가 사용된다.

한편, 실제 기계의 회전 성능을 표현할 때는 **회전속도(rotational speed)** 개념이 함께 사용된다. 회전속도는 일정 시간 동안 몇 바퀴를 회전하는지를 나타내며, 주로 rpm(revolutions per minute, 분당 회전수) 단위를 쓴다. 예를 들어, 60 rpm은 1초에 1바퀴를 도는 속도이며, 이는 약 $2\pi/60$ [rad/s]의 각속도에 해당한다. 따라서 회전속도는 실생활에서 기계의 회전 상태를 직관적으로 이해하는 데 유용하고, 이를 통해 각속도나 선속도와의 관계도 유도할 수 있다.

결론적으로, 도와 라디안은 각도를 표현하는 방법이며, 각각 60분법과 호도법에 기반을 둔다. 이러한 각도 표현은 직선 운동에서의 속도, 회전 운동에서의 각속도, 그리고 회전수 중심의 회전속도와 같은 물리적 개념과 유기적으로 연결되어, 물체의 움직임과 회전 상태를 수치적으로 정확하게 표현하는 데 중요한 역할을 한다. 특히 수학적 계산이나 공학적 응용에서는 라디안과 각속도가 중심이 되어 정량적 분석을 가능하게 해준다.

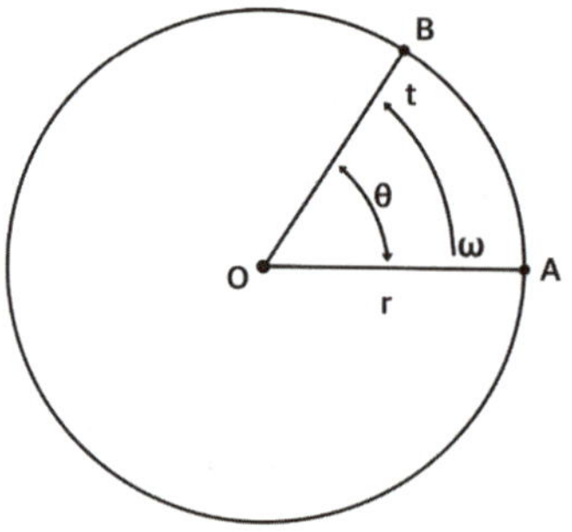

그림 4-4 각속도와 라디안각

그림 4-4를 살펴보면 회전각 $\theta = \frac{\ell}{\gamma}$[rad]로 계산할 수 있다. 반원의 중심각은 180°이고 호의 길이 $l = \pi r$이므로 회전각 $\theta = \frac{\ell}{\gamma} = \frac{\pi\gamma}{\gamma} = \pi$[rad]이 된다. 따라서 180°=$\pi$[rad], 360°= 2π[rad]이 된다. 각속도 ω는 1초 동안에 회전한 각도인데 t초 동안에 θ[rad]만큼 회전한 경우 각속도는 일반적으로 비등속 회전운동일때는 순간 각속도를 나타내는 $\omega = \frac{d\theta}{dt}$[rad/sec]이고, 특정 조건에 해당되는 등각속도 운동(일정한 속도)일때는 $\omega = \frac{\theta}{t}$[rad/sec]가 되어

$$\text{각속도} \quad \omega = \frac{2\pi}{T} = 2\pi f \quad \cdots\cdots (4-3)$$

$$\text{회전각} \quad \theta = \omega t \ [\text{rad}] \quad \cdots\cdots (4-4)$$

이 된다.

사인파교류전압 $v = V_m \sin \theta$[V]로 표시했는데

$$v = V_m \sin \theta = V_m \sin \omega t = V_m \sin 2\pi f t [V] \qquad (4-5)$$

가 된다.

3) 위상과 위상차

교류 전기에서 사용하는 **위상**(phase)은 시간에 따라 변하는 전압이나 전류의 진동 상태가 어느 위치에 있는지를 나타내는 개념이다. 교류 전압이나 전류는 일반적으로 사인파(Sine wave) 형태로 나타나는데, 이 사인파는 시간의 흐름에 따라 주기적으로 반복되며, 한 주기(360도 또는 2π(라디안) 동안 특정 지점에서 시작해 다시 같은 위치로 되돌아오는 패턴을 가진다. 이때 **위상이란, 이러한 사인파의 한 주기 내에서 파형이 어느 시점에 있는지를 각도로 나타낸 것**이다. 예를 들면, 어떤 교류 전압이 기준 시간에서 0도(또는 0 라디안)부터 시작한다면, 그것은 위상이 0도인 상태라고 한다. 만약 다른 전류가 90도 뒤늦게 시작한다면, 그 전류는 위상이 90도인 상태로 표현된다. 이처럼 위상은 파형의 시작점 또는 진행 상태를 각도로 표현하여 파형 간의 상대적인 위치를 알 수 있게 해준다.

한편, **위상차**(phase difference)는 두 개 이상의 교류 신호가 있을 때, 서로 간에 시간적 또는 각도적으로 얼마나 차이가 나는지를 나타내는 개념이다. 이는 두 파형이 동일한 주파수를 가지면서도 어느 하나가 먼저 또는 나중에 변화하는 경우에 생긴다. 예를 들면, 두 사인파가 동일한 크기와 주파수를 가지지만 하나는 30도 앞서고 있다면, 이 둘 사이의 위상차는 30도라고 말한다. 위상차는 일반적으로 도(degree) 또는 라디안(radian) 단위로 표현되며, 신호 간의 관계를 파악하거나 회로 해석, 파형 분석 등에 매우 중요한 역할을 한다.

위상차가 있을 경우, 두 신호는 완전히 일치하지 않고 서로 어긋난 상태로 진동하게 되며, 그 차이에 따라 강한 간섭, 소멸 간섭, 전력 전달 효율 변화 등의 다양한 전기적 효과가 발생할 수 있다. 특히 전력 시스템이나 통신, 음향 시스템에서는 위상과 위상차의 정확한 제어가 시스템의 성능과 안정성에 큰 영향을 미친다.

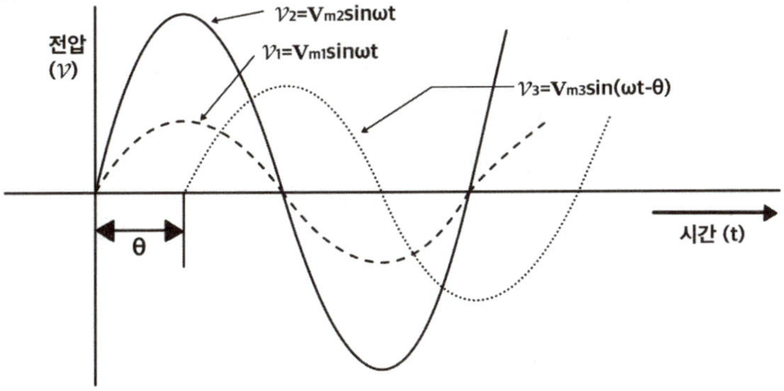

그림 4-5 교류전압 v_1, v_2, v_3의 위상차(θ)

$$v_1 = V_{m1} \sin \omega t[V]$$
$$v_2 = V_{m2} \sin \omega t[V] \quad \cdots\cdots\cdots\cdots \quad (4-6)$$
$$v_3 = V_{m3} \sin(\omega t - \theta)[V]$$

그림 4-5에서와 같이 v_1, v_2, v_3를 식(4-6)과 같이 정의하면 v_1과 v_2는 v_3보다 θ만큼 위상이 앞선 위상(lead phase)이고, 반대로 v_3는 v_1과 v_2보다 θ만큼 위상이 뒤처진 위상(lag phase)이며, v_1과 v_2는 같은 위상(inphase)이라 한다. θ의 부호가 정(+)이면 앞선 위상, 부(−)이면 뒤처진 위상이 된다.

[예제 3] $v = V_{m1} \sin(\omega t + 90°)$ [V]와 $i = I_m \cos(\omega t + 90°)$[A]의 위상차는 몇 도인가?

[풀이] $v = V_m \sin(\omega t + 90°)$ [V]

$i = I_m \cos(\omega t + 90°) = I_m \sin \omega t$[A]

$\therefore$ 위상차$(\theta) = \theta_1 - \theta_2 = 90 - 0 = 90°$

3. 교류의 크기

1) 순시값(instantaneous value)과 최대값(maximum value)

교류 전기에서는 전압과 전류가 시간에 따라 연속적으로 변화하기 때문에, 특정 시점에서의 값을 구분해서 이해하는 것이 중요하다. 이때 사용되는 개념이 바로 **순간값**(instantaneous value)과 **최대값**(peak value)이다. 두 값은 파형의 모양, 특히 정현파에서 매우 중요한 의미를 갖는다.

먼저, 순간값은 말 그대로 특정 시간에서의 전압이나 전류의 실제 크기를 말한다. 교류 전압이나 전류는 보통 시간에 따라 변하는 사인 함수 또는 코사인 함수로 표현되며, 그 수식은 다음과 같다.

$$v = V_m \sin \omega t \text{ [V]}$$
$$i = I_m \sin \omega t \text{ [A]} \quad \cdots\cdots\cdots\cdots \quad (4-7)$$

위의 식에서 v와 i는 순간순간 변화하는 값으로 순시값(순간값)이라 하고, 이는 시간에 따라 계속 변하며, 양의 값도 되고 음의 값도 되며, 어떤 시점에서는 0이 되기도 한다. 전기 회로 해석이나 진동

파형 분석에서 순간적으로 회로에 걸리는 전압이나 흐르는 전류를 분석할 때 사용된다.

반면, **최대값(peak value 또는 amplitude)**은 교류 파형에서 순간값이 가질 수 있는 가장 큰 절댓값, 즉 **전압이나 전류의 진폭(amplitude)**을 의미한다.

정현파 교류의 경우, 최대값은 사인 함수가 ±1일 때 발생하므로, 전압이 $+Vm$ 또는 $-Vm$이 되는 시점이 해당된다. 일반적으로 Vm 이나 Im 등으로 표현한다.

2) 실효값(effective value)

교류(AC) 전기는 시간이 지남에 따라 전압이나 전류의 크기와 방향이 주기적으로 변하는 전기이다. 이러한 교류의 특성상, 우리가 흔히 쓰는 '**최대 전압(최대값)**'이나 '**순간 전류(순시값)**'만으로는 전기 에너지가 실제로 얼마나 전달되고 있는지를 정확하게 판단하기 어렵다. 따라서 교류에서도 전력을 직류(DC)와 같은 기준으로 비교할 수 있도록, 에너지 전달 효과가 동일한 크기의 직류 값과 같게 계산한 개념이 필요하다. 이 개념이 바로 **실효값(RMS값, Root Mean Square)**이다.

실효값이란, 어떤 교류 전류 또는 전압이 같은 저항에 대해 직류와 동일한 열(전력) 효과를 내는 일정한 값을 의미한다. 즉, 교류 전압의 실효값은 같은 조건의 저항에서 동일한 전력을 발생시키는 직류 전압과 같은 값으로 정의된다.

수학적으로는 교류 파형이 시간에 따라 변하므로, 일정한 시간 동안의 값을 제곱해서 평균을 낸 다음, 그 평균값의 제곱근을 구하는 방식으로 계산된다. 이 계산 과정 때문에 'Root Mean Square(제곱 평균제곱근)'라는 이름이 붙었다. 가장 흔히 사용되는 정현파 교류의 경우, 그림 4-6(a), (b)에서 같은 저항 R[Ω]에 직류전압과 교류전압을 공급하였을 때 발생하는 열량이 서로 같을 때 교류의 크기인 실효값은 다음과 같이 정리된다.

$$V = \frac{V_m}{\sqrt{2}} \fallingdotseq 0.707\,V_m\,[V],\quad I = \frac{I_m}{\sqrt{2}} \fallingdotseq 0.708\,I_m\,[A] \cdot \quad (4-8)$$

실효값을 이용한 순시값은

$$v = \sqrt{2}\,V \sin \omega t\,[V],\quad i = \sqrt{2}\,I \sin \omega t\,[A] \cdots\cdots\cdots \quad (4-9)$$

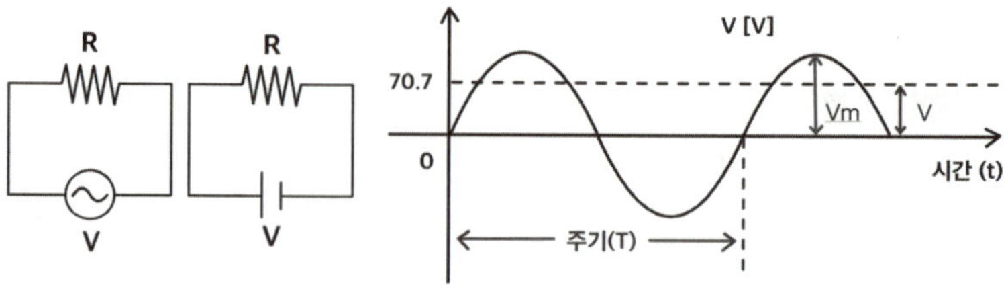

그림 4-6 실효값

3) 평균값(average value)

교류(AC) 전기는 시간이 지남에 따라 전압이나 전류의 크기와 방향이 주기적으로 변하는 전기 형태로, 일반적으로 사인파(sine wave)로 표현된다. 이러한 교류 전류나 전압은 어떤 한 시점의 값보다는 일정 시간 동안의 평균적인 세기를 알고 싶을 때가 많다. 이때 사용되는 개념이 바로 평균값(average value)이다.

교류의 평균값은 일정 시간 동안의 파형을 면적으로 환산하여, 해당 시간 동안 전달된 양의 평균을 구하는 개념이다. 정확히 말하면, 평균값은 하나의 주기 동안 교류 전압 또는 전류의 값을 적분한 뒤, 이를 주기의 길이로 나눈 값이다. 그러나 중요한 점은, 일반적인 완전한 정현파 교류의 경우, 전류나 전압의 한 주기 전체에 대한 평균값은 0이 된다는 점이다. 왜냐하면 정현파는 양의 구간과 음의 구간이 대칭적으로 존재하므로, 이를 평균하면 서로 상쇄되어 0이 되기 때문이다. 이 때문에 일반적으로 한 주기 전체가 아닌, 반 주기(즉, 양의 구간 또는 절대값 기준)만을 기준으로 평균값을 계산한다.

정현파의 경우, 전압 또는 전류의 최대값을 Vm 또는 Im 이라 할 때, 그 평균값은 그림 4-7과 같이 순시값의 반주기에 대하여 평균한 크기로 다음과 같다.

$$V_a = \frac{2}{\pi} \fallingdotseq 0.637\,V_m \text{ [V]} \quad \cdots\cdots \quad (4-10)$$

이다. 즉, 평균값은 최대값의 약 63.7%에 해당하며, 실효값(약 70.7%의 크기)보다는 작다. 이러한 평균값은 주로 정류회로(교류를 직류로 바꾸는 회로)나 펄스 신호 분석, 또는 전자기기의 파형 분석 등에서 사용된다. 특히, 다이오드나 브리지 정류기를 이용한 회로에서는 정류 후 파형의 평균값이 곧 출력 전압의 크기가 되기 때문에, 실효값보다 평균값이 더 실용적인 의미를 갖는 경우도 많다.

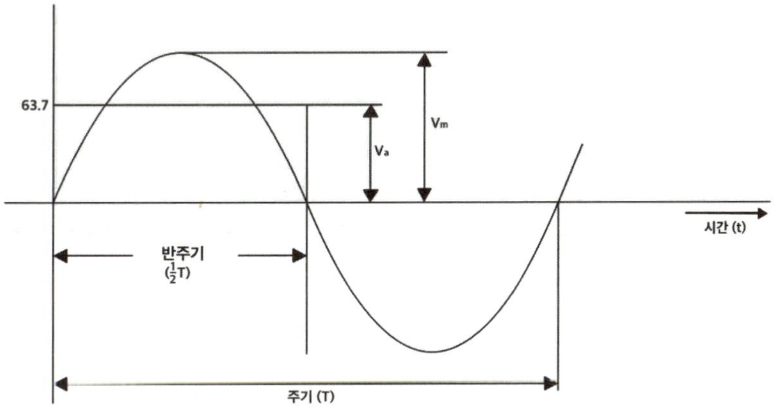

그림 4-7 평균값

[예제 4] 단상교류회로에서 전원 전압이 100[V], 주파수f = 60[Hz]이고 전압이 0[V]부터 $t=\frac{1}{360}$ [sec]일 때 순시값은 얼마인가?

[풀이] 순시값 $v=\sqrt{2}\,V\sin 2\pi f$ 에서 $V=100$, $f=60$, $t=\frac{1}{360}$[s]이므로

$$v=\sqrt{2}\times 100\times \sin 120\pi\times\frac{1}{360}$$

$$=\sqrt{2}\times 100\times\sin 60°=\sqrt{2}\times 100\times\frac{\sqrt{3}}{2}=50\sqrt{6}\ [V]$$

4. 교류에 대한 R, L, C의 작용

이 단원에서는 저항만 있는 회로, 코일만 있는 회로, 콘덴서만 있는 회로에 교류전압을 공급하였을 때 나타나는 전류와 전압을 조사하고 RLC 직렬회로에 교류전압을 공급하였을 때 나타나는 현상에 대하여 알아보고 교류전력과 3상교류에 대해서도 학습한다.

1) 사인파교류의 벡터표시

전기전자공학에서 교류(AC) 회로를 공부할 때 벡터 개념은 매우 중요한 역할을 한다. 특히 교류 전압과 전류는 시간에 따라 크기와 방향이 주기적으로 변하는 물리량이며, 이 변화는 일반적으로 사인파

또는 코사인파 형태로 표현된다. 이러한 교류 신호는 단순한 수치 하나로 표현하기 어렵기 때문에, **크기(진폭)**와 **위상(위치 또는 시간 차)**을 함께 고려해야 한다. 이때 복잡한 계산을 간단하게 하기 위해 도입되는 수학적 도구가 바로 벡터(phasor, 페이저) 개념이다.

벡터는 크기와 방향을 동시에 표현할 수 있는 수학적 표현 방식으로, 교류 신호의 진폭은 벡터의 길이로, 위상은 벡터의 각도로 나타낼 수 있다. 예를 들면, 두 개의 교류 전압이 동일한 주파수를 가지지만 위상이 서로 다르면, 이 차이는 단순한 수치 차이가 아닌 각도 차이로 나타나기 때문에 삼각함수나 복소수 연산만으로는 해석이 어렵다. 그러나 벡터 개념을 도입하면, 이 두 전압을 복소평면상의 회전하는 벡터로 나타낼 수 있어, 위상차를 직관적으로 시각화하고 수학적으로 계산하기가 훨씬 쉬워진다.

또한, 전기회로에서는 저항, 인덕터, 커패시터가 혼합되어 있는 **교류 회로(복소 임피던스 회로)**를 분석할 때가 많다. 이 경우 전류와 전압 사이에 위상차가 발생한다. 이를 정확하게 다루기 위해서는 벡터 연산이 필요하다. 예를 들면, 인덕터에서는 전류가 전압보다 90도 느리고, 커패시터에서는 전류가 전압보다 90도 빠르며, 이런 현상은 벡터로 표현하면 간단하게 각도 차이로 나타낼 수 있다.

또한 전력 해석에서도 실효전력(유효전력), 무효전력, 피상전력 간의 관계를 나타낼 때 **전력 삼각형(power triangle)**을 사용하며, 이 역시 벡터 개념을 바탕으로 한다.

결론적으로, 교류 회로를 효과적으로 해석하고 직관적으로 이해하기 위해서는 크기와 위상을 동시에 표현할 수 있는 벡터 개념이 필수적이다. 벡터를 사용하면 복잡한 교류 계산을 간단하게 정리할 수 있으며, 파형 간의 위상차, 전력 요소의 관계, 임피던스 해석 등을 명확하게 표현할 수 있기 때문에, 전기전자공학에서 교류를 공부할 때 반드시 익혀야 할 중요한 도구이다.

그림 4-8과 같이 벡터에서 크기는 선분의 길이로 나타내고 방향을 화살표 OX로부터 각도(편각)로 표시한다. 벡터는 문자로 나타낼 때는 V, I와 같이 문자 위에 점(dot)을 표시하고 V 도트 또는 벡터 V라고 읽으며 $\dot{V} = V/\underline{\theta}$, $\dot{I} = I/\underline{\theta}$와 같이 사용한다. 점을 표시하지 않고 V, I라고 하는 경우는 그 크기만을 나타낸다.

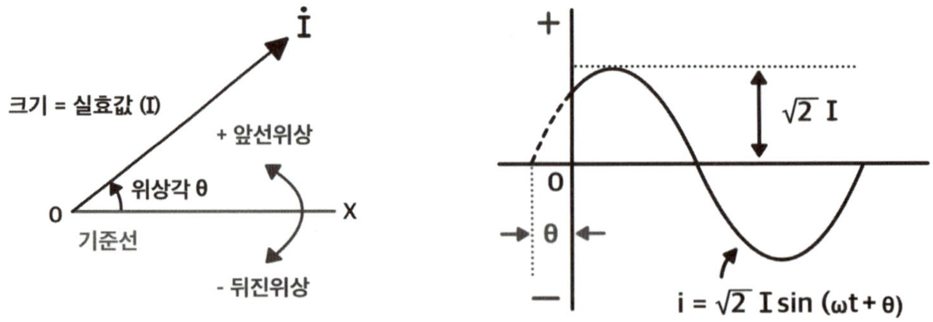

그림 4-8 사인파교류의 벡터표시

그림 4-9에 있어서 원점 0에서 점 P까지의 거리 A를 벡터 $\dot{A}$의 크기라 하고 실수축과 벡터 $\dot{A}$가 이루는 각 θ를 편각 θ라 한다. 문자로 표시하면 $\dot{A} = A/\underline{\theta}$와 같이 사용하며, 벡터 $\dot{A}$를 복소수로 표시하면 $\dot{A}$=a+jb로 사용한다. 벡터 $\dot{A}$의 크기 A는

$$A = \sqrt{a^2 + b^2} \quad \cdots\cdots (4-11)$$

이고 편각 θ는

$$\tan\theta = \frac{b}{a} \rightarrow \theta = \tan^{-1}\frac{b}{a} \quad \cdots\cdots (4-12)$$

로 표시된다.

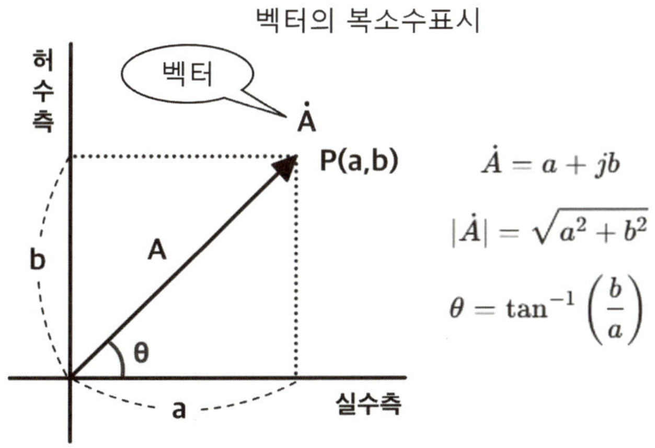

그림 4-9 벡터의 복소수 표시

2) 저항(R)만 있는 회로(저항회로, R회로)

어느 저항에 교류전압을 인가할 때 흐르는 전류는 직류와 같이 오옴의 법칙이 성립한다.

그림 4-10과 같이 저항 R[Ω]에 순시값 전압 $v = V_m \sin\omega t = \sqrt{2}\, V \sin\omega t\,[V]$의 전압을 공급하면 옴의 법칙에 의해서 순시값 전류 i는

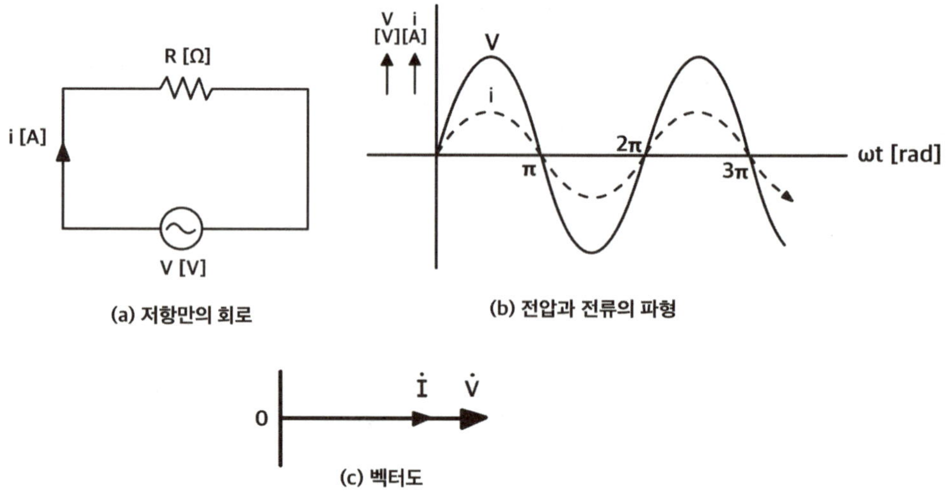

그림 4-10 저항(R)만의 회로

$$i = \frac{v}{R}\sin \omega t = I_m \sin \omega t = \sqrt{2}\sin \omega t [A]$$

$$I_m = \frac{V_m}{R}[A], \quad I = \frac{V}{R}[A] \quad \cdots\cdots\cdots (4-13)$$

따라서 저항만의 회로에서는 전압과 전류는 동상(inphase)이고 위상차는 0°가 된다.

[예제 5] 10[Ω]의 저항회로에 $v = 100\sin\left(377t + \frac{\pi}{3}\right)$[V]의 전압을 가했을 때 t = 0에서 순시값 전류는 몇 [A]인가?

[풀이] $i = \frac{v}{R} = \frac{100\sin\left(377 \times 0 + \frac{\pi}{3}\right)}{10} = 10 \times \sin\frac{\pi}{3} = 10 \times \sin 60° = 5\sqrt{3}[A]$

3) 인덕턴스(L)만이 있는 회로(코일회로, 유도성회로, L회로)

인덕턴스만의 회로에 직류전압을 가하면 대단히 큰 전류가 흐른다. 그러나 교류전압을 인가하면 코일의 인덕턴스가 교류의 흐름을 방해하는 역기전력이 생겨 전류의 흐름을 방해한다.

그림 4-11과 같이 인덕턴스 L[H]에 순시값 전류 $i = \sqrt{2}I\sin\omega t[A]$를 공급하였을 때 코일에는 유도기전력 v'[V]가 발생한다.

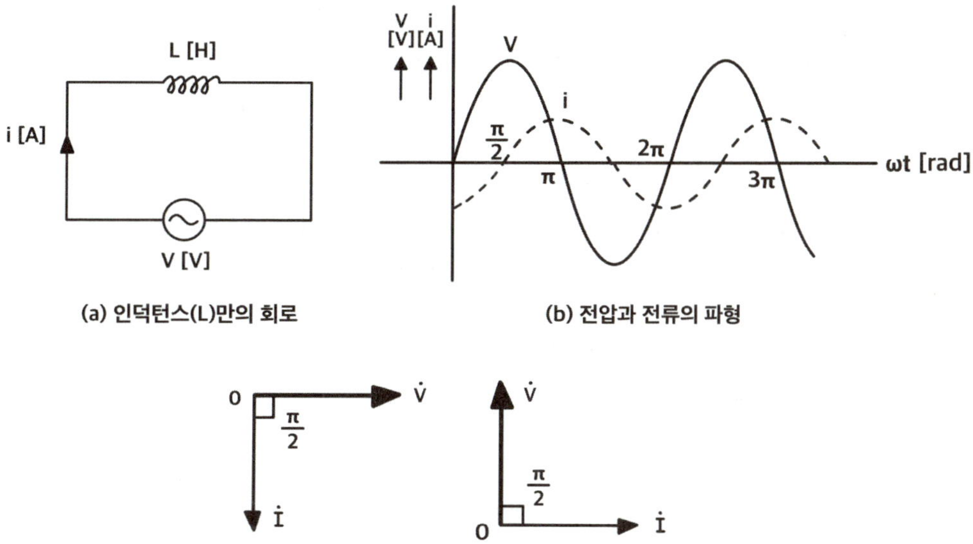

(a) 인덕턴스(L)만의 회로 (b) 전압과 전류의 파형

(c) 벡터도

그림 4-11 인덕턴스(L)만의 회로

$$v' = -L\frac{di}{dt} = -L\frac{d(\sqrt{2}\,I\sin\omega t)}{dt}$$
$$= -\sqrt{2}\,\omega LI\cos\omega t\,[A] \quad \cdots\cdots\cdots \quad (4-14)$$

공급전압 v와 유도기전력 v'의 사이에는 다음과 같은 관계가 있다. $v+v'=0$이고 $v=-v'$가 된다.

$$v = -v' = \sqrt{2}\,\omega LI\cos\omega t = \sqrt{2}\,\omega LI\sin\left(\omega t + \frac{\pi}{2}\right)[V] \quad (4-14)$$

따라서 인덕턴스(L)만의 회로에서는 전압이 전류보다 위상차가 $\frac{\pi}{2}$[rad]만큼 진상(inphase)이다.

인덕턴스 L[H]의 코일에 흐르는 전류의 크기가 변하면 유도기전력이 발생하여 교류의 흐름을 방해하여 소량의 전류를 흐르게 하고, 이 회로에 전원의 주파수를 높여가면 전류가 감소하는 성질이 있다. 이것을 **유도성 리엑턴스**(inductive reactance)라고 하고 X_L로 표시하며 단위는 [Ω]을 사용한다.

$$X_L = \omega L = 2\pi f L\,[\Omega] \quad \cdots\cdots\cdots\cdots\cdots\cdots \quad (4-16)$$

$$I = \frac{V}{X_L} = \frac{V}{\omega L} = \frac{V}{2\pi f L}[A] \quad \cdots\cdots\cdots \quad (4-17)$$

X_L의 값은 주파수 f[Hz]에 비례하고 전류는 반비례한다.

따라서 주파수가 높아질수록 유도리액턴스가 커져서 전류가 흐르기 어렵다.

[예제 6] 인덕턴스 L = 1[H]에 각주파수가 $\omega = 100\pi$[rad/sec], I = 1[A] 전류가 흐를 때 인덕턴스 L에 가해지는 전압과 전압의 최대치는 몇 [V]인가?

[풀이] $V = \pi LI$에서 $V = 100\pi \times 1 \times 1 = 314[V]$

$V_m = \sqrt{2} \times 314 = 314\sqrt{2}[V]$

[예제 7] 코일회로에서는 주파수가 적을수록 전류가 잘 흐른다고 하는데 그 이유는 무엇인가?

[풀이] 코일회로에서 전류 $I = \frac{V}{X_L} = \frac{V}{2\pi f L}$에서 전류는 주파수와 반비례하므로 주파수가 적으면 전류는 잘 흐른다.

4) 정전용량(C)만이 있는 회로(용량성회로, C회로)

정전용량 C[F]의 콘덴서에 직류전압 V[V]를 공급했을 경우 콘덴서에 전하 Q[C]이 충전되면 더 이상 전류는 흐르지 않지만, 콘덴서에 교류전압을 공급했을 경우 교류전압의 방향이 바뀌어 전원으로부터 전자가 콘덴서를 충전하거나 방전을 반복하기 때문에 교류를 흐르게 하는 성질이 있다. 즉 콘덴서는 직류에는 큰 저항을 나타내지만, 교류에 대해서는 그 저항이 훨씬 적어진다. 이러한 성질 때문에 콘덴서에는 교류라도 자유로이 흐르지 못한다. 즉 콘덴서도 일종의 저항작용을 하기 때문이며 이것을 **용량성 리액턴스**라 한다. 용량성 리액턴스는 X_c로 나타내고 단위는 [Ω]을 사용하며 다음과 같다.

$$X_c = \frac{1}{\pi C}[\Omega] = \frac{1}{2\pi f C} \quad \cdots\cdots\cdots \quad (4-18)$$

그림 4-12와 같이 전류는 단위 시간당 이동하는 전하를 나타내므로 정전용량(C) 회로에서 순시값 전압 $v = \sqrt{2}\,V \sin \pi t$[V]가 공급된 경우 순시값 교류 i는 다음과 같다.

$$i = \frac{da}{dt} = \frac{d(Cv)}{dt} = \frac{d(C \cdot \sqrt{2}\,V \sin \omega t)}{dt}$$

$$= \sqrt{2}\,\pi CV \cos \pi t = \sqrt{2}\,\omega CV \sin\left(\omega t + \frac{\pi}{2}\right)$$

$$= \sqrt{2}\,I \sin\left(\omega t + \frac{\pi}{2}\right)[A] \cdots\cdots\cdots\cdots\cdots \ (4-19)$$

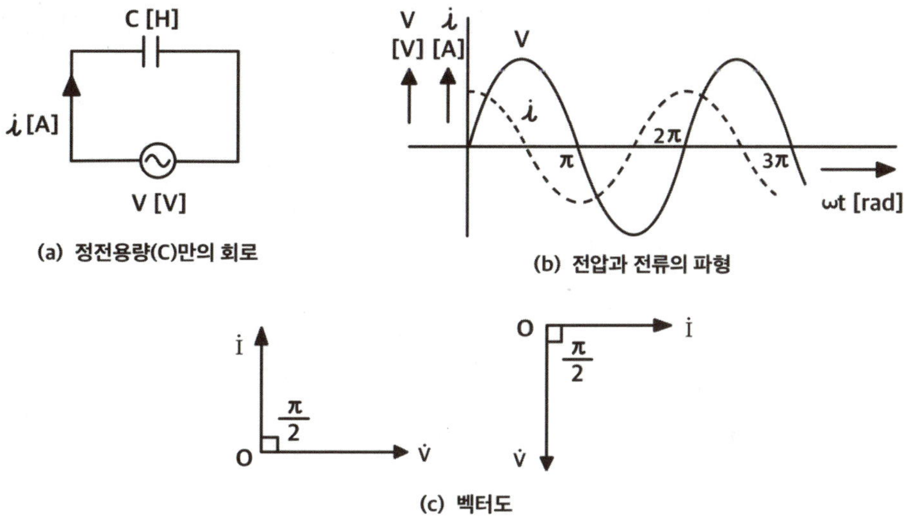

그림 4-12 정전용량(C)만의 회로

따라서 전류는 전압보다 $\frac{\pi}{2}$[rad]만큼 진상(inphase)이다. 한편 전류 I[A]와 전압 V[V] 사이에 다음 관계가 있다.

$$I = \omega CV\,[A]$$

$$V = \frac{1}{\omega C} \cdot I\,[V] \cdots\cdots\cdots\cdots\cdots \ (4-20)$$

이와 같이 콘덴서에는 주파수가 낮을수록, 정전용량이 적을수록 전류가 흐르기 어렵다. 이러한 용량성 리액턴스는 유도성 리액턴스와 반대의 성질을 나타낸다.

[예제 7] 정전용량회로에서 주파수가 증가할수록 전류가 잘 흐른다는 이유는 무엇인가?

[풀이] 정전용량회로에서 전류 $I = \frac{V}{Xc} = V \cdot 2\pi fc[A]$이므로 전류는 주파수가 클수록 증가한다.

5) R-L-C 회로

(1) R-L 직렬회로

직렬회로에서는 R, L에 흐르는 전류가 같기 때문에 전류(I)를 기준으로 R과 L에 걸리는 전압으로 해석하면, 병렬회로는 전압이 같기 때문에 전압을 기준으로 각 지로로 흐르는 전류를 해석해야 한다.

R-L직렬로 연결된 회로에서 전압과 전류, 임피던스의 관계는 다음과 같다. 그림 4-13(a)와 같이 회로에 가해진 전류를 $\dot{I}$[A]라고 하면

$V_R = RI[V]$, $\dot{V}_R$과 $\dot{I}$는 동상

$V_L = X_L I = \omega LI = 2\pi fLI$, $\dot{V}_L$은 $\dot{I}$보다 $\frac{\pi}{2}$[rad] 앞선다.

$\dot{V} = \dot{V}_R + \dot{V}_L$

$\dot{V}$, $\dot{V}_R$, $\dot{V}_L$은 직각삼각형을 이루고 있어 전압벡터 $\dot{V}$의 크기 V는 피타고라스 정리에 의해

$$V = \sqrt{V_R^2 + V_L^2} = \sqrt{(R\ I)^2 + (X_L\ I)^2} = \sqrt{R^2 + X_L^2} \cdot I$$
$$= Z \cdot I[V] \quad \cdots\cdots (4-21)$$

$$I = \frac{V}{Z} = \frac{V}{\sqrt{R^2 + X_L^2}}[A] \quad \cdots\cdots (4-22)$$

$$Z = \frac{V}{I} = \sqrt{R^2 + X_L^2} = \sqrt{R^2 + (\omega L)^2} = \sqrt{R^2 + (2\pi fL)^2}[\Omega] \quad (4-23)$$

$$\theta = \tan^{-1}\frac{V_L}{V_R} = \tan^{-1}\frac{X_L}{R} = \tan^{-1}\frac{\omega L}{R}[rad] \quad \cdots\cdots (4-24)$$

따라서 R-L 직렬회로에서는 전압이 전류보다 θ[rad]만큼 앞선다.

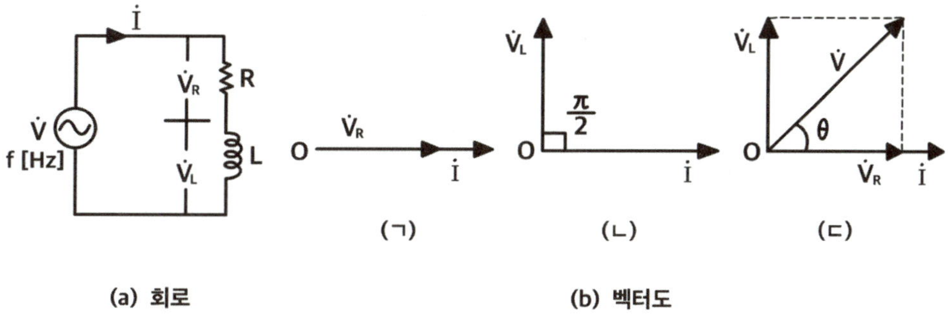

그림 4-13 R-L 직렬회로

[예제 8] R-L 직렬회로에서 R = 4[Ω], X_L = 3[Ω]이고 이 회로에 5[A]의 전류가 흐른다면 회로의 전압은 몇 [V]인가?

[풀이] $Z = \sqrt{R^2 + X_L^2} = \sqrt{4^2 + 3^2} = 5[\Omega]$

$V = IZ = 5 \times 5 = 25[V]$

(2) R-C 직렬회로

R-C 직렬로 연결된 회로에서 전압과 전류, 임피던스의 관계는 다음과 같다. 그림 4-14(a)에서 회로에 가해진 전류를 $\dot{I}$[A]라고 하면

$V_R = RI[V]$, $\dot{V}_R$과 $\dot{I}$는 동상

$V_c = X_c I = \frac{1}{\omega C} \cdot I = \frac{1}{2\pi f C} \cdot I[V]$, $\dot{V}_C$는 $\dot{I}$보다 $\frac{\pi}{2}$[rad] 뒤진다.

$\dot{V} = \dot{V}_R + \dot{V}_C$

$\dot{V}$, $\dot{V}_R$, $\dot{V}_C$은 직각삼각형을 이루고 있어 전압벡터 $\dot{V}$의 크기 V는 피타고라스 정리에 의해

$$V = \sqrt{V_R^2 + V_c^2} = \sqrt{(RI)^2 + (X_C I)^2} = \sqrt{R^2 + X_c^2} \cdot I = Z \cdot I[V] \quad (4-25)$$

$$I = \frac{V}{Z} = \frac{V}{\sqrt{R^2 + X_c^2}}[A] \quad \cdots\cdots \quad (4-26)$$

$$Z = \frac{V}{I} = \sqrt{R^2 + X_c^2} = \sqrt{R^2 + \left(\frac{1}{\omega C}\right)^2} = \sqrt{R^2 + \left(\frac{1}{2\pi f C}\right)^2}\,[\Omega] \qquad (4-27)$$

$$\theta = \tan^{-1}\frac{V_C}{V_R} = \tan^{-1}\frac{X_C}{R} = \tan^{-1}\frac{1}{\omega CR}\,[\text{rad}] \cdots\cdots \ (4-28)$$

따라서 R−C직렬회로에서는 전류가 전압보다 θ[rad]만큼 앞선다.

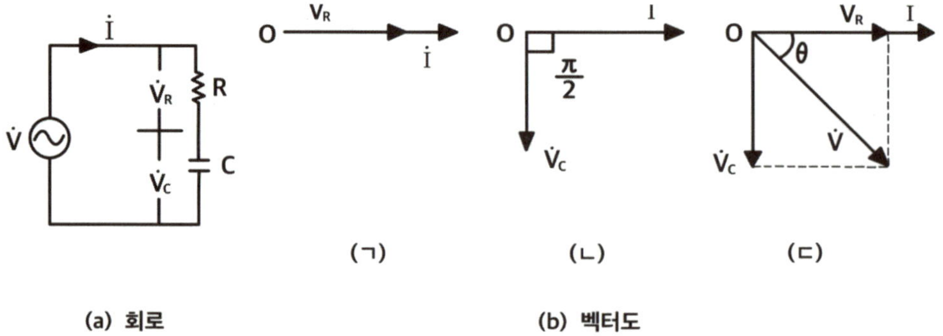

그림 4-14 R-C 직렬회로

[예제 9] R−C 직렬회로에서 $R = 8[\Omega]$, $X_C = 6[\Omega]$이고 $f = 60[Hz]$, 100[V]의 전압을 가할 때 흐르는 전류는 몇 [A]인가?

[풀이] $I = \frac{V}{Z}$에서 $Z = \sqrt{R^2 + X_c^2} = \sqrt{8^2 + 6^2} = 10[\Omega]$

$I = \frac{100}{10} = 10[A]$

(3) R-L-C 직렬회로

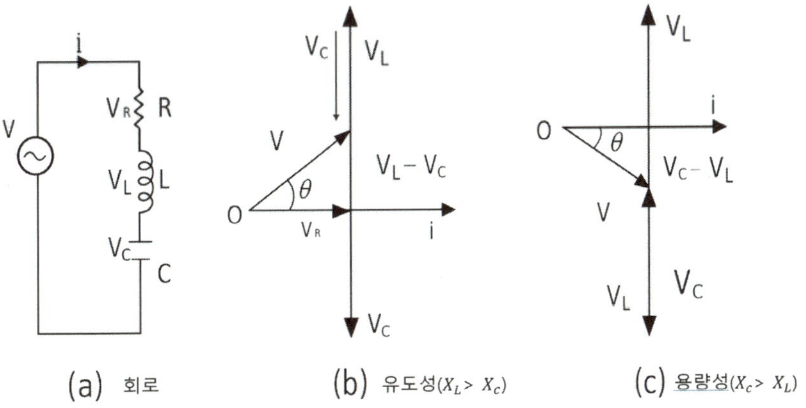

소자	기호	저항 [R]	리액턴스 [X]	임피던스 [Z]
저항		R	0	$Z_R = R$ $= R\angle 0°$
인덕터		0	ωL	$Z_L = j\omega L$ $= \omega L\angle +90°$
커패시터		0	$\frac{1}{\omega C}$	$Z_C = \frac{1}{j\omega C}$ $= \frac{1}{\omega C}\angle -90°$

그림 4-15 RLC 직렬회로

그림 4-15(a)에서 회로에 흐르는 전류를 $\dot{I}$[A]라고 하면

$V_R = RI$ [V], $\dot{V}_R$과 $\dot{I}$는 동상

$V_L = X_L I$ [V], $\dot{V}_L$은 $\dot{I}$보다 $\frac{\pi}{2}$[rad] 앞선다.

$V_C = X_C I$ [V], $\dot{V}_C$는 $\dot{I}$보다 $\frac{\pi}{2}$[rad] 뒤진다.

RLC 직렬회로의 임피던스 Z는 다음과 같다.

$$\dot{Z} = \dot{Z}_R + \dot{Z}_L + \dot{Z}_C = R + j\omega L + (1/j\omega C) = R + j\omega L + \frac{j \times 1}{j \times j\omega C}$$
$$= R + j\omega L + \frac{j}{-\omega C} = R + j\omega L - \frac{j}{\omega C} = R + j(\omega L - \frac{1}{\omega C})$$

$$\therefore \dot{Z} = R + j(\omega L - \frac{1}{\omega C})$$

RLC 직렬회로의 임피던스 Z의 크기는 다음과 같다.

$$|\dot{Z}| = \left| R + j(\omega L - \frac{1}{\omega C}) \right| = \sqrt{R^2 + (\omega L - \frac{1}{\omega C})^2}$$

따라서, 그림 4-15(b)와 같이 $X_L > X_C$인 경우

$$\begin{aligned} V &= \sqrt{V_R^2 + V_X^2} = \sqrt{V_R^2 + (V_L - V_C)^2} = \sqrt{R^2 + (X_L - X_C)^2} \cdot I \\ &= \sqrt{R^2 + X^2} \cdot I = Z \cdot I [V] \quad \cdots\cdots (4-29) \end{aligned}$$

$$I = \frac{V}{I} = \sqrt{R^2 + X^2} = \sqrt{R^2 + (X_L - X_C)^2} [A] \quad \cdots\cdots (4-30)$$

$$Z = \frac{V}{I} = \sqrt{R^2 + X^2} = \sqrt{R^2 + (X_L - X_C)^2} = \sqrt{R^2 + \left(\omega L - \frac{1}{\omega C}\right)^2} [R] \quad (4-31)$$

여기서 $X = X_L - X_C = \omega L - \frac{1}{\omega C} [\Omega]$으로 리액턴스라 한다.

$$\begin{aligned} \theta &= \tan^{-1}\frac{X}{R} = \tan^{-1}\frac{X_L - X_C}{R} = \tan^{-1}\frac{\omega L - \frac{1}{\omega C}}{R} \\ &= \tan^{-1}\frac{2\pi f L - \frac{1}{2\pi f C}}{R} [rad] \quad \cdots\cdots (4-32) \end{aligned}$$

이 식에서

① $X_L > X_C (V_L > V_C)$이면 $\dot{V}$는 $\dot{I}$보다 θ만큼 앞선다(유도성 회로)

② $X_L < X_C (V_L < V_C)$이면 $\dot{V}$는 $\dot{I}$보다 θ만큼 뒤진다(용량성 회로)

③ $X_L = X_C (V_L = V_C)$이면 $\dot{V}$과 $\dot{I}$는 동상이다(무유도성 회로, 직렬공진회로)

(4) 직렬공진

앞에서 RLC 직렬회로의 임피던스 Z는 저항 R과 유도성 리액턴스 XL, 용량성 리액턴스 XC의 합으로 표현되며, 그 식은 $\dot{Z} = R + j(\omega L - \frac{1}{\omega C})$이다. 따라서, 회로에서 코일의 리액턴스와 콘덴서의 리액턴스가 같아지는 조건, 즉 $X_L = X_C$가 되면 두 리액턴스 성분이 서로 상쇄되어 합성 리액턴스가 0이 되고, 회로의 임피던스는 순수한 저항 성분만 남게 된다. 이와 같은 상태를 **직렬 공진(또는 전압 공진)**이라고 한다.

공진 상태에서는 전체 임피던스가 저항 R만으로 구성되기 때문에, 전원 전압은 저항 양단에만 걸리게 된다. 즉, 전류는 전원 전압을 저항으로 나눈 값으로 흐르게 되며, 이때 인덕터와 커패시터의 단자에는 리액턴스와 전류의 곱에 해당하는 전압이 각각 발생한다. 그러나 인덕터의 전압은 전류보다 90도 앞서고, 커패시터의 전압은 전류보다 90도 뒤지므로 이 두 전압은 위상이 정확히 180도 반대가 된다. 따라서 이 전압들은 크기는 같고 방향이 반대이기 때문에, 서로 상쇄되어 LC 양단의 전압은 0V가 된다. 예를 들면, 인덕터와 커패시터 양단에 각각 200V의 전압이 걸린다고 해도, 이 둘은 단순히 더해져서 400V가 되는 것이 아니라, 벡터 합성에 의해 $V_{LC} = 200\,V + (-200\,V) = 0\,V$가 된다.

이러한 위상 상쇄 특성 덕분에 저항 양단에는 전체 전원 전압이 걸리며, 인덕터와 커패시터는 전력을 소비하지 않음에도 불구하고 매우 높은 전압이 발생할 수 있다. 특히, 저항의 크기에 비해 리액턴스의 크기가 충분히 크면 코일과 콘덴서 양단에는 전원 전압보다 훨씬 큰 전압이 형성될 수 있다. 이것이 직렬 공진 회로의 중요한 특성이며, 이 회로를 통해 공진 현상을 효과적으로 활용할 수 있다.

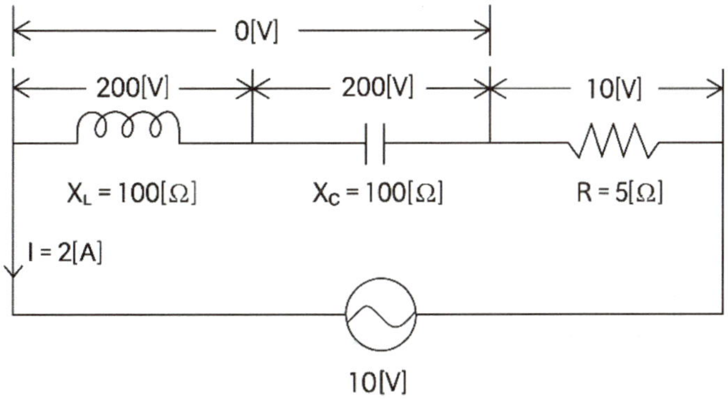

그림 4-16 직렬공진

이 때 직렬공진은 $X_L = X_C$가 되기 위해 주파수를 조정하여 만들 수 있다(그림 4-17).

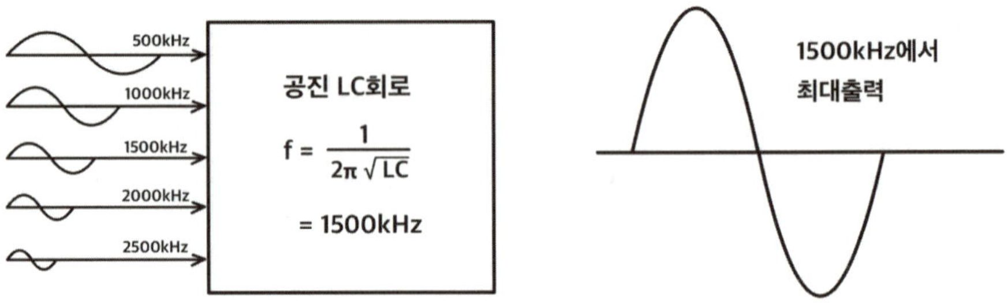

그림 4-17 공진회로의 효과

직렬공진조건 $X_L = X_C$일 때 주파수를 f_0, 각 주파수를 ω_0라고 하면

$$\omega_0 L = \frac{1}{\omega_0 C} \quad \cdots\cdots \quad (4-33)$$

$$\therefore \ \omega_0 = \frac{1}{\sqrt{LC}}$$

$$\therefore \ f_0 = \frac{1}{2\pi\sqrt{LC}}[\text{Hz}] \quad \cdots\cdots \quad (4-34)$$

f_0를 **공진주파수** 또는 고유주파수라고 한다.

$$\text{직렬 공진임피던스} \ Z_0 = \sqrt{R^2 + (X_L - X_C)^2} = R[\Omega]$$

$$\text{공진전류} \ I_0 = \frac{V}{Z_0} = \frac{V}{R}[\text{A}] \quad \cdots\cdots \quad (4-35)$$

공진 회로는 인덕터(L)와 커패시터(C)를 이용해 특정 주파수에서 전기적 특성이 크게 변화하도록 설계된 회로이다. 먼저, 인덕터와 커패시터를 직렬로 연결한 직렬 공진 회로는 특정 주파수에서 임피던스가 최소가 되어, 해당 주파수의 전류가 최대가 되는 특성을 갖는다. 이 특성을 활용하여 정해진 주파수만을 강하게 통과시키는 필터 회로나 공진형 센서, 전력 증폭 회로 등에서 사용된다. 예를 들면, 스피커에 사용되는 크로스오버 네트워크나, 특정 대역의 전력을 효율적으로 공급하는 전력 회로 등에 직렬 공진 회로가 활용된다.

반면, 인덕터와 커패시터를 병렬로 연결한 병렬 공진 회로는 공진 주파수에서 임피던스가 최대가 되어, 해당 주파수를 제외한 신호는 거의 통과하지 않도록 동작한다. 이러한 특성은 라디오나 TV 수신기처럼 여러 주파수 중에서 원하는 방송 주파수만을 선택할 때 유용하게 사용된다. 사용자가 다이얼을 조절하여 병렬 공진 회로의 공진 주파수를 바꾸면, 회로는 해당 주파수의 신호만 선택적으로 통과시켜 채널 선택이 가능하게 된다.

이처럼 직렬 공진 회로는 특정 주파수 신호를 통과시키는 데 효과적이며, 병렬 공진 회로는 원하는 주파수를 선택적으로 추출하는 데 적합하여, 용도에 따라 적절히 활용된다.

[예제 10] R-L-C 직렬회로에서 $X_L = X_C$일 때 전류가 최대로 되는 이유는 무엇인가?

[풀이] $Z = \sqrt{R^2 + (X_L - X_C)^2} = R$ 이므로 Z가 최소로 되기 때문에 전류가 최대로 된다.

[예제 11] R-L-C 직렬회로에서 각 소자의 전압을 $V_R = 60[V]$, $V_L = 120[V]$, $V_C = 40[V]$이라고 하면 이 회로의 공급전압은 몇 [V]인가?

[풀이] $V = \sqrt{V_R^2 + (V_L - V_C)^2}$ 에서

$$V = \sqrt{60^2 + (120 - 40)^2} = 100[V]$$

6) 단상교류전력

직류회로에서는 전압과 전류가 시간에 따라 변하지 않기 때문에, 다음의 식과 같이 전력 계산이 매우 단순하였다. PDC(직류전력)=V(직류전압)×I(직류전류)
이 직류회로에서의 전력은 회로에서 실제로 일을 하는 에너지의 양을 나타낸다. 예를 들면, 전구에 전력을 공급하면 빛과 열로 전환되는 것과 같다. 따라서 직류 전력은 항상 실효 전력(유효 전력)이며, 위상차나 무효전력이라는 개념이 없다.

그러나 교류회로에서 전력의 개념은 직류와는 다르게 시간에 따라 변화하는 전압과 전류의 곱으로부터 출발한다. 교류에서는 전압과 전류가 시간에 따라 사인파 형태로 변화하므로 교류의 전력도 시간에 따라 변화한다. 이와 같이 교류의 전력은 변화하므로 1주기간의 평균전력으로 교류전력의 크기를 표시한다. 교류에서는 전압과 전류 두 신호 사이에는 일반적으로 위상차(θ)가 존재하게 된다. 이로 인해 전력이 일정하지 않고, 교류 회로에서는 유효전력, 무효전력, 피상전력 등으로 나뉘며, 단상과 삼상 교류에서는 전력 계산 방식에도 차이가 있게 된다.

교류회로에서 전력이란 전기가 1초에 얼마만큼씩 일을 하느냐, 즉 전기가 일을 하는 비율을 나타내는 것으로 기호는 P로 나타내고 단위는 왓트[W]를 사용한다.

그림 4-18과 같이 R-L 직렬회로에 전압 $v=\sqrt{2}V\sin\omega t[V]$를 공급하였을 때 전류 $i=\sqrt{2}I\sin(\omega t-\theta)[A]$가 흘렀다면 순시전력 P[W]는

$$\begin{aligned} P &= vi \\ &= \sqrt{2}VI\sin\omega t \cdot \sqrt{2}I\sin(\omega t-\theta) \\ &= 2VI\sin\omega t \cdot \sin(\omega t-\theta) \\ &= VI\cos\theta - VI\cos(2\omega t-\theta) \quad (4\text{-}36) \end{aligned}$$

$$\langle\text{공식}\rangle\ \sin A \cdot \sin B = \frac{1}{2}[\cos(A-B)-\cos(A+B)]$$

전압 v, 전류 i와 순시전력 P의 각 파형은 그림 4-18과 같다. 식 (4-36)의 첫째 항은 시간과 관계없는 일정한 교류전력이고 둘째 항은 2배의 각속도로 변화하는 사인파이고 1주기 동안 평균값은 0이 된다. 따라서 평균전력은

$$P = VI\cos\theta[W]$$

이 평균전력은 교류회로의 **소비전력**[**유효전력**(active power)]이며 교류전력이라 한다. $\cos\theta$를 **역률**(power factor)이라 하며 다음과 같이 표현한다.

$$\cos\theta = \frac{P}{VI} = \frac{R}{Z}(\text{단, } Z = \left(\sqrt{R^2+X_L^2}\right)$$

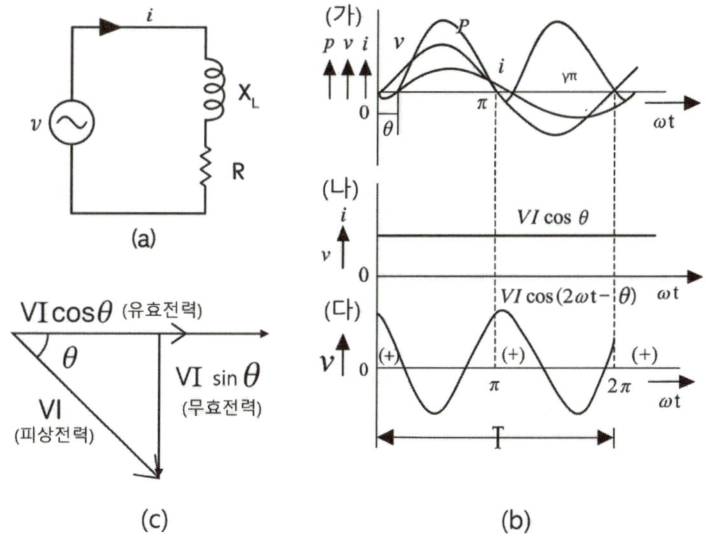

그림 4-18 단상교류회로의 전력

그림 4-18의 (c)에서 VI를 **피상전력**(apparent power)이라 하며 기호 Pa로 표현하며 단위는 [VA]이다. VIsinθ를 **무효전력**(reactive power)이라 하고 기호로는 Pr로 표현하며 단위는 [VAR]을 사용한다. 유효전력 P는 일반적으로 전력이라고도 하며 단위는 [W]를 사용한다.

$$\text{유효전력 } VI\cos\theta = Pa\cos\theta[W]$$

$$\text{무효전력 } Pr = VI\sin\theta = Pa\sin\theta[VAR] \cdots\cdots\cdots \quad (4-37)$$

$$\text{피상전력 } Pa = VI = \sqrt{P^2 + P_r^2}[VA]$$

[예제 12] 단상교류 R-L 직렬회로에서 R = 6[Ω], X_L = 8[Ω]이고 공급전압 V = 100[V]를 가하면 이 회로의 소비전력은 몇 [W]인가?

[풀이] $P = VI\cos\theta = VI \cdot \frac{R}{Z}\left(\therefore \cos\theta = \frac{R}{Z}\right)$

$Z = \sqrt{R^2 + X_L^2} = \sqrt{6^2 + 8^2} = 10[\Omega]$

$I = \frac{V}{Z} = \frac{100}{10} = 10[A], \ \cos\theta = \frac{R}{Z} = \frac{6}{10} = 0.6,$

$\therefore\ P = 100 \times 10 \times 0{,}6 = 600[W]$

[예제 13] 보통 전동기에 콘덴서를 병렬로 연결하여 사용하는데 왜 콘덴서를 사용하는가?

[풀이] 전동기에서 쓰고 있는 전력의 역률을 개선하기 위함.

7) 3상교류

(1) 3상교류

삼상 교류는 단상 교류에 비해 전력 전달 효율이 높고, 전동기 효율이 우수하며, 송배전 비용을 절감할 수 있고, 전력 공급이 안정적이라는 장점을 가지고 있다. 이러한 이유들로 인해 발전소에서 생산된 전기는 대부분 삼상으로 송전되며, 산업 현장 및 가정에서 다양한 용도로 활용되고 있다.

보통 가정에서 사용하는 교류전기는 2개의 전선을 써서 전류를 흐르게 하고 있다. 그런데 집 밖의 전주나 송전탑을 보면 3선, 6선 또는 9선의 전선이 있는데 이것은 모두 3선의 2배, 3배로 된 것이다. 이와 같이 전력을 먼 곳으로 송전하거나 공장에서의 대전력의 배선에는 3상 교류를 사용한다. 이런 삼상교류는 3개의 단상전류를 그대로 송배전하려면 6개의 전선이 필요한데 비해 전류를 3개의 전선으로 송배전할 수 있어 경제적이고, 정류시 단상에 비해 평활한 직류를 얻을 수 있고 회전자계를 용이하게 얻을 수 있는 이점이 있다.

(2) 3상교류의 송배전

그림 4-19에서와 같이 발전소에서 만들어진 전력을 변압기로 승압하여 고전압, 소전류의 전력으로 (154 kV, 275 kV) 1차 변전소까지 송전하면 이 1차 변전소에서는 전압을 66 kV로 강압하여 2차 변전소로 송전하며 여기서 다시 22 kV 또는 66 kV로 만들어 3차 변전소로 보내면 또 다시 3.3 kV 또는 6.6 kV로 내려 공장이나 주상변압기로 보내지고 주상변압기에서 100 V~200 V로 강압하여 일반가정으로 배선한다.

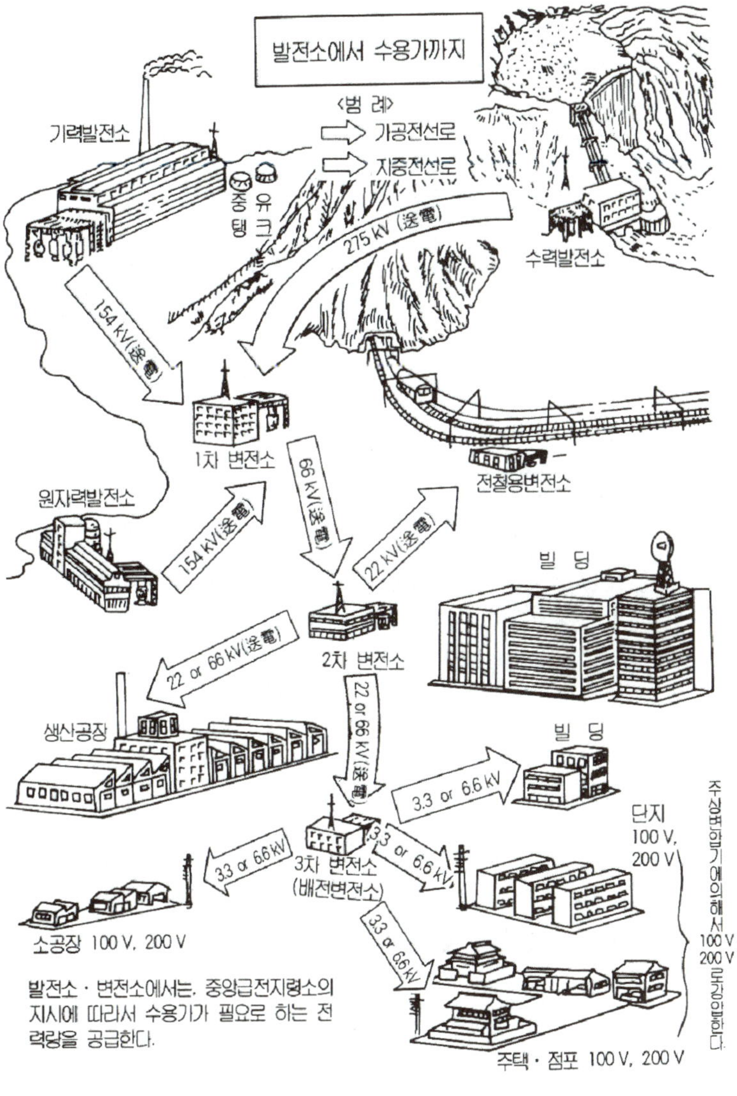

그림 4-19 발전소에서 수용가까지

(3) 3상교류의 발생

지금까지 학습한 교류는 전원과 부하가 2개의 전선으로 연결한 단상교류라 한다. 공장과 같은 산업 시설에는 3개의 전선을 사용하는 3상교류가 사용되고 있다. 그림 4-20과 같이 3상교류 발전기에서 회전자에 감겨있는 3개의 코일 A, B, C를 각각 120°간격으로 조립하여 회전시키면 3개의 코일에 기전력의 크기가 같고 위상차가 $\frac{2}{3}\pi$[rad]인 유도기전력이 발생한다. 3개의 기전력을 3상교류 기전력이라 하며 이 기전력을 발생시키는 전원을 3상교류 전원이라 한다. 각 코일에 발생한 전압의 식은 다음과 같다.

$$\text{A코일} \qquad v_a = \sqrt{2}\,V\sin\omega t\,[V]$$

$$\text{B코일} \qquad v_b = \sqrt{2}\,V\sin\left(\omega t - \frac{2}{3}\pi\right)[V]$$

$$\text{C코일} \qquad v_c = \sqrt{2}\,V\sin\left(\omega t - \frac{4}{3}\pi\right)[V]$$

위의 식을 살펴보면 3상교류는 기전력이 같고, 위상차가 120°씩 위상차가 있으며 3상교류를 합성하면 0이 된다.

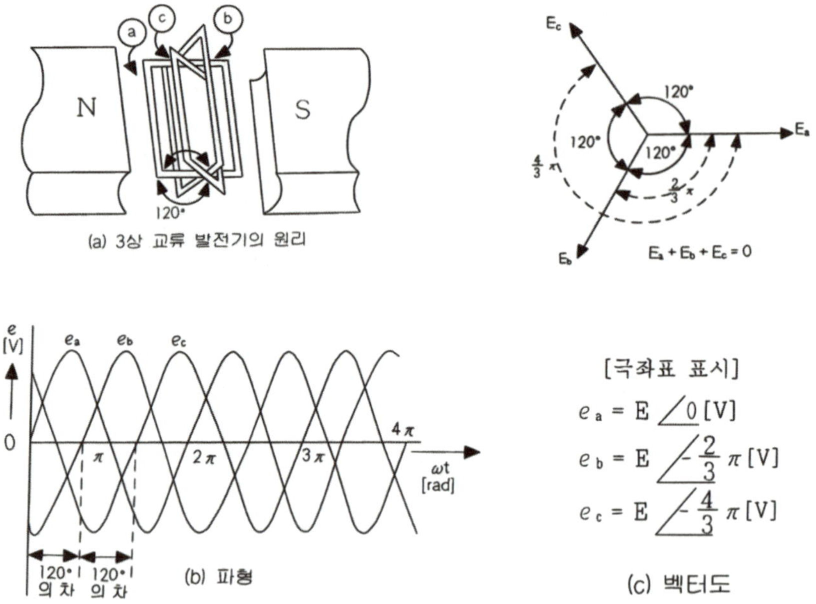

그림 4-20 3상교류

(4) 3상교류의 전원과 부하의 연결방법

3상교류의 각 전원의 연결 및 부하의 연결방법에는 Y결선법과 △결선법이 있다.

① Y-Y결선회로

그림 4-21과 같이 전원부와 부하부의 연결을 Y결선법(성형결선법)으로 되어 있는 회로를 Y-Y회로라고 한다. 각 상의 0, 0를 중성점이라 한다. 중성점 0와 단자 a, b, c 사이에 전압 V_a, V_b, V_c를 상전압(Vp), 3개의 외선사이 전압 V_{ab}, V_{bc}, V_{ca}를 선간전압(V_ℓ)이라 한다.

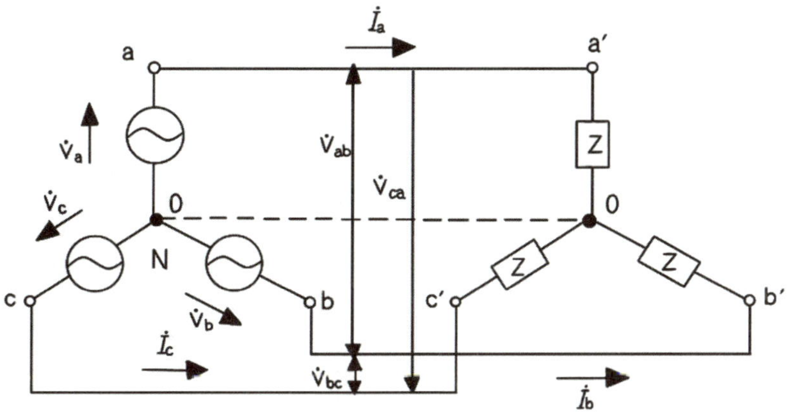

그림 4-21 Y-Y결선

선간전압(V_ℓ)과 상전압(V_p)의 크기 관계는

$$선간전압(V_\ell) = \sqrt{3} \cdot 상전압(V_p)[V]$$

이고 선간전압(V_ℓ)은 상전압(V_p)보다 $\frac{\pi}{6}$[rad]만큼 앞선다. 한편 3상교류 회로에서 전원 및 부하의 각 상에 흐르는 전류를 **상전류**(I_p)라 하며 외부의 선로에 흐르는 전류를 **선전류**(I_ℓ) 또는 선로전류라 한다. Y결선에서 선전류(I_ℓ)와 상전류(I_p)의 크기 관계는

$$선전류(I_\ell) = 상전류(I_p)$$

이고 선전류(I_ℓ)와 상전류(I_p)는 동상이다.

② ⊿-⊿ 결선회로

그림 4-22와 같이 전원부와 부하부의 연결이 ⊿결선법(삼각결선법)으로 되어 있는 회로를 ⊿-⊿회로라고 한다. ⊿-⊿결선회로에서 선간전압(V_ℓ)과 상전압(V_p)의 크기 관계는

$$선간전압(V_\ell) = 상전압(V_p)$$

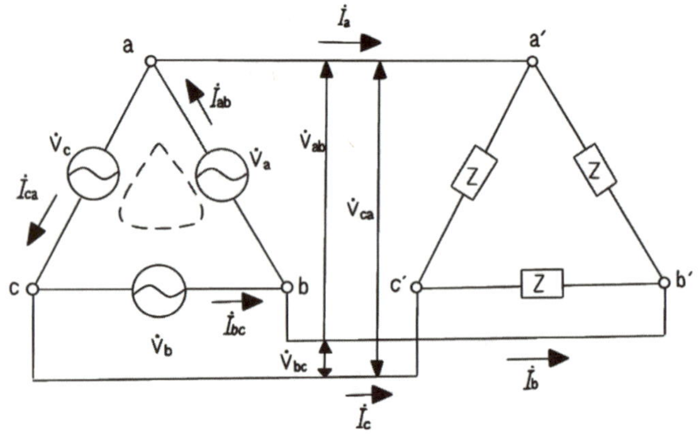

그림 4-22 ⊿-⊿결선회로

이고 선간전압(V_l)과 상전압(V_p)은 동상이다. 한편 ⊿결선에서 선전류(I_l)와 상전류(I_p)의 크기 관계는

$$선전류(I_l) = \sqrt{3} \cdot 상전류(I_p)$$

이고 선전류(I_l)는 상전류보다 $\frac{\pi}{6}$[rad]만큼 뒤진다.

(5) 3상 교류전력

그림 4-23과 같은 3상교류회로의 전력을 구해 보기로 한다. 단상교류의 전력 P는 $P=VI\cos\theta$로 구해진다. 3상교류의 전력은 상전압(V_p), 상전류(I_p), 역률($\cos\theta$)이고 단상교류의 3배이므로

$$P = 3V_p I_p \cos\theta [W] \cdots\cdots ①$$

이 성립한다. 성형결선으로 되어 있는 회로에서는 $I_l = I_p$, $V_l = \sqrt{3} V_p$이므로 식 ①에 대입하면 다음과 같은 식이 된다.

$$P = 3 \cdot \frac{V_l}{\sqrt{3}} \cdot I_l \cos\theta = \sqrt{3}\, V_l I_l \cos\theta [W]$$

삼각 결선으로 되어 있는 회로에서는 $V_p=V_l[V]$, $I_l=\sqrt{3}\,I_p\,[A]$이므로 식 ①에 대입하면 다음과 같은 식이 된다.

$$P = 3 \cdot V_l \cdot \frac{I_l}{\sqrt{3}}\cos\theta = \sqrt{3}\,V_l I_l \cos\theta\,[W]$$

이와 같이 3상교류전력은 부하의 결선 방법에 관계가 없음을 알 수 있다.

3상 유효전력 $P = \sqrt{3}\,V_l I_l \cos\theta\,[W]$

3상 무효전력 $P_r = \sqrt{3}\,V_l I_l \sin\theta\,[VAR]$

3상 피상전력 $P_a = \sqrt{3}\,V_l I_l = \sqrt{p^2 + P_\gamma^2}\,[VA]$

역률 $\cos\theta = \frac{P}{P_a} = \frac{R}{Z}$

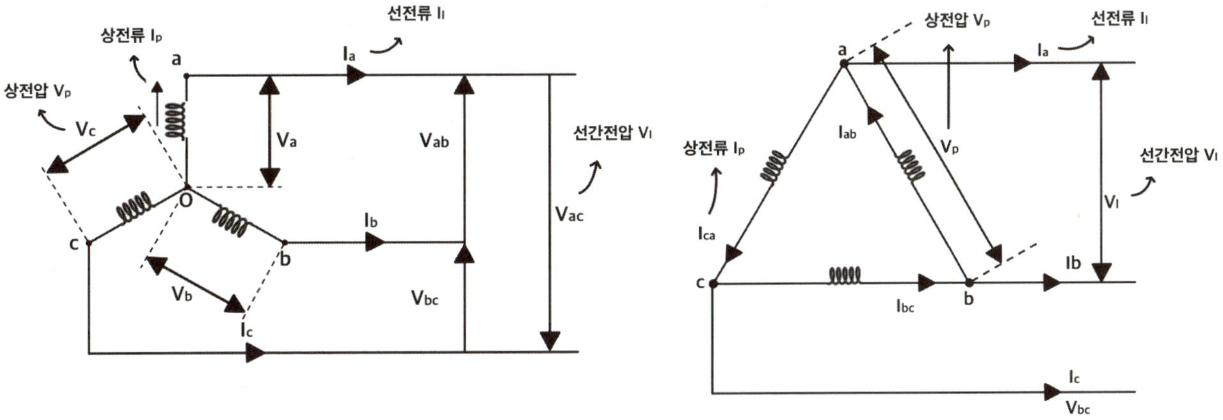

(a) Y결선 (b) Δ결선

그림 4-23 상전압, 상전류, 선간 전압, 선전류

[예제 14] **⊿결선회로에서 선로의 전류가 30[A], 선간전압이 200[V]이다. 상전압과 상전류는 얼마인가?**

[풀이] ⊿결선회로에서 $V_p = V_l,\ I_p = \frac{I_l}{\sqrt{3}}$

$$\therefore\ V_p = 220[V],\ I_p = \frac{30}{\sqrt{3}} = 10\sqrt{3}\,[A]$$

PART

05

과도현상

학습목표

- 과도현상을 알아야 한다.
- RL회로의 과도현상과 시정수에 대해 이해할 수 있어야 한다.
- RC회로의 과도현상과 시정수에 대해 이해할 수 있어야 한다.
- 전기회로의 과도현상 및 R-L회로, R-C회로의 시정수를 이해한다.

개요

제 5장에서는 회로에서 스위치가 작동하거나 전원 조건이 갑자기 바뀔 때 나타나는 과도현상(Transient Response)을 다룬다. 회로는 이러한 순간적인 변화에 대해 즉각적으로 새로운 정상 상태에 도달하지 못하고 일정한 시간 동안 과도 상태를 거치게 된다. 과도현상은 단순한 이론적 개념에 그치지 않고, 실제 전력 시스템·전자회로 설계에서 반드시 고려해야 하는 요소이다. 과도 현상을 정확히 이해하지 못하면 예상치 못한 전압 스파이크나 전류 급증으로 인해 기기의 성능 저하나 손상이 발생할 수 있기 때문이다.

먼저 R-C 회로와 RL 회로의 과도 응답을 학습한다. RC 회로에서는 콘덴서가 충전되거나 방전될 때 전압과 전류가 시간에 따라 지수 함수적으로 변화한다. R-L 회로에서는 인덕터가 전류 변화를 방해하기 때문에 전류가 서서히 증가하거나 감소하며, 이 역시 지수 함수적인 형태를 따른다. 이러한 곡선을 통해 회로의 응답 속도를 정량적으로 표현할 수 있는데, 여기서 중요한 개념이 바로 시정수(Time Constant)이다. 시정수는 R-C 회로에서는 R×C, R-L 회로에서는 L/R로 정의되며, 회로가 정상 상태의 약 63%에 도달하는 데 걸리는 시간을 의미한다.

이어서 R-L-C 회로의 과도현상을 다룬다. R-L-C 회로에서는 저항, 인덕터, 커패시터가 모두 작용하여 보다 복잡한 시간 응답이 나타난다. 경우에 따라 과도 응답은 과소 감쇠(Underdamped), 임계 감쇠(Critically Damped), 과대 감쇠(Overdamped) 형태로 나뉘며, 이는 댐핑 계수와 고유 주파수의 관계에 따라 달라진다. 이러한 해석은 회로의 동적 특성을 이해하는 데 필수적이며, 신호 처리, 전력 전자 장치 설계에서 매우 중요한 의미를 갖는다.

또한 이 장에서는 미분방정식을 통한 과도 해석 방법을 다룬다. 키르히호프 법칙을 적용하여 미분방정식을 세우고, 초기 조건을 반영해 전압과 전류의 시간 함수 해를 구한다. 이러한 과정은 수학적으로 다소 복잡할 수 있으나, 실제 회로의 응답을 정확하게 예측하는 강력한 도구가 된다. 더불어, 지수 함수, 사인 함수, 코사인 함수가 결합된 형태로 과도 응답을 해석함으로써, 회로가 외부 자극에 어떻게 반응하는지를 이해할 수 있다.

실제 시스템에서는 과도현상이 전력 품질과 안정성에 큰 영향을 미친다. 예를 들면, 전력 계통에서 대규모 부하가 갑자기 투입되거나 차단될 때 발생하는 과도 전류는 발전기와 변압기에 심각한 스트레스를 줄 수 있다. 또한 전자기기 내부에서 스위칭 소자가 빠르게 동작할 때 발생하는 서지는 회로를 손상시킬 수 있기 때문에, 이를 제어하기 위한 보호 회로 설계가 반드시 필요하다. 따라서 본 장에서는 과도현상을 단순한 이론적 학습이 아닌 안전하고 신뢰성 있는 시스템 설계의 전제 조건으로 다루고 있다.

종합하면, 제5장 과도현상은 R-C·R-L 회로의 충·방전, 시정수 개념, R-L-C 회로의 감쇠 특성, 미분방정식을 통한 해석, 그리고 실제 전력·전자 시스템에서의 응용과 문제점까지 폭넓게 다루고 있다. 학습자는 이 장을 통해 회로가 시간에 따라 어떻게 반응하는지를 이해하고, 순간적인 변화에도 안정적이고 안전한 회로 설계를 할 수 있는 기초 능력을 얻게 된다. 이는 이후 제어공학, 전력전자공학, 통신 회로 설계로 나아가는 데 중요한 기반이 될 것이다.

1. 서론

전기회로에서 회로의 동작을 시간에 따라 분석할 때 반드시 이해해야 하는 개념으로는 **과도현상**, **과도상태**, **과도응답**, **정상상태**, 그리고 **정상상태응답**이 있다. 이 다섯 가지 개념은 서로 긴밀하게 연결되어 있으며, 시간의 흐름에 따라 회로가 어떻게 변화하고 안정되는지를 설명하는 데 필수적이다.

우선 **과도현상**(transient phenomenon)은 회로에 외부 변화가 발생했을 때 나타나는 일시적이고 비정상적인 전류나 전압의 변화를 의미한다. 이러한 변화는 스위치의 개폐, 전원의 갑작스러운 인가 또는 제거, 입력 신호의 급격한 변동 등 외부 자극에 의해 발생한다. 회로에 저장 요소인 인덕터(L)나 커패시터(C)가 포함되어 있는 경우, 이들은 에너지를 저장하거나 방출하면서 회로 전체에 걸쳐 비정상적인 반응을 일으킨다. 이와 같은 과도적인 반응이 발생하는 순간부터 새로운 상태로 수렴하기까지의 구간을 바로 과도현상이 발생하는 시점이라 한다.

이러한 과도현상이 진행되는 동안 회로는 일시적으로 불안정한 상태에 머무르게 되며, 이 상태를 **과도상태**(transient state)라 한다. 과도상태는 과도현상이 지속되는 시간 구간 동안 회로의 전압과 전류가 안정되지 않고 변화하는 상태를 의미한다. 다시 말해, 회로가 새로운 정상상태에 도달하기 전까지, 즉 과도응답이 사라지기 전까지의 전반적인 동작 상태가 과도상태이다.

과도상태에서 회로가 보이는 전압이나 전류의 시간에 따른 반응을 **과도응답**(transient response)이라 한다. 과도응답은 회로의 전체 응답 중에서 일시적으로 나타나는 부분으로, 시간에 따라 감쇠되거나 진동하며 점차 사라지게 된다. 일반적으로 회로의 전체 출력 응답은 과도응답과 정상상태응답의 합으로 표현된다. 따라서 과도응답은 일정 시간이 지나면 회로에서 사라지고, 이후에는 정상상태응답만이 남게 된다.

이때 회로가 충분한 시간이 경과한 후 도달하게 되는 안정된 상태를 **정상상태**(steady state)라 한다. 정상상태는 입력이 일정하거나 주기적인 경우, 출력 또한 이에 맞추어 일정하거나 같은 주기를 유지하는 상태이다. 이 상태에서는 회로가 더 이상 시간에 따라 변화하지 않으며, 모든 과도현상이 종료된 이후의 평형 상태라 할 수 있다.

그리고 이러한 정상상태에서 회로가 보이는 반응을 **정상상태응답**(steady-state response)이라 한다. 정상상태응답은 시간에 따라 변화하지 않거나 주기적인 패턴을 유지하는 출력으로, 회로의 장기적인 동작 특성을 나타낸다. 정현파 입력이 주어졌을 경우, 정상상태응답은 동일한 주파수를 가진 정현파 형태의 출력으로 나타나며, 이 응답은 회로의 주파수 특성과 위상 변화 등을 포함하여 해석할 수 있다.

정리하면, 회로는 외부 변화에 따라 먼저 **과도현상**이 발생하며, 이로 인해 **과도상태**에 진입하게 된다. 이때 회로는 **과도응답**이라는 일시적 반응을 보이게 되며, 시간이 지나면서 이러한 응답은 점차 사라진다. 결국 회로는 **정상상태**에 도달하게 되고, 이 상태에서는 **정상상태응답**만이 회로의 출력으로 유지된다. 이와 같은 일련의 과정은 전기회로의 시간 영역 해석에서 매우 중요한 부분이며, 특히 R-L-C 회로, 시스템 제어, 신호 처리 등의 분야에서 핵심적인 역할을 한다.

2. 저항-인덕턴스 회로

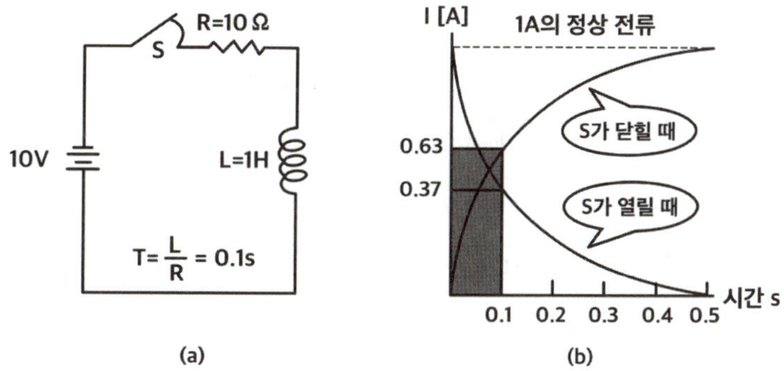

그림 5-1 R-L 회로의 과도현상

R-L 직렬회로에서 스위치 S를 닫으면 전류는 순간적으로 0에서 시작하여 점차 증가하게 된다. 이때 최종적으로 도달하는 전류 값은 옴의 법칙에 따라 정해지며, 그림 5-1의 회로에서는 1[A]가 정상전류이다. 그러나 전류가 전원의 인가와 동시에 즉시 1[A]에 도달하지는 않으며, 인덕터는 자기장의 변화에 저항하려는 성질로 인해 전류의 급격한 변화를 방해하게 된다. 그 결과 전류는 점진적으로 증가하면서 새로운 정상상태로 이행하는데, 이러한 전이 과정을 **과도응답**이라 한다. 반대로 스위치를 열어 전원을 제거할 경우에도 전류는 즉시 0이 되지 않고 점차 감소하며 0으로 수렴하는데, 이 역시 시간에 따른 과도응답에 해당한다.

이처럼 회로가 외부 자극에 반응하여 전류 또는 전압이 새로운 평형 상태로 도달하는 데는 일정 시간이 소요되며, 이 속도를 정량적으로 나타내는 척도가 바로 **시정수**(time constant)이다. 시정수는 전기회로에서 회로가 얼마나 빠르게 새로운 상태에 적응하고 안정화되는지를 보여주는 지표로, 과도응답의 지속 시간과 직접적으로 연관된다. 시정수는 다음 두 가지 상황을 기준으로 정의할 수 있다.

첫째, 전류가 흐르기 시작한 순간부터 정상전류의 약 63.2%에 도달하는 데 걸리는 시간이다.

둘째, 전류를 차단했을 때, 즉 전원이 제거된 후 초기 전류값의 약 36.8%로 감소하는 데 걸리는 시간이다.

이러한 기준은 지수함수적 반응을 보이는 회로의 특성에서 비롯되며, 시정수는 과도 상태에서의 회로 응답을 수학적으로 설명하는 데 매우 유용하다.

특히 R-L 회로에서의 시정수 T는 인덕턴스 L과 저항 R의 비로 정의되며, 그 식은 $T[\mathrm{sec}] = \dfrac{L[H]}{R[\Omega]}$ 이다. 여기서 L은 헨리[H], R은 옴[Ω], T는 초[sec] 단위로 나타낸다. 예를 들면, 그림 5-1의 회로에서 L=1[H], R=10[Ω]일 경우, 시정수 T=1/10=0.1[s]가 된다. 이는 전류가 1[A]라는 최종 정상값의 63.2%인 약 0.632[A]에 도달하는 데 0.1초가 걸린다는 의미이며, 반대로 전류를 차단했을 경우에는 초기 전류의 36.8% 수준으로 감소하는 데 0.1초가 소요된다는 뜻이다. 실제로 회로가 거의 안정상태에 도달하기까지는 약 4~5배의 시정수가 필요하므로, 시정수는 과도응답의 전체 지속시간을 추정하는 데 있어 중요한 역할을 한다.

그림 5-1에서 전류의 값은 시정수 0.1[S]동안에 0부터 변하여 0.63[A]로 증가한다. 시정수의 5배가 되는 기간 동안에는 거의 정상상태의 값 1[A]와 같다. 스위치 S가 열리면 전류는 감소하는데 0.1[S] 후에 정상상태의 약 37%로 감소한다.

그림 5-1에서 전류 I는 시정수동안 1[A]에서 0.37[A]로 줄어든다. 다시 말하면 1[A]로부터 63[%] 변화하였으며 시정수의 5배 후에는 거의 0으로 감소함을 알 수 있다.

참고로 R-L회로의 시정수가 시간의 단위를 갖는 이유는 다음과 같다. V = L(di/dt)에서 L은 V×T/I의 차원이 되고 이를 R로 나누면 V×T/IR이 되어 V와 IR은 약분되고 T만 남게 되므로 L/R이 시간의 단위를 나타낸다.

R-L 회로에서 스위치를 열어 회로를 개방할 경우, 회로의 상태는 급격하게 변화하게 된다. 특히 인덕터가 포함된 유도성 회로에서 개방 시에는 스위치 접점에 높은 저항이 존재하게 되므로, 전체 회로의 등가 저항이 급격히 증가하게 된다. 이로 인해 시정수 $\tau = L/R$는 매우 작아지며, 회로의 응답 속도는 빨라지게 된다. 다시 말해, 시정수가 작아짐에 따라 전류는 스위치를 닫았을 때보다 훨씬 더 빠른 속도로 0으로 감소하게 된다.

이러한 빠른 전류 감소는 인덕터의 본질적인 특성인 자속의 급격한 변화에 대한 저항으로 인해, 코일 양단에 매우 높은 유도기전력(induced EMF)을 발생시킨다. 이 유도기전력은 렌츠의 법칙에 따라 전류의 급변을 억제하기 위해 발생하며, 그 크기는 $E = -L\dfrac{dI}{dt}$로 표현된다. 전류의 변화율 dI/dt가 클수록 유도기전력도 커지므로, 전류가 짧은 시간 내에 급속히 감소할수록 코일 양단에는 매우 큰 전압이 순간적으로 형성된다. 이 전압은 외부에서 인가한 공급 전압보다도 훨씬 큰 값에 도달할 수 있으나, 그 지속시간은 매우 짧다.

중요한 점은, 이때 발생하는 고전압은 에너지를 새롭게 공급받아 생기는 것이 아니라, 인덕터에 저장되어 있던 자기 에너지가 빠르게 방출되면서 나타나는 현상이라는 것이다. 전류가 천천히 감소하는 경우에는 유도기전력의 크기도 상대적으로 작으며, 전류가 완전히 0이 된 후에는 코일 양단에 더 이상 전압이 존재하지 않는다. 따라서 유도기전력은 전류가 감소하는 동안에만 발생하고, 그 크기와 지속시간은 회로의 시정수에 의해 결정된다.

이와 같이 유도성 회로에서 스위치를 개방할 때 발생하는 고전압 현상은 다양한 응용 분야에서 유용하게 활용되고 있다. 대표적인 예로는 자동차 점화장치에서 스파크 플러그에 점화를 유도하기 위한 고전압을 발생시키는 방식이 있으며, 브라운관 방식의 TV 수상기에서는 전자빔을 고속으로 주사하기 위한 고전압 인가용으로 이 원리가 사용된다. 이러한 응용은 모두 짧은 시간 동안 높은 전압을 필요로 하는 특수한 조건에서 유도기전력의 특성을 효과적으로 활용한 사례라 할 수 있다.

[예제] 50[Ω]의 저항을 인덕턴스가 10[H]인 코일과 직렬로 연결한 경우 시정수는 얼마인가?

[풀이] T = L/R = 10/50 = 0.2[S]

[예제] 50[Ω]의 저항과 인덕턴스가 10[H]인 코일이 직렬로 연결된 회로에 10[V]의 직류전압을 공급하면 정상상태의 전류 200[mA]가 흐른다. 0.2[S]와 1[S] 후에 전류는 각각 얼마인가?

[풀이] 0.2[S]가 시정수이므로 전류는 200[mA]의 63%인 126[mA]이 되고 시정수의 5배인 1[S] 후에는 전류가 정상상태의 값인 200[mA]로 변한다.

3. 저항-정전용량 회로

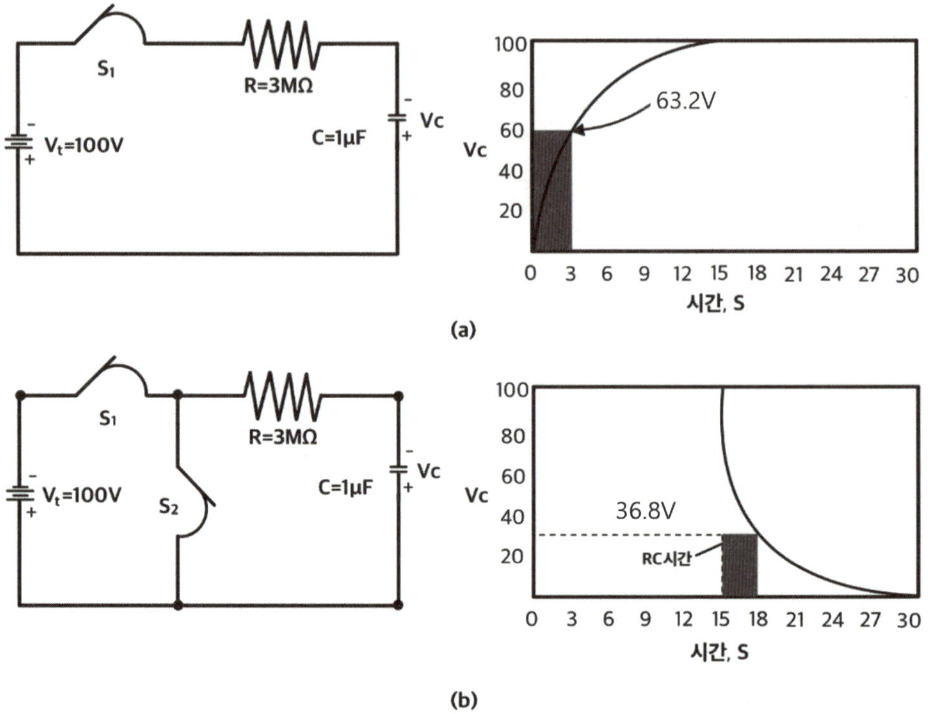

그림 5-2 RC 회로의 과도현상

R-C 회로는 저항(Resistance, R)과 커패시터(Capacitance, C)로 구성된 기본적인 수동 소자 회로로, 시간에 따른 전압과 전류의 변화를 분석하는 데 매우 유용하다. 이 회로에서의 시정수(τ, time constant)는 회로가 외부 자극에 얼마나 빠르게 반응하는지를 결정하는 중요한 지표로, 커패시터가 충전되거나 방전되는 속도를 나타낸다. 시정수는

$$T[sec] = R[\Omega] \times C[F]$$

이다. 단위는 초[sec]이다. 여기서 R은 저항(Ω), C는 커패시턴스(F)이다.

R-C의 곱이 시간단위로 표시되는 이유는 다음과 같다. C = Q/V이고 Q는 I×T이다. 한편 V는 IR이므로 RC = (R×IT)/IR이 된다. I와 R은 각각 약분되어 T가 남아 시간의 단위로 표시한다.

충전 시, 커패시터는 지수 함수적인 곡선을 따라 전압이 증가하며, 시정수 τ가 경과한 시점에는 최종 충전 전압의 약 63.2% 수준에 도달하게 된다. 예를 들면 그림 5-2(a)와 같이 시정수가 3초이고 인가 전압이 100V라면, 3초 후 커패시터의 전압은 약 63V에 도달하며, 시정수의 약 5배인 15초가 지나

면 거의 100V에 근접하게 된다. 반대로 완전히 충전된 커패시터를 방전할 경우, 방전이 시작된 후 시정수 τ가 경과한 시점에는 초기 전압의 약 36.8% 수준, 즉 63.2%가 방전된 상태가 된다. 앞선 예에서 충전된 전압이 100V였다면, 3초 후에는 약 37V로 감소하고, 15초가 경과하면 거의 0V로 수렴하게 된다.

시정수의 크기는 회로 응답 속도를 직접적으로 결정한다. 시정수가 작을수록 커패시터는 빠르게 충전 및 방전되며, 시정수가 클수록 이 과정은 느리게 진행된다. 이러한 특성은 회로의 용도에 따라 선택적으로 활용된다. 예를 들면, 커패시터를 저항값이 큰 소자와 직렬로 연결하여 서서히 충전시킨 다음, 저항값이 작은 소자를 통해 빠르게 방전시키면 짧은 시간 동안 강한 방전 전류를 발생시킬 수 있다. 이와 같은 방식은 유도성 회로에서 스위치를 개방할 때 발생하는 고전압 현상과 유사한 물리적 원리를 기반으로 하며, 순간적인 에너지 방출이 필요한 응용 회로에 널리 사용된다.

이러한 R-C 회로의 시간 응답 특성은 타이머 회로, 필터, 펄스 제어, 센서 안정화 등 다양한 전자 시스템에서 핵심적으로 활용되며, 회로의 목적에 따라 시정수를 설계함으로써 원하는 동작 특성을 효과적으로 구현할 수 있다.

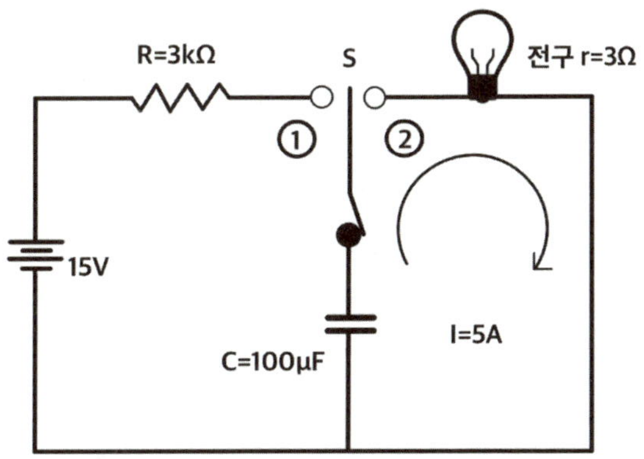

그림 5-2 R-C 회로에서 저저항을 통한 커패시터의 방전에 의해서 발생한 대전류

그림 5-3은 카메라의 플레시관을 점등시키는 위한 회로로써 플래시관을 점등시키는데 5[A]의 전류가 필요한데 이것은 정격부하 전류가 30[mA]인 15[V]전지에 대한 부하전류로서는 너무 크다. 그러므로 플레시관을 전지의 부하로 사용하지 않고 그림 5-3에서 3[kΩ]의 저항을 통해서 100[μF] 커패시터를 충전(스위치 ①)시키고 플래시관을 통해 커패시터를 방전(스위치 ②)시킨다.

[예제] 1[MΩ]의 저항과 정전용량이 0.1[μF]인 콘덴서와 직렬로 연결된 경우 시정수는 얼마인가?

[풀이] $T = R \times C = 1 \times 10^{6} \times 0.1 \times 10^{-6} = 0.1[S]$

[예제] 상기 예제에서 100[V]의 직류전압을 가하면 0.1[S]와 0.5[S]후에 콘덴서의 양단에 해당하는 전압은 각각 얼마인가?

[풀이] 0.1[S]가 시정수이므로 100[V]의 63[V]가 콘덴서의 양단에 나타나고 시정수의 5배인 0.5[S]후에는 거의 100[V]로 충전된다.

PART
06

반도체

학습목표

- 공핍층을 설명할 수 있어야 한다.
- PN 접합을 설명할 수 있어야 한다.
- 전위장벽을 설명할 수 있어야 한다.
- 원자의 구조를 설명할 수 있어야 한다.
- 반도체가 무엇인가를 설명할 수 있어야 한다.
- 순수 반도체와 불순물 반도체를 설명할 수 있어야 한다.
- PN 접합에서 순방향 특성과 역방향 특성을 설명할 수 있어야 한다.

개요

제 6장에서는 전기전자공학의 핵심 재료이자 모든 현대 전자기기의 근간을 이루는 반도체를 다룬다. 반도체는 전도체와 부도체의 중간적 성질을 가지며, 그 전기적 특성이 외부 조건이나 불순물 첨가에 따라 크게 변화한다는 점에서 독특하다. 이러한 성질 덕분에 반도체는 트랜지스터, 다이오드, 집적회로(IC) 등 수많은 전자 소자의 기반이 될 수 있다. 따라서 제 6장은 반도체의 본질적 성질을 이해하고, 이를 응용 소자로 연결하는 기초를 마련하는 데 목적을 둔다.

먼저 전도체, 부도체, 반도체의 차이를 비교하며 반도체의 위치를 규정한다. 전도체는 자유전자가 풍부하여 전류가 잘 흐르지만, 부도체는 전자가 결합 상태에 있어 전류가 거의 흐르지 않는다. 반면 반도체는 특정 조건에서 전류가 흐르거나 차단되는 특성을 가지며, 이를 통해 스위칭 소자와 증폭 소자로 활용될 수 있다. 이 과정에서 밴드 구조 이론을 소개하여, 전도대와 가전자대, 그리고 이들 사이의 밴드갭이 반도체의 핵심적 특성을 결정한다는 것을 학습한다.

다음으로 진성 반도체와 외인성 반도체를 구분한다. 진성 반도체는 불순물이 거의 없는 순수한 반도체로, 전자와 정공이 열적 요인에 의해 생성된다. 그러나 실제 응용에서는 전도성을 제어하기 위해 불순물을 첨가한 외인성 반도체가 사용된다. N형 반도체는 전자를 다수 캐리어로 가지며, P형 반도체는 정공이 다수 캐리어로 작용한다. 이처럼 불순물 도핑은 반도체의 전도 특성을 원하는 방향으로 조절할 수 있게 해 주며, 다양한 전자 소자 설계의 출발점이 된다.

PN 접합은 반도체 소자의 가장 중요한 구조이다. P형과 N형 반도체를 맞대어 접합하면, 전자가 이동하여 정공과 결합하면서 공핍층이 형성되고, 이로 인해 전위 장벽이 생긴다. 이 구조는 전류가 한쪽 방향으로만 흐르도록 하여 정류 기능을 가능하게 한다. PN 접합의 형성과 전위 장벽의 역할을 이해하는 것은 다이오드와 트랜지스터, 더 나아가 태양전지나 LED 같은 다양한 응용 소자를 학습하는 데 기초가 된다.

또한 반도체의 전도 특성이 온도와 불순물 농도에 따라 어떻게 변하는지도 중요한 학습 요소다. 반도체는 온도가 상승하면 전도도가 증가하는 특성을 가지는데, 이는 금속과는 정반대의 성질이다. 이러한 특성은 센서 소자 설계나 전자기기의 온도 보상 회로에 활용된다. 불순물 농도가 높아질수록 캐리어 농도가 증가하여 전도성이 향상되지만, 동시에 누설 전류와 열적 불안정성이 커질 수 있다는 점도 함께 고려해야 한다.

현재 전자기술의 발전은 반도체의 특성과 가공 기술의 발달에 크게 의존하고 있다. 반도체 웨이퍼 제조, 집적회로(IC) 설계, 초대규모집적회로(VLSI)와 같은 기술은 모두 기본적으로 N형과 P형 반도체, 그리고 PN 접합의 원리에 기반한다. 따라서 반도체의 특성을 깊이 이해하는 것은 단순한 이론 학습을 넘어, 실제 전자 소자와 시스템이 어떻게 동작하는지를 파악하는 핵심 열쇠가 된다.

종합하면, 제6장 반도체는 전도체·부도체·반도체의 비교에서 출발하여, 진성 및 외인성 반도체의 성질, N형·P형 반도체의 전도 원리, PN 접합 구조와 전위 장벽, 그리고 온도 및 불순물 농도에 따른 전도 특성까지 폭넓게 다룬다. 이 장을 학습함으로써 독자들은 반도체가 단순한 재료를 넘어 현대 전자공학의 근간을 이루는 핵심 매개체임을 이해하게 되며, 이후 다이오드·트랜지스터·집적회로 등 다양한 응용 소자를 학습할 준비를 갖추게 된다.

1. 반도체

1) 원자의 구조

모든 물질은 궁극적으로 원자로 구성되어 있다. 원자는 양(+)의 전기를 띠는 원자핵과 그 주위를 일정한 궤도를 따라 도는 음(−)의 전기를 띠는 전자로 이루어져 있다. 이때, 전자들 중 가장 바깥쪽 궤도를 도는 전자를 최외각 전자라고 한다.

2) 자유전자의 생성과 역할

최외각 전자는 원자핵으로부터 받는 인력이 비교적 약하기 때문에, 경우에 따라 궤도를 이탈하여 물질 안을 자유롭게 이동할 수 있다. 이렇게 원자의 구속을 벗어나 자유롭게 움직이는 전자를 자유전자(free electron)라고 한다. 전류는 자유전자의 흐름을 의미하며, 자유전자가 존재하는 물질에서는 전류가 흐를 수 있다.

3) 자유전자의 발생 원인

자유전자는 외부 자극에 의해 생성된다. 원자 내에서 전자와 원자핵 간의 결합력은 물질마다 다르며, 일부 물질에서는 결합력이 강해 전자가 쉽게 이탈하지 않는 반면, 다른 일부 물질에서는 결합력이 약해 빛, 열, 마찰 등의 외부 자극을 받으면 전자가 원자의 구속에서 벗어나 자유전자가 된다.

4) 물질의 전기적 성질과 자유전자의 수

자유전자의 수에 따라 물질의 전기적 성질이 달라진다. 자유전자가 매우 많은 물질은 전류가 쉽게 흐를 수 있어서 도체(conductor)라고 한다. 대표적인 예로 구리, 은, 알루미늄 등이 있다. 반대로 자유전자가 거의 없는 물질은 전류가 거의 흐르지 않기 때문에 부도체(insulator) 또는 절연체라고 한다. 유리, 고무, 플라스틱 등이 이에 해당한다.

5) 반도체의 정의와 특징

반도체(semiconductor)는 도체와 부도체의 중간 정도 성질을 가지는 물질을 말한다. 즉, 일반 상태에서는 전류가 잘 흐르지 않지만, 온도 변화나 불순물 첨가와 같은 특정 조건에 따라 전기 전도성이 조절될 수 있다. 반도체는 자유전자의 수가 도체보다 훨씬 적지만, 필요에 따라 자유전자의 수를 인위적으로 조절할 수 있다는 특징이 있다. 이러한 성질 덕분에 반도체는 트랜지스터, 다이오드, 집적회로와 같은 전자 소자의 핵심 재료로 사용된다. 대표적인 반도체 물질로는 규소(Si)와 게르마늄(Ge)이 있다.

그림 6-1은 자유전자의 많고 적음, 전류가 흐르는 정도에 따라 물질의 전기적 성질을 나타낸다.

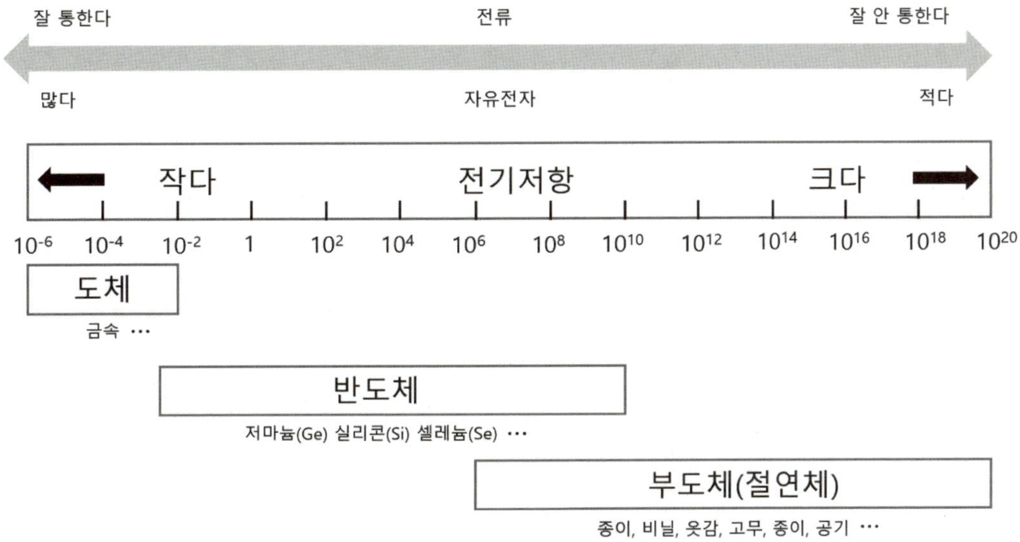

그림 6-1 **도체, 반도체, 절연체**

2. 반도체의 성질

일반적으로 반도체는 다음과 같은 성질이 있다.

1) 반도체는 도체보다 높은 저항을 가지며, 절연체보다는 낮은 저항을 가진다.
   - 도체는 자유전자가 풍부하여 저항이 매우 작다(거의 0에 가까움).
   - 절연체는 자유전자가 거의 없어 전류가 거의 흐르지 않는다(저항이 매우 크다).
   - 반도체는 이 둘의 중간 성질을 가지며, 주변 조건(온도, 불순물 등)에 따라 저항이 크게 변할 수 있다.
2) 반도체는 온도가 상승하면 전기저항이 감소한다. 즉, 반도체는 음(−)의 온도계수를 가진다.(그림 6−2).
   - 도체는 온도가 상승하면 전자의 충돌이 증가해 저항이 커진다(양의 온도계수).
   - 반면, 반도체는 온도가 올라가면 원자에서 더 많은 전자가 방출되어 자유전자가 증가하기 때문에 저항이 오히려 감소한다.
   - 이 특성은 센서(온도센서, 써미스터 등)나 전자기기의 온도보상 설계에 활용된다.

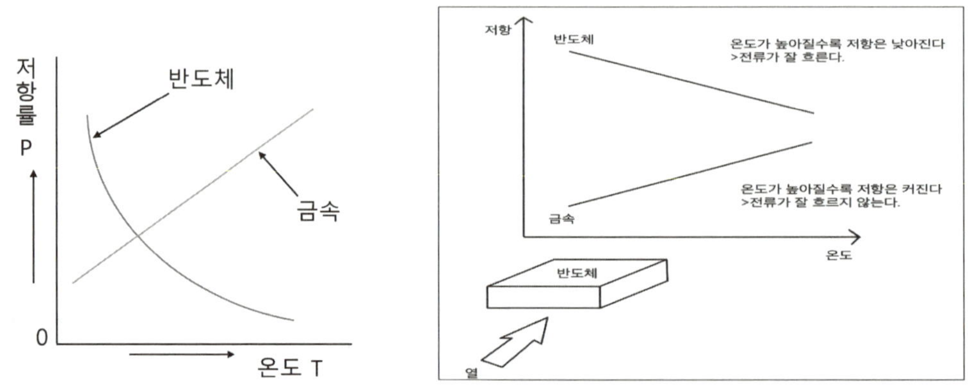

그림 6-2 온도에 대한 저항 변화

3) 반도체에 극소량의 불순물(비소, 인, 붕소, 인듐 등)을 첨가하면 전기적 성질이 크게 변하며, 이를 '도핑(doping)'이라고 한다.(그림 6−3).
   - 순수한 반도체를 진성 반도체(intrinsic semiconductor)라고 한다.
   - 여기에 불순물을 첨가하면 전자가 추가되거나 정공이 생겨, 전기전도성이 크게 향상된다.

– 비소(As), 인(P) → n형 반도체(전자 증가)
– 붕소(B), 인듐(In) → p형 반도체(정공 증가)

- 이러한 불순물 도핑은 반도체의 전기전도도를 수십 배에서 수백만 배까지 조절할 수 있게 해 주며, 또한 이 과정은 트랜지스터, 다이오드 같은 소자를 만드는 핵심 공정이다.

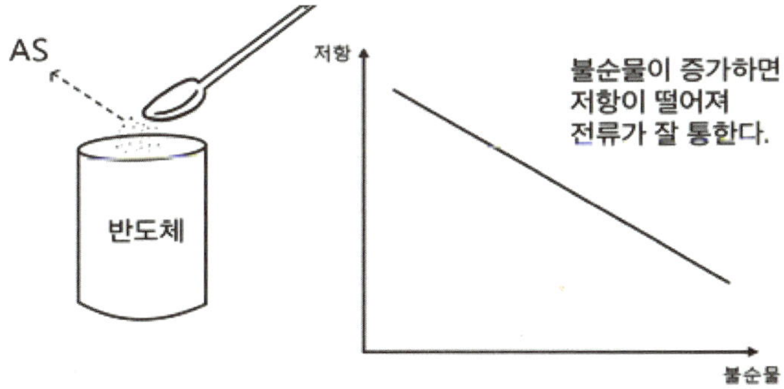

그림 6-3 **불순물에 대한 반도체의 저항 변화**

4) 반도체는 빛이나 열 등 외부 에너지를 받으면 전기저항이 변하거나 전류가 흐르는 특성을 보이며, 일부 반도체는 전압을 가하면 발광하는 광전자적 성질도 나타낸다.(그림 6-4).
- 반도체는 빛(광자)을 흡수하면 전자와 정공이 생성되어 전기전도도가 증가하는 광전효과(photoelectric effect)를 나타낸다.
- 열에너지를 받으면 자유전자가 증가해 역시 전기저항이 감소한다.
- 특정 반도체(예: LED)는 전압을 가해 전자와 정공이 재결합할 때 빛을 방출(발광)한다. 이 현상을 전자–정공 재결합 발광이라고 한다.
- 이 때문에 반도체는 광센서, 태양전지, LED 등 다양한 광전자 소자에 이용된다.

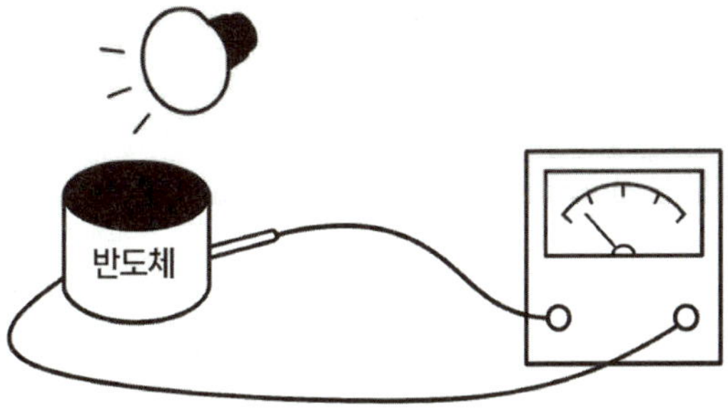

그림 6-4 **빛, 열, 전압에 대한 반응**

5) 대표적인 반도체 원소(예: 규소, 게르마늄)는 최외각 전자가 4개(valence electron 4개)이다.

- 규소(Si), 게르마늄(Ge)처럼 최외각에 4개의 전자가 있어, 이들은 공유결합을 통해 안정된 결정 구조를 형성하지만, 외부 에너지를 받으면 일부 전자가 결합을 끊고 자유전자가 될 수 있다.
- 이 때문에 반도체는 기본적으로 절연체처럼 보이지만, 에너지를 가하면 전류를 흐르게 할 수 있는 성질을 가진다.

이러한 성질을 가지고 있는 반도체는 트랜지스터, IC, VLSI로 계속 발전하고 있으며 우리들의 일상 생활에서 컴퓨터나 TV, 라디오 등에 반도체의 이용은 날로 증가되고 있다.

이상과 같은 반도체의 본질을 이해하기 위해서는 원자의 구조와 전자의 움직임에 대한 이해가 필요하다.

3. 원자의 구조와 순수 반도체

1) 원자의 구조

어떤 물질을 계속 분할해 가면 분자에 도달하고 이 분자를 더 세분하면 지름이 약 1억 분의 1 cm의 원자에 이른다. 예를 들면 물 분자는 수소원자 2개와 산소 원자 1개로 이루어졌다. 이들 원자를 자세히 들여다보면 그림 6-5와 같이 중심에는 원자핵이 있고 그 주위를 전자가 돌고 있다. 그리고 원자핵 속에는 (+)의 전기를 가진 **양성자**(proton)와 전기를 가지고 있지 않은 **중성자**(neutron)로 구성되어 있다.

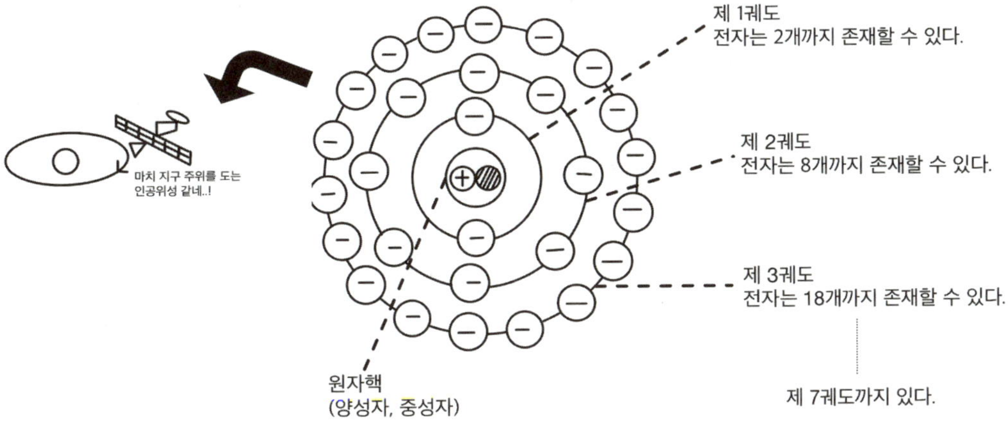

그림 6-5 **원자의 구조**

원자 중에서 가장 간단한 수소 원자는 원자핵에 양성자가 1개 있고 그 주위를 1개의 전자가 돌고 있다. 또 산소 원자는 원자핵에 양성자가 8개, 중성자가 8개 있고 그 주위를 8개의 전자가 돌고 있는데 이 8개의 전자가 모두 같은 궤도를 돌고 있는 것이 아니라 K각과 L각이라는 2개의 궤도에 각각 2개와 6개의 전자가 돌고 있다(그림 6-6).

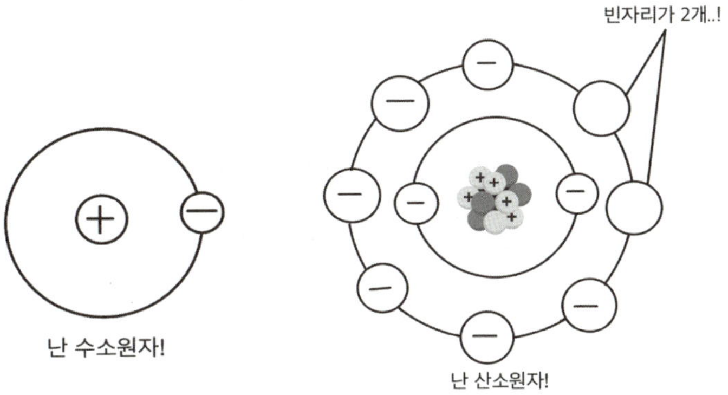

그림 6-6 **수소원자, 산소원자**

이 전자 궤도는 원자핵을 중심으로 안쪽부터 차례로 K, L, M, N, O, P, Q각이라고 부르며, 각 궤도에는 돌 수 있는 전자 수가 정해져 있다. 그림 6-7에 나타난 바와 같이, K각에는 최대 2개, L각에는 최대 8개의 전자가 돌 수 있다. 예를 들어 산소 원자는 총 8개의 전자를 가지며, 이 중 2개는 K각에, 6개는 L각에 배치되어 있다. L각은 최대 8개의 전자를 수용할 수 있지만, 산소는 6개만을 가지고 있으므로 2개의 전자가 부족한 상태이다. 따라서 산소 원자는 다른 원자로부터 2개의 전자를 받아들이려 하여 보다 안정된 상태를 이루려고 한다.

이와 같이, 원자의 가장 바깥쪽 궤도(최외각)에 있는, 결합 능력(원자가)을 가지는 전자를 원자가 전자(valence electron) 또는 가전자라고 한다. 즉, 산소는 최외각에 6개의 가전자를 가지고 있다.

여기서 원자가(valence)란, 어떤 원자가 다른 원자와 결합할 수 있는 능력을 나타낸 값 또는 원자가 가질 수 있는 최대 결합 수를 의미한다. 예를 들어, 산소의 경우 부족한 2개의 전자를 채워야 안정되므로 원자가는 2이다.

또한, 원자가 전자(valence electron)란, 최외각 전자들 중 원자가, 즉 결합 능력을 가진 전자들을 의미한다. 이 원자가 전자들이 다른 원자와의 결합을 통해 분자나 고체를 형성하는 데 중요한 역할을 한다.

모든 원자는 최외각 궤도의 전자수가 모두 충족되었을 때(가전자가 없는 상태) 화학적으로 매우 안정된 상태가 되어, 일반적으로 부도체적 특성을 나타낸다. 반면, 최외각 전자수가 충족되지 않아 가전자가 남아 있을 경우, 다른 원자에 전자를 주거나 받으며 결합하려 하므로 화학적으로 매우 활발한 성질을 나타내게 된다. 이러한 특성 덕분에 전자가 비교적 자유롭게 이동할 수 있는 물질은 도체로 작용하게 된다.

그렇다면 이 가전자는 어떻게 움직일까? 만약 어떤 원자에 열, 빛, 또는 전압과 같은 외부 에너지가 가해지면, 가전자가 원자핵의 구속을 벗어나 궤도를 이탈하여 자유전자가 된다. 이 자유전자는 물질 내를 이동할 수 있게 되어 전류의 흐름에 큰 영향을 미치게 된다.

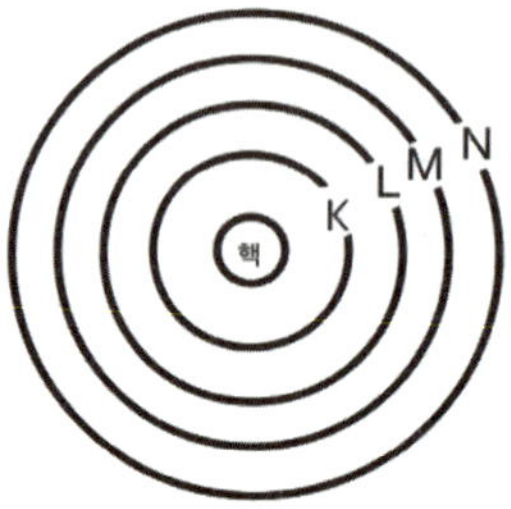

궤도명(각명)	K	L	M	N	O	P	Q
전자수	2	8	18	32	32	8	8

그림 6-7 전자 궤도 이름과 전자수

2) 순수 반도체

반도체는 실리콘이나 게르마늄이라는 원자인데 모두 가전자가 4개인 탄소족 원소이다. 실리콘은 지구상에 두번째로 많은 원소이기 때문에 반도체의 재료로서 가장 많이 이용되고 있다(지구상의 원소는 산소, 실리콘, 알루미늄, 철, 칼슘 등의 순서로 많이 존재한다). 실리콘은 게르마늄보다 융점이 높아 최고 사용온도가 120℃로 게르마늄의 70℃보다 높다.

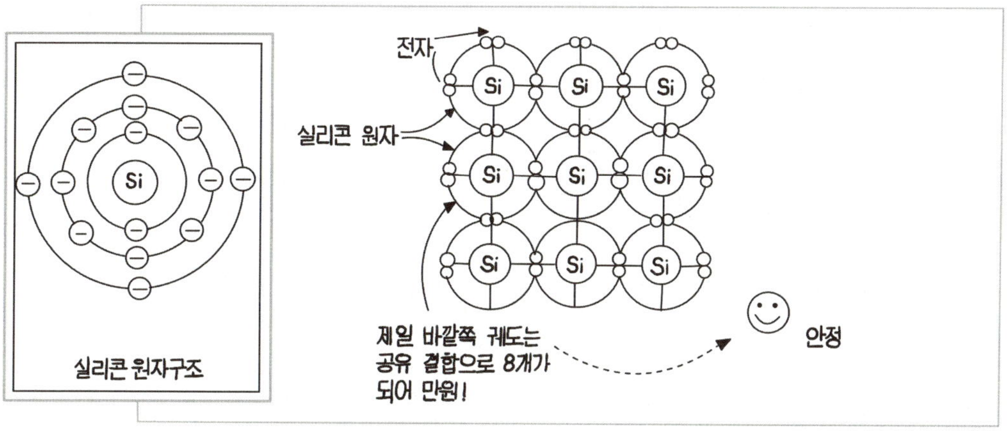

그림 6-8 실리콘의 공유결합

이 실리콘은 그림 6-8과 같이 각 원자의 가전자를 공유하고 있는 형태, 즉 **공유결합**이라고 하는 형태의 금속결정을 하고 있다. 이 같은 공유결합은 그 결합 형태에 따라 **다이아몬드 구조**라고도 하며 그 결합의 세기 또한 물질의 전도성과 큰 관계가 있다. 그러나 그림 6-8과 같이 질서 정연하게 나열되어 있다면 자유전자가 없으므로 전압을 걸어도 전류는 흐르지 않지만, 보통은 상온에서도 열 에너지의 영향을 받아 극히 드물지만 공유결합에서 이탈한 가전자가 존재하고, 이 전자는 실리콘 원자와 원자 사이를 자유롭게 움직일 수 있는 자유전자가 되기 때문에 실리콘은 전기를 통과시킨다. 하지만 이 자유전자의 수는 금속만큼 많지 않으므로 완전한 도체로 되지 못하고 반도체로 되는 것이다.

그림 6-8과 같이 규칙적으로 배열되어 있는 것(불순물이 전혀 들어 있지 않음)을 실리콘의 **단결정**이라 하며 이 단결정을 **순수(진성) 반도체**라 한다. 이 순수(진성) 반도체의 순도는 **99.9999999%**(텐 나인)로 9가 10개나 되는 정도로 정제되어 있다. 이것은 100억 개나 되는 실리콘 원자 가운데 실리콘이 아닌 원자가 1개 밖에 섞여 있지 않은 아주 완벽한 순도이다.

3) 전자와 정공

순수 반도체인 실리콘 단결정 속에서는, 어떤 원자의 전자가 외부 에너지(열, 빛 등)를 받아 궤도를 이탈하면, 그 전자가 있던 자리에는 빈 공간이 남게 된다. 이 빈 공간을 정공(hole)이라고 한다. 이때, 전자를 잃은 원자는 (−)전기를 잃어 (+)전기를 띠게 된다. 전자는 전하를 띤 입자이므로 자유롭게 이동하면서 전류를 운반할 수 있다. 정공도 일종의 전하를 띤 입자처럼 행동하는데, 전자의 반대 전하(양전하)를 띠는 것으로 생각할 수 있다. 정공은 본질적으로 전자가 빠져나간 빈 공간이지만, 주변 원자의 전자가 이 빈 공간을 채우기 위해 이동함으로써 정공 자체가 마치 이동하는 것처럼 나타난다.

이와 같은 실리콘 단결정에 그림 6-9와 같이 전압을 걸면, 전자는 전지의 (+)극 방향으로 이동한다. 전자가 이동하고 난 자리에는 새로운 정공이 생기고, 이 정공은 이웃한 원자의 전자가 이동하여 메꾸게 된다. 이 과정을 반복하면서 정공은 전지의 (−)극 방향으로 이동하는 것처럼 보이게 된다.

정리하면,

- 전자는 전지의 (−)극에서 (+)극 방향으로 흐르고,
- 정공은 반대로 (+)극에서 (−)극 방향으로 흐른다.

즉, 정공의 이동 방향은 전류의 흐름과 같은 방향, 전자의 이동 방향은 전류의 흐름과 반대 방향이 된다. 이처럼, 전류를 흐르게 하는 주요 역할을 하는 입자들이 전자와 정공이다. 그리고 전자와 정공 모두 전류를 운반할 수 있기 때문에 '캐리어(carrier)'라고 부른다.

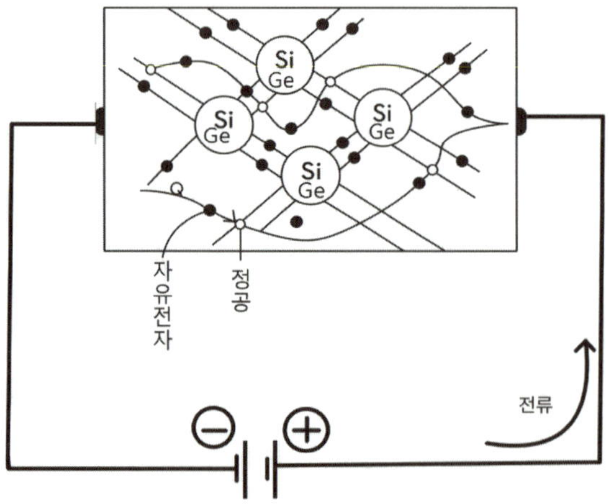

그림 6-9 전자와 정공의 이동

4. 불순물 반도체

순수 반도체의 전도성을 더 좋게 하기 위해 특정한 불순물을 첨가한 것을 **불순물 반도체**라 한다(그림 6-10).

불순물 반도체 중에서 자유전자를 많게 하기 위해 불순물을 첨가한 것을 N형 반도체라 하고, 정공을 많게 하기 위해 불순물을 첨가한 것을 P형 반도체라 한다(그림 6-11).

그림 6-10 순수반도체보다 전기가 잘 통하는 것

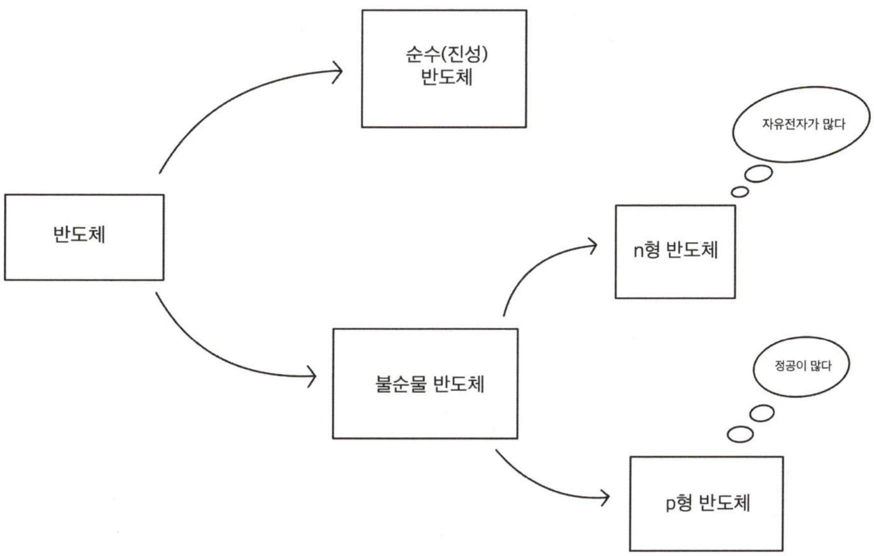

그림 6-11 반도체의 분류

1) N형 반도체

실리콘 또는 게르마늄의 순수 반도체 속에 가전자를 5개 가지고 있는 원자, 예를 들어 비소(As)를 극히 미소량 첨가하면 그림 6-12와 같이 실리콘의 규제를 받아 배열하는데 4개의 전자는 결합하고 비소의 전자 1개가 남게 된다. 이 남은 전자를 **과잉전자**라 하며 이 전자는 원자핵과의 결합력이 상당히 약하기 때문에 외부의 빛이나 열 등에 의해서 원자핵으로부터 벗어나 반도체의 결정 안을 자유로이 돌아다니는 자유전자가 된다.

이와 같이 인공적으로 자유전자를 많게 하기 위해 첨가하는 불순물(5가 원자, As, Sb, P 등)을 도너(donor)라 한다. 또 불순물을 넣는 것을 도핑(doping)이라 하며 이 불순물의 양에 따라 자유전자의 발생률을 변화시켜 여러 가지 고유 저항값을 갖는 반도체를 만들 수 있다. 그런데 이처럼 5가의 원자를 첨가한 반도체에서는 음(−, negative)으로 대전된 자유전자수가 양(+, positive)으로 대전된 정공의 수보다 월등히 많으므로 이 반도체를 **N형 반도체**라 한다. 그리고 수가 많은 자유전자를 **다수 캐리어**라 하고 정공과 같이 수가 적은 것을 **소수 캐리어**라 한다(그림 6-12).

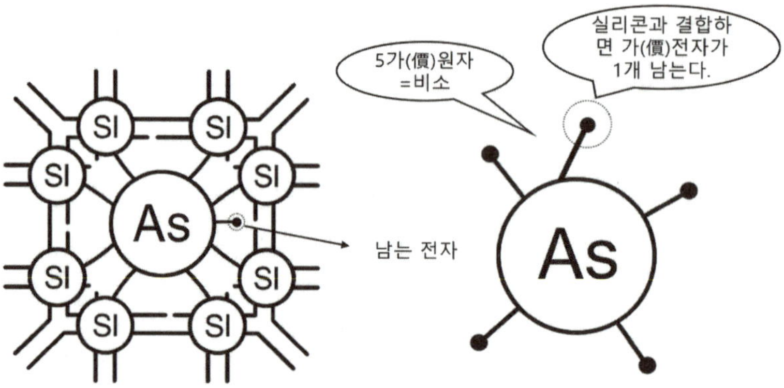

그림 6-12 N형 반도체

2) P형 반도체

실리콘의 순수 반도체 속에 가전자 3개를 가진 원자, 예를 들면 인듐(In), 붕소(B), 알루미늄(Al) 등을 극히 미소량 혼합시키면 그림 6-13과 같이 가전자가 1개 부족하기 때문에 가까이 있는 실리콘 원자의 가전자를 끌어와 정공이 생긴다.

이와 같이 인공적으로 정공을 많게 하기 위해 첨가하는 불순물(3가 원자, In, B, Al 등)을 **억셉터**(acceptor)라 한다. 이 불순물의 양에 따라 정공의 발생률을 변화시켜 여러 가지 고유 저항값을 갖는 반도체를 만들 수 있다. 그런데 이처럼 3가의 원자를 첨가한 반도체에서는 양(+, positive)으로 대전된 정공수가 음(−, negative)으로 대전된 자유전자의 수보다 월등히 많으므로 이 반도체를 P형 반도체라 한다. P형 반도체에서는 다수 캐리어가 정공이고 자유전자가 소수 캐리어이다(그림 6-13).

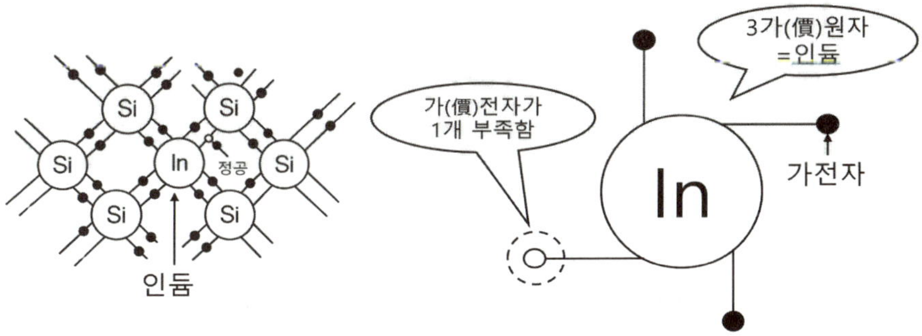

그림 6-13 P형 반도체

3) PN 접합

P형과 N형 반도체는 PN 접합을 시켜 다이오드, 트랜지스터, 사이리스터 등을 만드는데 기본이 되는 반도체이다. PN 접합은 마치 P형과 N형 반도체를 강력 접착제로 붙인 것 같으나 사실은 그렇지 않고 P층에서 N층으로 변해가는 구조, 즉 한쪽은 P형 불순물, 다른 한쪽은 N형 불순물을 섞어서 만든 것이다(그림 6-14).

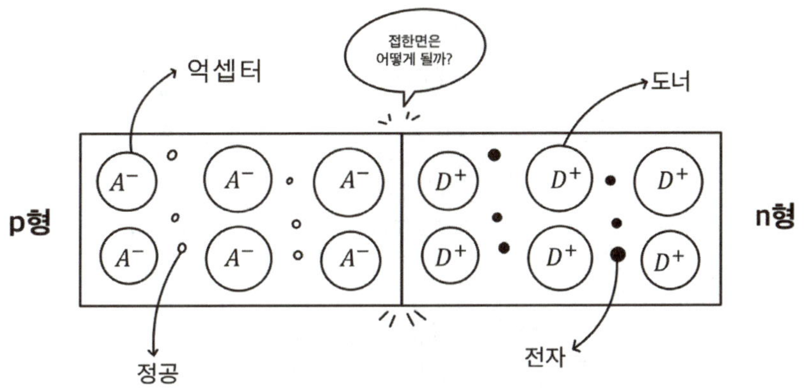

그림 6-14 PN 접합

PN 접합면에서는, 그림 6-15에서와 같이 P형 반도체의 정공이 N형 영역으로 확산하여 이동하고, N형 반도체의 자유전자가 P형 영역으로 확산하여 이동한다. 이 과정에서 정공과 자유전자는 서로 섞여 결합하게 된다.

정공이 P형 영역에서 빠져나가면서 P형 접합 근처에는 (−)전하가 고정되게 되고, 자유전자가 N형 영역에서 빠져나가면서 N형 접합 근처에는 (+)전하가 고정된다. 이로 인해 접합부에는 전기적 전위 차이가 발생하게 된다. 이때 형성되는 전위 차이를 전위장벽(potential barrier)이라 한다.

전위장벽이란, 정공이나 자유전자가 더 이상 자유롭게 확산할 수 없도록 막는 에너지 장벽을 의미한다. 이 장벽은 정공이 P형 영역을 벗어나거나, 자유전자가 N형 영역을 벗어나는 것을 방해하는 역할을 한다. 즉, 외부에서 추가적인 에너지를 가하지 않는 한, 캐리어(정공과 자유전자)는 PN 접합면을 넘어서 이동할 수 없다.

한편, 이 전위장벽이 형성된 부분은 정공과 자유전자가 모두 결합하여 사라졌기 때문에, 이 영역에는 이동 가능한 자유 캐리어가 거의 존재하지 않는다. 이와 같이 캐리어가 고갈된 영역을 공핍층(depletion layer)이라 부른다.

공핍층이란, 자유전자가나 정공과 같은 이동성 전하가 거의 없는, 전기적으로 고정된 이온만 존재하는 영역을 말한다.

즉,

- 전위장벽은 에너지적 장벽(전자가 넘어야 하는 에너지 차이)을 의미하고,
- 공핍층은 물리적 공간 영역(캐리어가 고갈된 실제 지역)을 의미하여 서로 다른 개념이다.

공핍층의 두께는 P형과 N형 반도체의 불순물 농도(도핑 농도)에 따라 달라지며, 농도가 높을수록 공핍층의 폭은 좁아지고, 농도가 낮을수록 공핍층의 폭은 넓어진다(그림 6-15 참조).

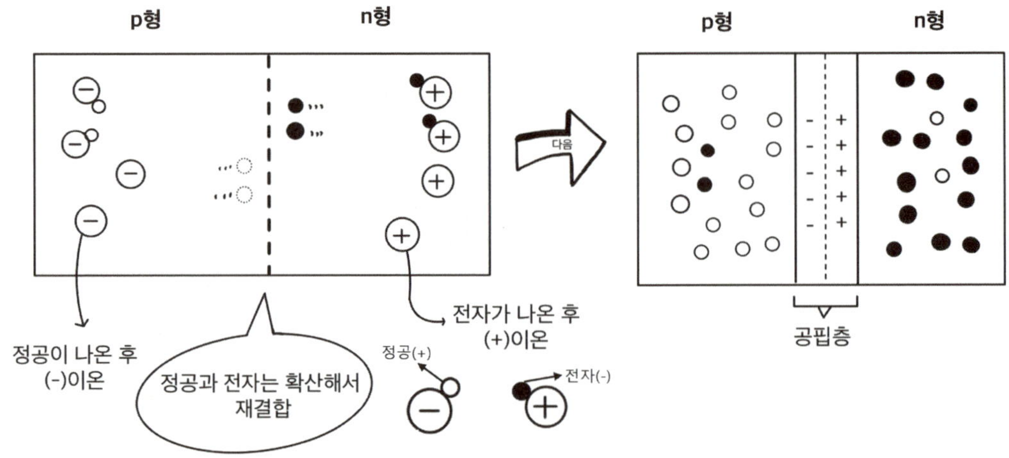

그림 6-15 PN 접합면의 전위 장벽

① PN 접합에 순방향 전압을 가한 경우(순방향 바이어스)

PN 접합면의 전위 장벽 때문에 캐리어가 이동할 수 없지만 P형 반도체에 (+)전압을 가하고 N형 반도체에 (−)전압을 가하면 이온에 의한 전계가 상쇄되어 공핍층이 없어지고 P형 속의 정공은 N형에 인가한 음(−)전압에 끌려가고, 동시에 N형 속의 전자는 P형에 인가한 양(+)전압에 끌려가서 전류가 흐르게 된다. 이와 같이 흐르는 전류를 **순방향 전류**라 한다(그림 6-16).

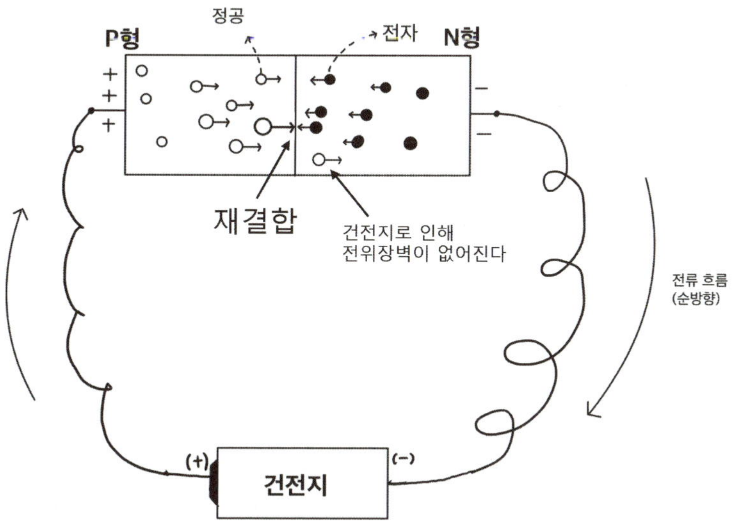

그림 6-16 순방향 전압

② PN 접합에 역방향 전압을 가한 경우(역방향 바이어스)

P형 반도체에 (−)전압을 가하고 N형 반도체에 (+)전압을 가하면 이온에 의한 전계와 같은 방향이므로 공핍층은 더욱 넓어지고 P형 속의 다수 캐리어인 정공과 N형 속의 다수 캐리어인 전자는 반도체 외부로 나가 버리고 소수 캐리어만이 연속적으로 주입되기 때문에 아주 미약한 전류가 흐르게 된다. 이와 같이 흐르는 전류를 역방향 전류라 한다(그림 6-17).

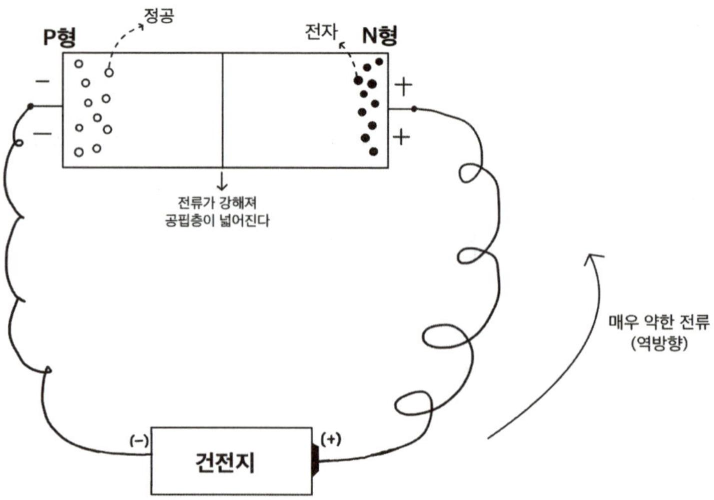

그림 6-17 역방향 전압

연습문제

1. 도체, 반도체, 절연체를 정의하시오.

2. 실리콘의 원자 구조를 그리시오.

3. 다음을 정의하시오.

① 순수(진성) 반도체

② 불순물 첨가(dopping)

③ N형 실리콘

④ P형 실리콘

⑤ PN 접합

⑥ 전위 장벽

⑦ 공핍층

4. PN 접합에서 순방향 전압과 역방향 전압의 특성을 설명하시오.

PART

07

다이오드

학습목표

- 다이오드의 작용을 설명할 수 있어야 한다.
- 다이오드의 종류를 설명할 수 있어야 한다.
- 다이오드의 구조를 설명할 수 있어야 한다.
- 다이오드의 이상유무를 판단할 수 있어야 한다.
- 다이오드의 동작특성을 설명할 수 있어야 한다.
- 다이오드를 보호하기 위한 저항의 크기를 계산할 수 있어야 한다.

개요

제 7장에서는 반도체 소자 중 가장 기본적이고 널리 사용되는 다이오드를 학습한다. 다이오드는 PN 접합을 기반으로 하며, 전류를 한쪽 방향으로만 흐르게 하는 정류 작용을 가진다. 이러한 단순하지만 강력한 특성 덕분에 다이오드는 전원 회로, 신호 처리, 보호 소자, 광전자 소자 등 다양한 분야에서 핵심적인 역할을 한다. 따라서 제 7장은 다이오드의 구조와 특성, 다양한 응용 사례를 종합적으로 다루어 이후 전자 회로 학습의 기반을 마련한다.

먼저 PN 접합 다이오드의 기본 구조와 동작 원리를 살펴본다. P형 반도체와 N형 반도체가 접합하면 공핍층이 형성되고, 전위 장벽이 전류의 흐름을 제어한다. 순방향 바이어스에서는 전위 장벽이 낮아져 전류가 흐르고, 역방향 바이어스에서는 전류가 거의 흐르지 않는다. 이러한 특성은 전류를 한쪽 방향으로만 통과시키는 정류 기능을 가능하게 하며, 다이오드의 가장 중요한 특성으로 자리 잡는다.

이어서 다이오드의 전류-전압 특성 곡선을 학습한다. 순방향에서는 문턱 전압 이상에서 전류가 급격히 증가하고, 역방향에서는 소량의 누설 전류만 흐른다. 그러나 역전압이 일정 한계를 넘으면 항복 현상이 발생한다. 이를 이해하는 것은 다이오드의 안전 동작 범위를 파악하고, 소자의 신뢰성을 확보하는 데 필수적이다.

다이오드의 가장 대표적인 응용은 정류 회로이다. 교류 전압을 직류 전압으로 바꾸는 과정에서 다이오드가 사용되며, 반파 정류와 전파 정류, 브리지 정류 회로의 차이를 학습한다. 또한 콘덴서를 이용한 필터 회로를 결합해 출력 전압의 리플을 줄이는 방법도 설명한다. 이를 통해 다이오드가 전원 장치에서 직류 전압을 안정적으로 공급하는 핵심 소자임을 이해할 수 있다.

특수 목적 다이오드들도 함께 학습한다. 제너 다이오드는 항복 전압을 이용해 전압을 일정하게 유지하므로, 전압 안정화 회로와 기준 전압 소자로 사용된다. 발광 다이오드(LED)는 전류가 흐를 때 빛을 방출하는 성질을 가지며, 조명, 디스플레이, 신호등 등 다양한 광전자 기기에 응용된다. 포토 다이오드는 빛을 전기 신호로 변환하는 기능을 가지고 있어, 센서, 카메라, 통신 장치에서 중요한 역할을 한다. 이외에도 쇼트키 다이오드, 터널 다이오드, 바랙터 다이오드 등 특수 다이오드는 각기 다른 특성을 활용하여 고주파 회로나 전력 회로에서 사용된다.

제 7장에서는 다이오드의 응용을 단순히 나열하는 것에서 그치지 않고, 실제 회로 동작과 연결하여 설명한다. 예를 들면, 정류 회로에서 평균 전압과 실효값을 계산하는 문제를 통해 다이오드의 역할을 정량적으로 이해하게 하고, 제너 다이오드를 이용한 전압 레귤레이터 회로를 분석하여 안정된 전원 공급 방법을 학습한다. LED의 경우 파장과 에너지 관계를 연결해 광학적 특성과 전기적 특성의 연관성을 이해한다.

결론적으로 제7장 다이오드는 PN 접합의 원리, 전류-전압 특성, 정류 회로 응용, 다양한 특수 다이오드와 그 활용까지 폭넓게 다루고 있다. 독자는 이 장을 학습함으로써 다이오드가 단순한 반도체 소자 이상의 의미를 가지며, 전자회로 전반에서 빼놓을 수 없는 핵심 구성 요소임을 알게 된다. 또한 다이오드의 동작 원리와 응용을 체계적으로 이해함으로써, 이후 트랜지스터와 사이리스터 등 더 복잡한 소자의 학습으로 자연스럽게 연결될 수 있다.

1. 다이오드의 구조, 작동과 특성

다이오드는 두 개의 반도체 영역, 즉 P형 반도체와 N형 반도체가 접합되어 형성된 전자 소자이다. 이 접합 구조는 PN 접합이라 불리며, 다이오드의 가장 기본적인 형태를 이룬다. 다이오드는 전류를 한 방향으로만 흐르게 하는 정류 작용을 가지며, 이러한 특성은 전기회로에서 매우 중요한 역할을 한다.

P형 반도체는 정공이 주된 전하 운반자이며, N형 반도체는 자유전자가 주된 전하 운반자이다. 이 두 반도체가 접합되면 접합면 근처에서는 자유전자와 정공이 서로 확산되어 결합하게 되고, 이로 인해 N형 측에는 음전하가, P형 측에는 양전하가 고정적으로 남게 된다. 이 전하들은 전기장을 형성하여 전자의 확산을 막는 전위장벽을 생성하며, 이 전위장벽이 형성된 영역을 공핍층이라고 한다.

다이오드에 순방향 전압을 인가하면 P형에 (+), N형에 (−) 전압이 걸리게 되어 전위장벽이 낮아지고, 전류가 흐를 수 있는 상태가 된다. 반대로 역방향 전압을 인가하면 전위장벽이 더욱 커지며 공핍층이 넓어져 전류가 거의 흐르지 않게 된다. 단, 역방향 전압이 일정 이상 커지면 항복 현상(breakdown)이 발생하여 급격하게 전류가 흐르게 된다.

다이오드는 이러한 특성을 이용하여 정류 회로, 신호 검출, 전압 조절, 과전압 보호 등의 다양한 응용에 사용된다. 특히, 교류를 직류로 바꾸는 정류 회로에서 가장 기본적인 소자로 널리 사용된다. 또한, 다이오드의 일종인 제너 다이오드는 일정 전압 이상에서 항복 현상을 이용하여 일정한 전압을 유지하는 데 사용되며, 발광다이오드(LED)는 전류가 흐를 때 빛을 방출하는 특성을 이용한 광전자 소자이다.

다이오드는 구조가 단순하면서도 전자 회로의 핵심적인 동작 원리를 구현하는 소자로, 전자공학의 기초를 이루는 중요한 부품이다.

1) 다이오드의 구조

다이오드(정류기)는 2극관이라는 의미로서, 전자를 방출하는 캐소드(음극)와 그 전자를 흡입하는 애노드(양극)라는 2개의 전극을 가지는 진공관과 같은 것으로 PN 접합의 P형과 N형에 각각 단자를 부착한 소자를 PN 접합 다이오드라 한다(그림 7-1). PN 접합의 P형 쪽에 애노드 전극을, N형 쪽에 캐소드 전극을 접속한 것으로 그림 7-2와 같이 한쪽에 색띠가 붙어 있는데 이것이 있는 쪽이 캐소드 쪽으로 이 표시를 캐소드 마크라 한다. 다이오드를 사용할 때는 이 **캐소드 마크**를 잘 보고 방향이 바뀌지 않도록 해야 한다.

또한 다이오드는 유리, 플라스틱, 금속 등 세 가지 물질의 케이스로 쌓여 있다(그림 7-3).

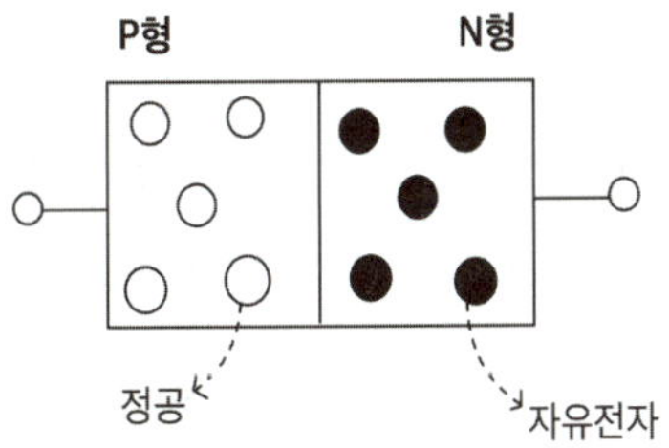

그림 7-1 PN 접합 다이오드

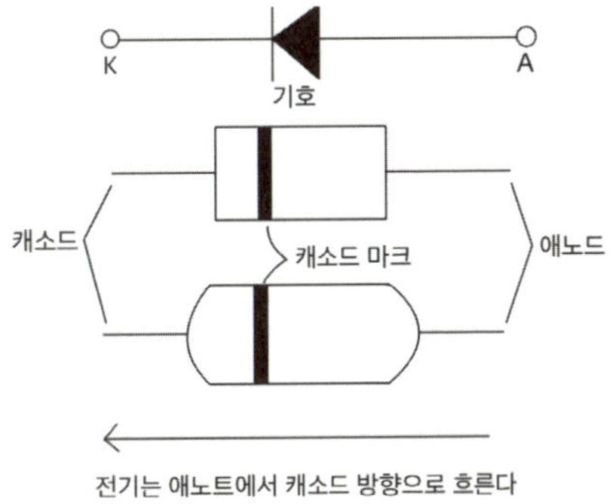

그림 7-2 캐소드 마크

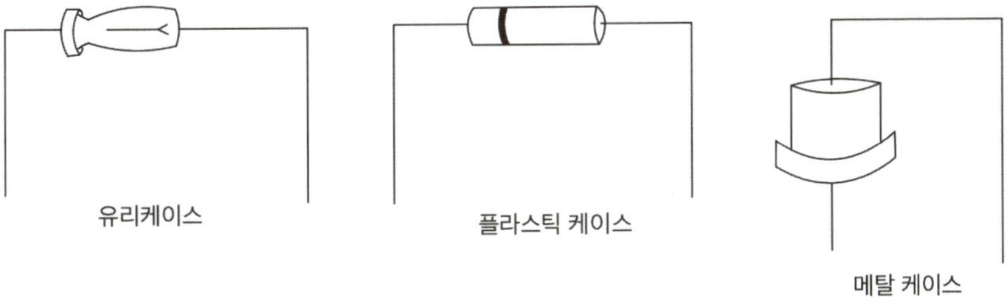

그림 7-3 다이오드의 세 가지 케이스

(1) 유리 케이스

① 수분이 통과하기 어려우므로 습기를 잘 막아준다.

② 투명해서 속이 잘 보인다.

③ 점접촉형 다이오드에 많이 사용된다.

(2) 플라스틱 케이스

① 검은색의 플라스틱 케이스는 다이오드 접합부에 빛이 닿아서 생기는 광전효과를 방지할 수 있다. 물론 포토 다이오드는 이와 같은 광전효과를 이용하는 것이지만 보통 다이오드는 아니다.

② 융점이 낮아 가공하기가 용이하다.

③ 실리콘 다이오드에 많이 사용된다.

(3) 금속 케이스

① 열전도가 좋아 전류 소비가 많은 대형 다이오드에 많이 이용된다.

2) 다이오드의 작동

① 순방향에서는 항상 전류가 흐를까?

PN 접합에서 설명한 것과 같이 다이오드에 순방향 전압을 가하면 전류가 흐르고 역방향 전압을 가하면 전류가 흐르지 않는다는 것은 이미 설명했다. 그러나 그림 7-4와 같이 다이오드에 순방향 전압을 가하였다 할지라도 전압이 매우 작으면 순방향인데도 전류가 거의 흐르지 않는다. 즉, 다이오드는 순방향에서도 전압이 낮으면 전류가 흐르지 않고 어느 전압을 초과하면 그림 7-6에서와 같이 갑자기 많은 전류가 흐르기 시작한다. 이 갑자기 전류가 많이 흐르기 시작하는 것을 **턴 온 전압**(turn on voltage) 또는 **임계전압**(knee voltage)이라 한다.

이 턴 온 전압은 게르마늄 다이오드가 약 0.2 V이고 실리콘 다이오드는 약 0.7 V이다.

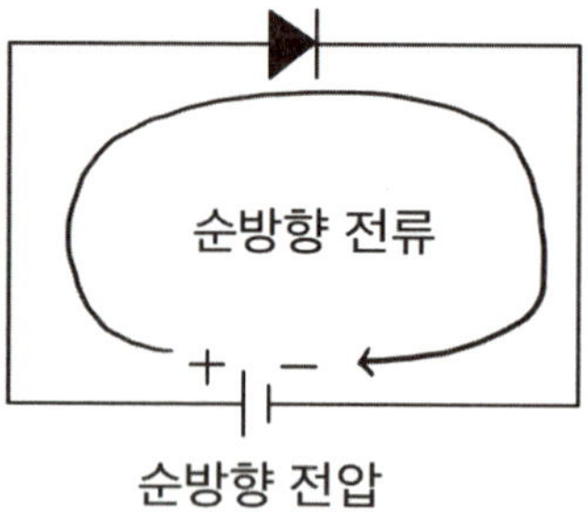

그림 7-4 순방향 전압

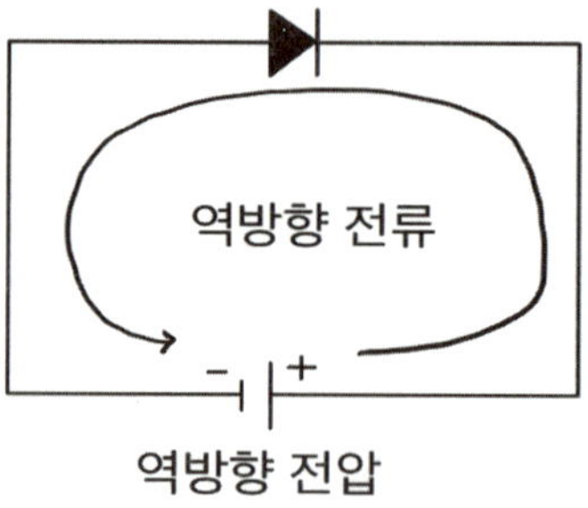

그림 7-5 역방향 전압

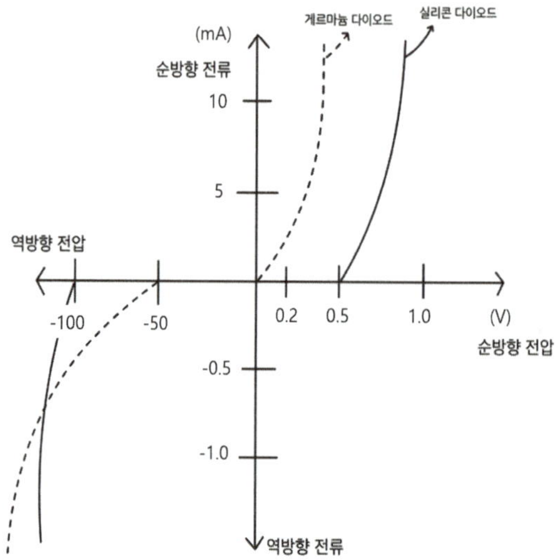

그림 7-6 다이오드의 특성

② 역방향에서도 전류가 흐른다면?

그림 7-5와 같이 다이오드에 역방향 전압을 걸면 전류는 흐르지 않지만 이 역방향 전압을 점점 크게 하면 그림 7-6에서와 같이 다이오드는 더 이상 견딜 수 없게 되어 마치 고장난 것처럼 갑자기 많은 전류가 흐르기 시작한다. 이와 같은 현상을 항복(제너) 현상이라 하며 전류가 갑자기 급증하기 시작할 때의 전압을 **항복 전압** 또는 **제너 전압**이라 한다.

이 항복 전압은 게르마늄 다이오드가 약 60 V이고 실리콘 다이오드는 약 100 V이다.

이와 같이 역전압이 점점 증가하면 항복 전압이 된 곳에서 갑자기 많은 전류가 흐르는 이유는 항복 전압이 거의 PN 접합의 공핍 영역에 집중되어 실리콘 결정 속의 전자를 강제로 끌어내어 흐르게 하는 **제너 효과**(Zener effect)와 역전압에 끌려 강제로 결정 속에서 나온 전자가 흐르면서 주위의 실리콘 결정의 전자와 충돌하여 또 다른 전자를 끌어내는 현상이 차례차례 진행되어 마치 전자가 눈사태처럼 많이 흐르게 되는 **전자 사태**(애벌런치 효과, Avalanche Effect) 때문이다.

3) 다이오드의 특성

(1) 정류 특성

다이오드는 전류가 순방향으로 흐르기 쉽고 역방향으로는 흐르기 어려운 성질 즉 한 방향으로 밖에 전류가 흐르지 않는 성질을 이용하여 교류를 직류로 변환할 수 있다.

① 반파 정류(half wave rectifier)

교류는 (+)와 (−)가 번갈아 교체되므로 그림 7-7과 같이 다이오드 1개를 사용하여 (+)쪽만 또는 (−)쪽만을 통과시켜 교류의 (+)쪽 절반이나 또는 (−)쪽 절반만을 사용한다. 이 회로는 교류 파형의 절반 밖에 사용할 수 없으므로 효율이 나쁘고 맥동률이 커서 그다지 이용되지 않는다.

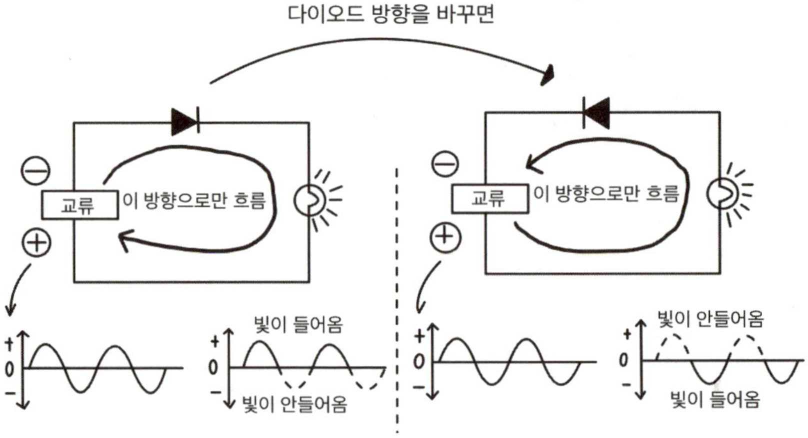

그림 7-7 반파 정류

② 전파 정류(full wave rectifier)

반파 정류에서는 교류의 절반 밖에 이용할 수 없다.

그러나 그림 7-8과 같이 다이오드 4개를 사용하여 (+)쪽과 (−)쪽을 모두 정류할 수 있다. 이와 같은 전파 정류 회로를 브리지회로(bridge circuit)라 한다.

그림 7-8에서 A점이 (+)인 경우 전류는 A점→D2→R→D4→B점으로 흐르고 B점 (+)인 경우 전류는 B점→D3→R→D1→A점으로 흐른다.

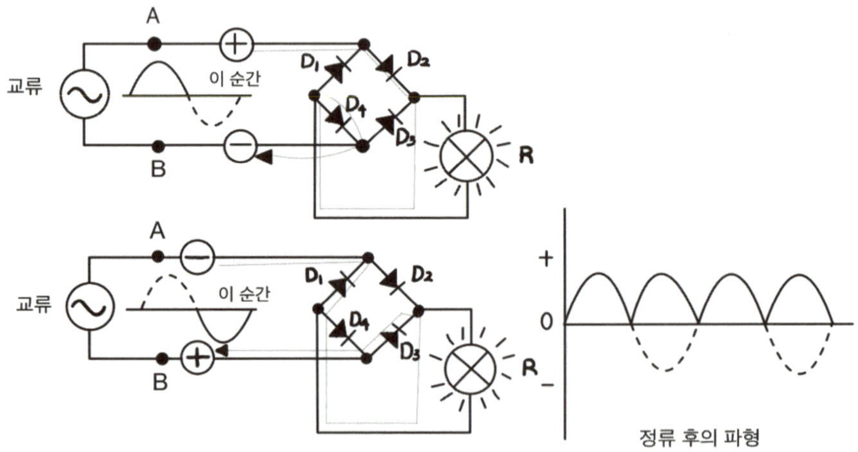

그림 7-8 전파정류

(2) 검파 특성

오늘날 우리 눈에는 보이지 않지만 라디오, TV, 무선전화 등 상당히 많은 전파가 공중을 날고 있고 이들 전파 속에는 소리가 실려 있는데 다이오드를 이용하여 이 전파로부터 소리를 꺼낼 수 있다. 이를 검파라 한다(그림 7-9).

다이오드의 검파 특성은 고주파 신호에서 유용한 저주파 정보 성분을 분리해내는 기능을 의미한다. 이는 주로 AM 방식의 라디오 수신기에서 활용된다. AM 신호는 고주파 반송파의 진폭을 변화시켜 정보를 실어 나르는 방식으로 구성되어 있다. 다이오드는 한 방향으로만 전류를 흐르게 하는 정류 특성을 가지므로, AM 신호의 양의 반주기 또는 음의 반주기만을 선택적으로 통과시켜 반파 정류를 수행한다. 정류된 신호는 고주파 성분을 포함하고 있으므로, 이 신호를 커패시터와 저항으로 구성된 저역 통과 필터를 통해 처리하면 고주파 성분이 제거되고 저주파 정보만이 남게 된다. 이 저주파 성분이 바로 원래의 음성이나 데이터 정보에 해당하며, 이를 통해 신호 복원이 가능하다.

검파 회로는 일반적으로 다이오드, 커패시터, 저항, 그리고 부하(스피커 등)로 구성된다. 다이오드는 정류 기능을 수행하고, 커패시터와 저항은 필터 역할을 하며, 부하에는 복원된 신호가 전달된다. 다이오드를 이용한 검파 방식은 회로 구성이 간단하고, 전력 소모가 적으며, 고주파에서도 안정적으로 동작한다는 장점을 가진다. 다만, 입력 신호의 세기가 너무 약하거나 너무 강할 경우에는 비선형성으로 인해 신호 왜곡이 발생할 수 있다. 따라서 안정적인 검파를 위해서는 적절한 다이오드 선택과 필터 설계가 필요하다.

결론적으로, 다이오드는 정류 특성을 기반으로 고주파 신호의 진폭 변화를 검출하고, 이를 통해 저주파 정보 성분을 분리해내는 검파 작용을 수행한다. 이 특성은 라디오, 통신기기 등에서 중요한 역할을 한다.

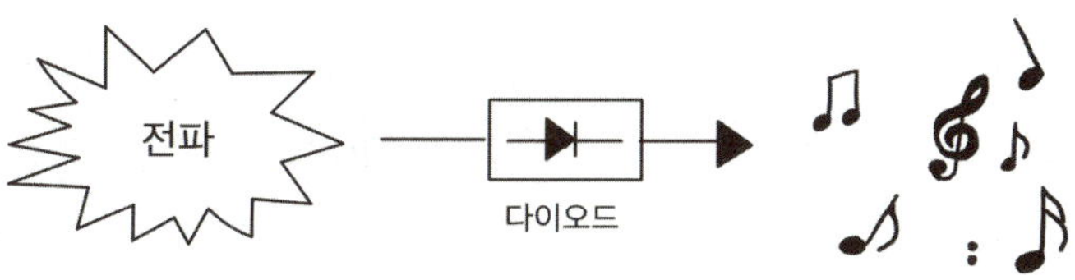

그림 7-9 검파

(3) 스위치 특성

다이오드는 가하는 전압의 전극에 따라 전류가 흐르거나 흐르지 않는다. 즉 전압의 극성에 따라 ON(켰다), OFF(껐다)의 작용(스위치 작용)을 한다. 다이오드가 ON, OFF하는데 걸리는 시간은 보통 스위치가 100분의 1초인데 비해 10억분의 1초로 상당히 빠르다(그림 7-10).

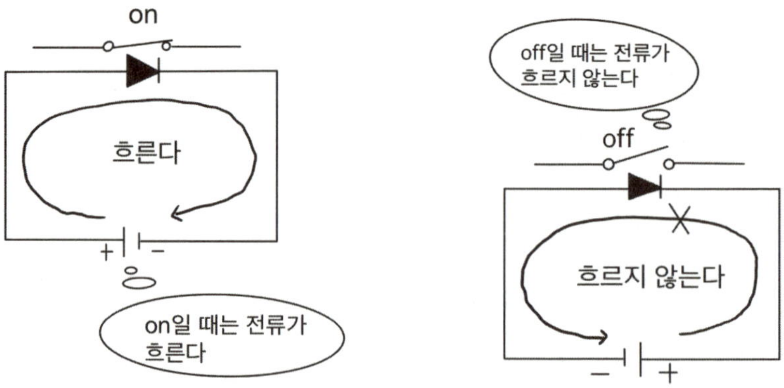

그림 7-10 다이오드 스위치!?

2. 다이오드의 종류와 기능

1) 점접촉 다이오드

점접촉 다이오드(point contact diode)는 점과 가는 선의 끝을 반도체 표면에 부착시킨 모양의 다이오드이며, 매우 작은 접촉면을 가지는 금속과 반도체 사이의 접합으로 구성된 다이오드이다. 이 다이오드는 전류의 정류 특성을 가지며, 고주파 신호에서 특히 우수한 특성을 보이기 때문에 주로 고주파 회로나 검파 회로에 사용된다.

점접촉 다이오드는 일반적으로 N형 반도체에 매우 가는 금속 와이어(주로 텅스텐 또는 금속 바늘)를 눌러서 접촉시킴으로써 만들어진다. 이때 금속이 반도체와 접촉하는 아주 작은 부분에서 전류가 흐를 수 있는 PN 접합에 가까운 구조가 형성된다. 이 접촉부는 매우 작기 때문에 정전 용량이 적고 응답 속도가 빠르다.

점접촉 다이오드는 순방향 전압을 인가했을 때 소량의 전류가 빠르게 흐르기 시작하며, 매우 낮은 문턱 전압(약 0.2V ~ 0.3V)을 가진다. 역방향 전압에서는 전류가 거의 흐르지 않으며, 이러한 정류 특성으로 인해 고주파 신호를 효과적으로 검출하거나 정류하는 데 적합하다. 다만, 점접촉 다이오드는 구조가 미세하고 기계적 안정성이 낮기 때문에 고전류나 고전압을 취급하는 용도로는 적합하지 않다. 또한, 제조 공정이 단순하지만 접촉의 물리적 특성에 민감하여 일관된 품질을 유지하기 어렵다는 단점도 존재한다.

결론적으로, 점접촉 다이오드는 매우 작은 접촉면에서 형성된 금속–반도체 접합을 이용하여 동작하는 다이오드로, 빠른 응답성과 낮은 정전 용량 덕분에 고주파 회로나 신호 검파 회로에 널리 사용된다.

그림 7–11과 같이 광석 검파기로서 옛날 광석 라디오에 사용된 점접촉 다이오드의 일종이다.

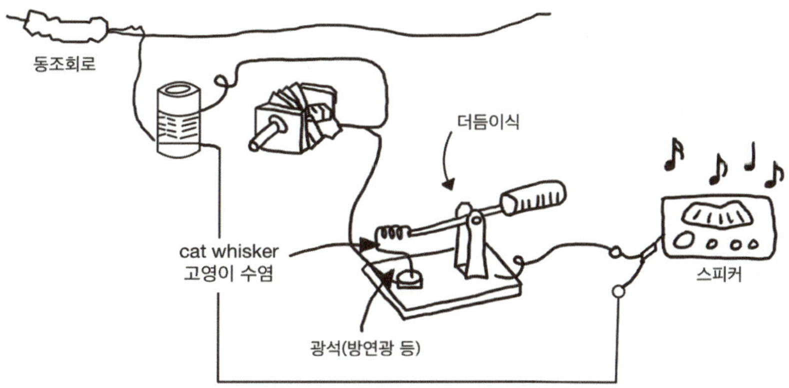

그림 7-11 광석 검파기

① 실리콘 점접촉 다이오드

실리콘 점접촉 다이오드는 반도체 표면에 금속의 침을 접촉시킨 구조의 다이오드이다. 보통 P형 실리콘 단결정을 가열하여 실리콘 표면에 실리콘 산화막(SiO_2)을 형성시키고 텅스텐(W) 또는 몰리브덴(Mo), 티탄(Ti) 등의 가는 선(직경 약 0.1mm)으로 산화막을 뚫고 접촉시킨 형태로 되어 있다(그림 7–12). 이 가는 선을 탐침 또는 고양이 수염(cat whisker)이라 한다.

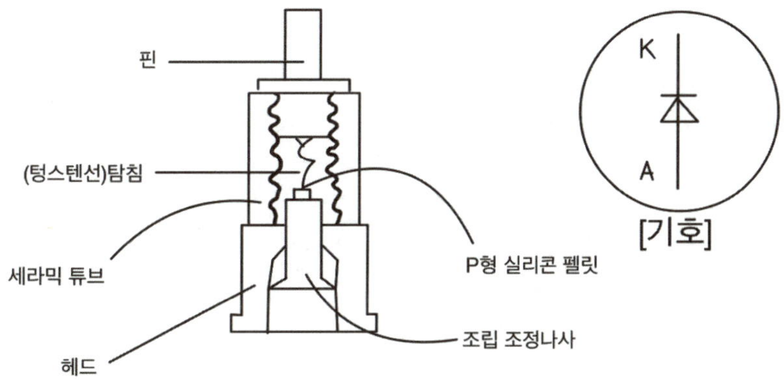

그림 7-12 실리콘 점접촉 다이오드

구조가 간단하고 값이 싸며 고주파 특성이 좋기 때문에 광범위한 응용분야를 가지고 있다는 장점이 있다. 그러나 접촉점에 압력이 가해지기 때문에 특성이 이상적인 p-n접합 다이오드에 비해 뒤지며, 충격에 약하고 내부저항이 높다는 등의 단점이 있다.

근본적으로 이와 같은 형태의 다이오드는 쇼트키 효과(Schottky effect)에 의해서 일방통행의 성질을 가지며 점접촉 형태의 콘덴서 성분이 높은 주파수까지 쉽게 정류할 수 있다. 따라서 마이크로파대의 송신기나 수신기에서 믹서(주파수 혼합)나 검파 등에 널리 사용될 뿐만 아니라 AM 라디오 수신기, 검파회로, 정류회로 등에 사용된다.

② 게르마늄 점접촉 다이오드

게르마늄 점접촉 다이오드는 게르마늄 반도체 표면에 금속의 침을 접촉시킨 구조의 다이오드이다. 일반적으로 N형 게르마늄 단결정에 텅스텐(W) 등의 가는 선을 접촉시킨 모양으로 접촉점에서 PN 접합이 형성된다(그림 7-13).

실리콘 점접촉 다이오드와 동일한 구조이지만, 게르마늄은 실리콘보다 전도성이 높기 때문에 순방향 전압 강하가 낮고, 기생 용량이 적다. 따라서 게르마늄 점접촉 다이오드는 고주파 특성이 우수하고, 소형화하기 쉽다는 장점이 있다. 그러나 게르마늄은 실리콘보다 열전도성이 낮기 때문에 과열에 취약하다. 또한 게르마늄은 실리콘보다 희귀하고 고가인 단점이 있다.

실리콘 점접촉 다이오드와 마찬가지로 쇼트키 효과(Schottky effect)에 의해서 일방통행의 성질을 가지며 점접촉 형태의 콘덴서 성분이 높은 주파수까지 쉽게 정류할 수 있다. 흔히 라디오나 텔레비전의 검파용 또는 전압파형을 차단하는 리미터(limiter)나 클리퍼(clipper) 회로에 사용되며, 또한 AM 라디오 수신기, 검파회로, 정류회로 등에 사용된다.

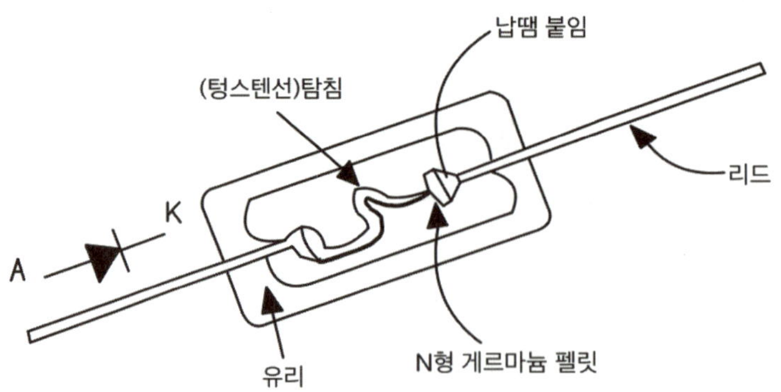

그림 7-13 게르마늄 점접촉 다이오드

③ 골드 본드형(gold bond type)

골드 본드형 다이오드는 가는 금속 탐침의 끝을 게르마늄이나 실리콘의 단결정 표면에 점으로 녹여 붙인 형태이다. N형 게르마늄 단결정 표면에 P형 불순물의 갈륨(Ga)을 혼합한 금(Au) 선을 붙이면 그 접촉부가 PN 접합 특성을 가지게 된다.

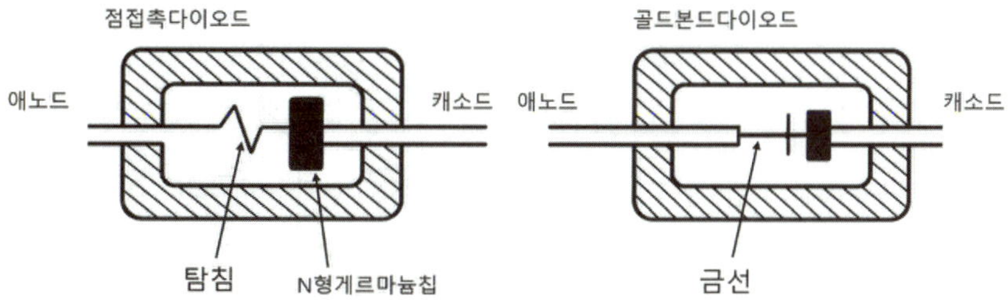

그림 7-14 점접촉 다이오드와 골드본드다이오드와의 구조비교

2) PN 접합 다이오드

(1) 정류용 다이오드

PN 접합이 정류 특성이 있다는 것은 이미 알고 있다. 보통 3~5A 이하의 작은 전력용은 유리 봉입이나 수지 몰드 DHD(double heat sink diode)[1)]형의 소형의 가전제품이나 전자기기에 사용되고 큰 전력용은 금속 케이스를 많이 사용한다. 특히 정류용 다이오드는 열 손실이 커서 온도가 올라가기 때문에 금속판 또는 금속 방열기에 붙여 열을 냉각시킨다.

현재 실리콘의 N형 웨이터에 P형 불순물(알루미늄, 인듐 등)을 약 100℃의 고온에서 확산시켜 PN 접합을 만든 확산 접합형 또는 에피택시얼 기술을 이용하여 제작한 에피택시얼 플레이너형(epitaxial planar type)[2)]이 많이 사용되고 있다(그림 7–15).

1) DHD(double heat sink diode): 다이오드의 양쪽에 방열극을 설치하여 방열을 겸한 다이오드다. 이름에 heat sink, 즉 열을 식힌다는 뜻이 있다.

2) 에피텍시얼 기술: 반도체 결정의 결정축에 따라 새로운 결정층을 성장시키는 기술, 불순물의 농도를 바꾸는지, 다른 종류의 결정을 성장시킬 수도 있다.

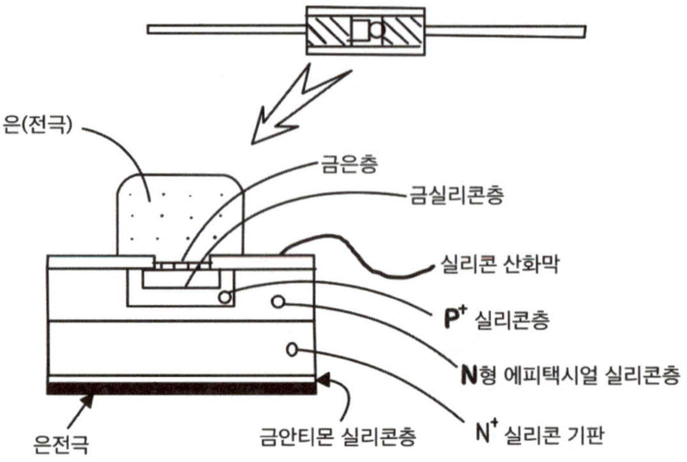

그림 7-15 DHD형 다이오드

(2) 스위칭 다이오드(switching diode)

PN 접합이 순방향 전압일 때 ON 그리고 역방향 전압일 때 OFF되는 성질을 이용한 다이오드이다. 이 ON, OFF의 스위칭 동작의 속도는 일반 기계적인 스위치나 릴레이와 비교하여 상당히 빠르므로 고속 스위치용으로서 사용되고 있다.

이와 같은 고속도 스위칭 다이오드는 일반 PN 접합 다이오드와는 달리 고속 스위칭의 효율을 좋게 하기 위하여 PN 접합 속에 금(Au)을 소량 확산하여 제작한다.

① 쇼트키 다이오드(Schottky diode)

일반 PN 접합 다이오드는 P형 반도체와 N형 반도체를 붙여서 제작하지만 쇼트키 다이오드는 반도체(N형 실리콘)와 금속(금, 은, 백금 등)과의 접촉을 이용한 다이오드로서 고속 스위칭 또는 높은 주파수의 정류 등에 널리 사용된다. 일명 hot carrier diode라고도 불리우며 스위칭 속도가 빨라 실제 300 MHz 이상의 주파수도 쉽게 정류할 수 있다.

② 고속 회복 다이오드(fast recovery diode)

N형 실리콘의 웨이퍼에 붕소를 확산시켜 P형을 만들고 뒤쪽에 금을 증착시킨 후 고온 처리하여 속으로 확산시켜 제작한다. 금의 원자가 PN 접합 속의 정공과 전자의 재결합을 시켜 역방향 전류가 흐르는 것을 방지한다.

③ 에사끼 다이오드(Esaki diode)

일본에 에사끼가 발명한 다이오드로 터널 효과[3]라는 현상을 이용하여 일명 터널 다이오드라 한다(그림 7-16).

3) 터널효과: PN 접합에서 P형, N형의 불순물의 농도를 증가시키면 작은 순방향 전압으로도 전류가 상승한다.

터널 전류지역에서는 변화가 빨라 고속 스위칭이 되고, 마이너스 저항지역 특성으로 고주파 발진을 할 수 있으며 마이크로파 증폭에도 사용된다.

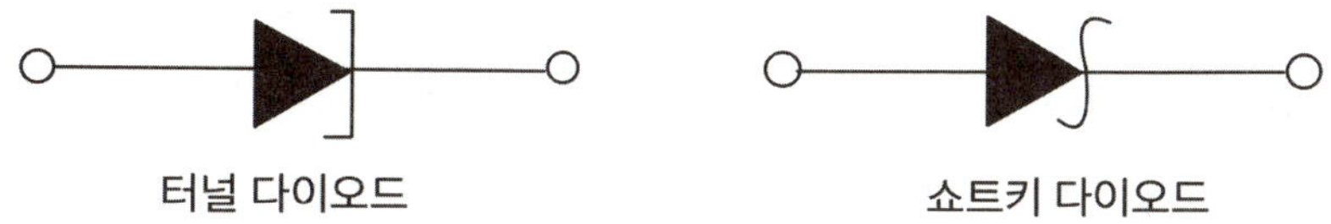

그림 7-16 다이오드의 기호

3) 정전압 다이오드(제너 다이오드)

일정한 전압(정전압)을 이용하기 위해 C. Zener가 고안한 것으로 그의 이름을 따서 제너 다이오드라고 한다(그림 7-17). 일반적인 다이오드는 순방향으로 사용되지만, 제너 다이오드는 역방향으로 사용되는 것이 특징입니다. PN 접합의 P형 쪽에 (−), N형 쪽에 (+)로 역방향 전압을 걸면 처음에는 전류가 흐르지 않지만 전압을 점점 올리면 어느 시점에서 갑자기 역방향 전류가 흐른다. 이 현상을 **항복**(break down)**현상**이라 하며 이때의 역전압을 제너 전압이라 하는데 이 제너 전압은 항상 일정한 것이 특징이다(그림 7-18). 이를 이용하여 전압 변동이 있는 회로에서 안정적인 전압을 공급하는 정전압 회로를 구성할 수 있다.

그림 7-17 제너 다이오드

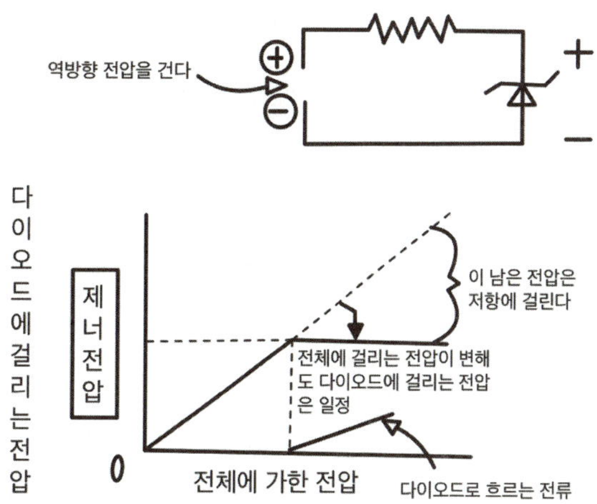

그림 7-18 제너 다이오드의 특성

이와 같이 역전압에서 갑자기 많은 전류가 흐르는 것을 제너현상[4]과 애벌런시(avalanche) 현상[5]에 기인한다.

그림 7-18과 같이 제너 다이오드에 저항을 직렬로 연결하고 역방향 전압을 가하면 처음 전압이 낮을 때는 전류가 흐르지 않으므로 이때 가한 전압은 모두 다이오드에 걸린다. 점점 전압을 올려 제너 전압에 다다르면 갑자기 전류가 흐른다. 그런데 전압을 더 크게 올려도 다이오드에 걸리는 전압은 더 이상 증가하지 않고 거의 일정하다. 이러한 성질을 이용하여 정전압 안정화 전원, 리미터 등에 널리 이용된다. 물론 보통 다이오드에도 제너 전압은 있지만 몇 V인지 정해져 있지 않다. 그러나 제너 다이오드는 3V, 6V, 24V 제너 다이오드 등(1~400V 정도의 범위) 이미 전압이 정해져 있어 용도에 맞게 선택 사용할 수 있다.

4) 가변 용량 다이오드

PN 접합 다이오드의 접합부에 공핍층이 생긴다는 것은 이미 알고 있을 것이다.

이러한 다이오드는 마치 공핍층을 끼워서 좌우에 극판을 마주 보게 한 콘덴서라고 할 수 있다(그림 7-19). 여기에 역방향 전압을 걸고 역전압을 올리면 공핍층이 커져서 정전 용량이 적어지고 전압을 내리면 공핍층도 작아져 정전 용량은 커질 것이다. 이와 같이 가하는 역전압을 변화시키면 정전 용량을 바꿀 수 있어 가변 용량 다이오드(variable capacitance diode), 간단하게 **바리캡**(vari-cap) 또는 **가변 리액터**(variable reactor) 줄여서 **버랙터**(varactor)라고도 한다. 물론 정전압 다이오드와 마찬가지로 역전압을 이용하고 있지만, 가변 용량 다이오드에서는 제너 현상이 일어나는 것보다 훨씬 적은 역전압을 사용한다. TV나 라디오, 무선기의 동조, 변조, 복조 회로 등에 사용 그 이용 폭이 넓다(그림 7-20).

---

4) 제너현상: 불순물 농도가 높은 PN 접합에서는 경계의 공핍층이 좁아져 역전압이 증가하면 공핍층의 전자가 배척되는 일종의 터널 효과로 역방향 전류가 흐르는 현상.

5) 애벌런시(avalanche)현상: 공핍증에 걸린 전계가 높아지면 전자와 정공이 가속되는 또 다른 원자와 충돌하여 마치 눈사태처럼 전자가 증가하는 현상

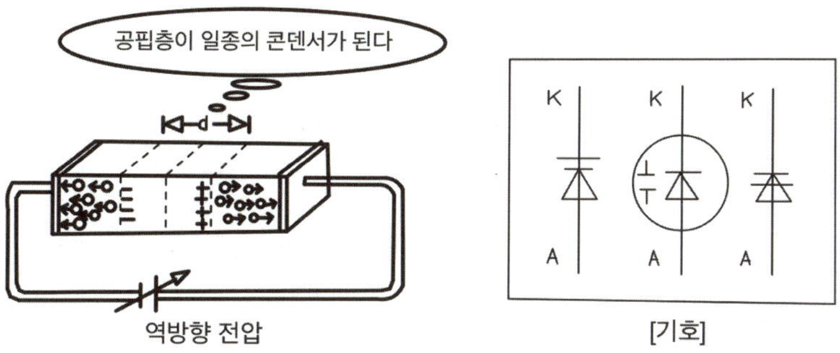

그림 7-19 가변 용량 다이오드

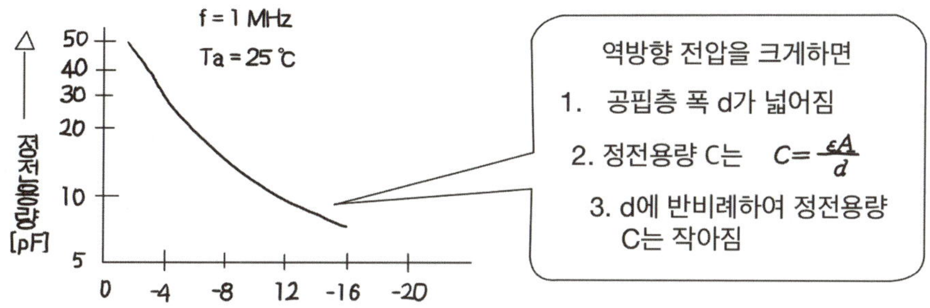

그림 7-20 가변 용량 다이오드의 특성

5) 포토 다이오드

포토 다이오드(photo diode)는 빛을 감지하는 눈과 같은 역할을 하는 것으로 그림 7-21의 보통 다이오드와 마찬가지로 PN 접합의 형태로 되어 있다.

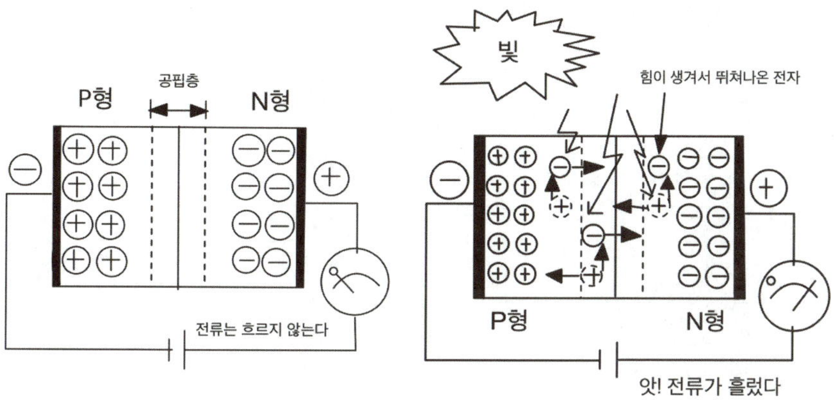

그림 7-21 포토 다이오드의 기호

그림과 같이 역방향으로 일정한 전압을 가한 상태에서 빛을 쪼이면 전류가 흐르고 빛의 양을 변화시키면 그 흐르는 전류는 빛의 양에 비례하여 변화한다. 이것은 반도체에 빛이 닿으면 그 빛 에너지에 의해 자유전자와 정공이 생기게 되고 이렇게 생긴 자유전자와 정공은 역방향 전압에 이끌려 정공은 P형 쪽으로 전자는 N형 쪽으로 흘러 전류가 흐르게 된다.

이와 같이 광량의 변화를 전류의 변화로, 즉 빛을 전기로 바꾸는 회로, 예를 들면 카메라의 자동 노출계나 자동 문, TV 리모컨 등에 이용된다.

6) 발광 다이오드

발광 다이오드는 LED(light emitting diode)라고도 하며 PN 접합 다이오드에 순방향 전류를 흘리면 빛을 발휘하는 소자이다.

다이오드에 순방향 전압을 가하면 그림 7-22과 같이 전자와 정공이 이동하여 전류가 흐르는데 이때 전자와 정공이 충돌하여 재결합을 하는 경우가 생기며 재결합 시 여분의 에너지를 빛으로 발산한다. 발광하는 빛의 색은 반도체의 재료에 따라 다르며 보통 Ga(갈륨), As(비소), P(인) 등의 3족과 5족의 화합물을 사용한다.

발광 다이오드는 백열전구에 비해 수명이 길고, 소비 전력이 적으며, 응답속도가 빠르다는 이점이 있다. 그러나 전구나 형광등 만큼 밝지는 않아 조명기구보다는 자동차의 계기 표시 장치 또는 긴 LED를 8장형으로 7개를 나열한 7 세그먼트 LED나 16개를 나열한 16 세그먼트의 숫자나 문자 표시에 주로 사용된다.

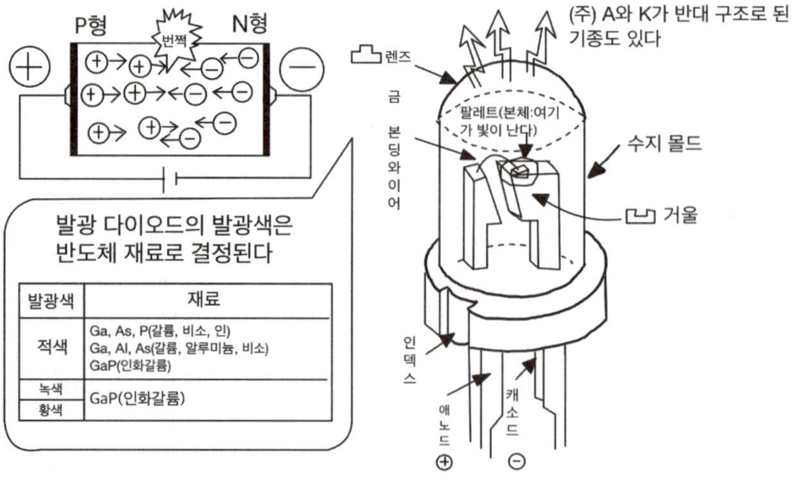

그림 7-22 발광 다이오드

3. 다이오드의 선택

1) 다이오드의 이름은?(형명 표시법)

그림 7-23는 한국공업규격(KS)에서 정한 표시방법이다. 그러나 그림 7-24과 같이 메이커가 붙인 이름으로 되어 있는 경우도 많다.

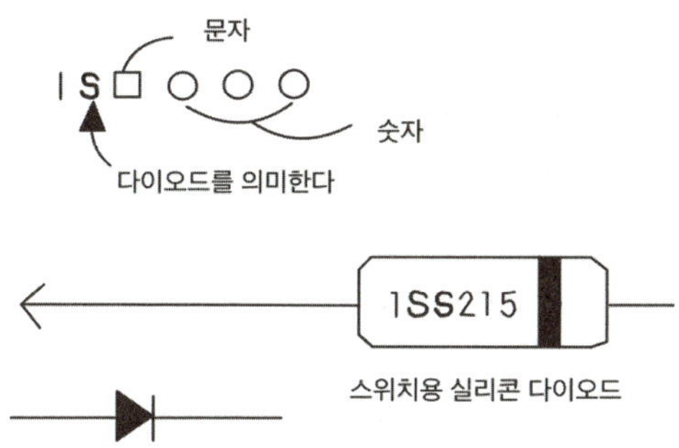

그림 7-23 KS에 의한 표시와 이름

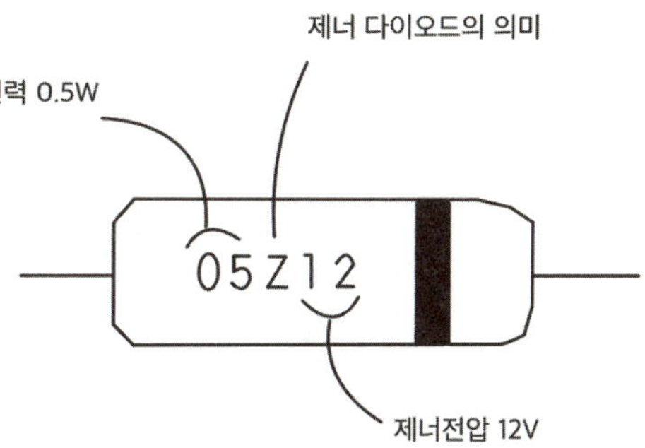

그림 7-24 메이커가 붙인 이름

2) 다이오드의 규격표

다이오드에는 종류가 상당히 많아 사용하고 싶은 다이오드를 찾을 때 또는 그것이 어떤 다이오드인지 알고 싶을 때는 다이오드의 규격표를 참조하면 된다. 규격표에는 형명, 제작회사, 최대정격, 순방향 특성, 역방향 특성, 허용전력 등이 표시되어 있다. 따라서 다이오드를 사용할 때 이 규격표에서 제시한 전압, 전류, 전력, 온도 등의 정격값을 넘지 않도록 하여야 한다.

(1) 최대 정격

① 최대 역전압(역방향 내전압, V_R): 다이오드가 어느 정도 역방향 전압에 견뎌 파손되지 않는가를 나타낸다.

② 순방향 전류(최대 순방향 전류, I_F): 다이오드는 순방향으로 전류를 잘 흐르게 한다. 그러나 무작

정 큰 전류도 흐르는 것이 아니라 흐를 수 있는 최대 전류값이 정해져 있다. 즉 몇 [A]까지 흐를 수 있는가가 정해져 있다.

③ 허용전력(P): 다이오드의 순방향 전류는 최대 순방향 전류까지 계속 흐르게 할 수 있는 것은 아니다. 전류를 흐르게 하려면 전압(0.6~1 V)을 가해야 하므로 다이오드는 전력(전압×전류)을 소비하여 열이 발생한다. 즉 다이오드의 온도가 올라간다. 실리콘 다이오드는 150℃ 정도까지 견딜 수 있으며 게르마늄 다이오드는 80℃까지 견딜 수 있다. 따라서 전력이 어느 정도까지 견딜 수 있는가를 정하고 있다.

특히 정전압 다이오드는 보통 다이오드보다 훨씬 큰 전압이 걸리므로 전류를 조금 흘렸어도 전력을 많이 소비하게 되므로 허용 전력에 주의를 해야 한다.

- 역방향 전압과 순방향 전류, 허용전력의 세 가지 중 어느 하나라도 정격을 초과하면 다이오드는 파손된다. 따라서 일반적으로는 정격의 1/2 수준에서 사용하는 것이 안전하다.
- 정전압 다이오드를 사용하는 경우 다이오드를 보호할 목적으로 흔히 저항을 사용하게 되는데 이 저항의 크기는 어떻게 결정하는가?

  $E = 40$ V, $V_Z = 12$ V, $P = 0.5$ W라고 하면 정전압 다이오드 소비전력의 1/2은 0.25 W이므로 $I_Z = 0.25\text{ W}/12\text{ V} = 0.02$ A 따라서 저항은 $(40-12)/0.02 = 1400\Omega$이 된다.

3) 테스터에 의한 이상유무 판정

다이오드의 이상 유무는 멀티미터(테스터기)를 이용하여 간단하게 판별할 수 있다. 멀티미터의 다이오드 테스트 모드 또는 저항 측정 모드(Ω)를 사용하여, 다이오드의 정류 특성(한 방향 전도)을 기반으로 점검을 수행한다. 이때 측정값을 통해 다이오드가 정상적으로 작동하는지, 혹은 단락 또는 개방 등의 이상이 있는지를 확인할 수 있다.

(1) 멀티미터 설정

다이오드 모드(□ 아이콘) 또는 저항 모드(Ω)로 선택한다. 대부분의 디지털 멀티미터에는 다이오드 모드가 기본 탑재되어 있으며, 이 모드를 사용하면 보다 정확한 순방향 전압 강하(V_f)를 직접 확인할 수 있다.

(2) 테스트 리드 연결

빨간색(+) 리드는 다이오드의 애노드(Anode, P형)에 연결, 검은색(-) 리드는 다이오드의 캐소드(Cathode, N형)에 연결한다. 이는 다이오드의 순방향 바이어스 조건을 구성하는 연결 방식이다.

(3) 순방향 특성 측정

멀티미터의 빨간색(+) 리드를 다이오드의 애노드(Anode)에, 검은색(-) 리드를 캐소드(Cathode)에 연결한다. 이 연결 방식은 다이오드에 순방향 바이어스를 가하는 것으로, 다이오드가 전류를 흐르게 하는 조건이다. 이 상태에서 멀티미터의 화면에 0.2V ~ 0.7V 정도의 전압 강하가 표시되면, 다이오드는 정상적으로 전류를 통과시키는 상태이다. 일반적인 실리콘(Si) 다이오드는 약 0.6V ~ 0.7V, 쇼트키(Shottky) 다이오드는 약 0.2V ~ 0.4V가 정상이다. 표시값이 0V 또는 그에 가까운 값이라면, 내부 단락(쇼트)이 발생했을 가능성이 있다. 반대로 값이 표시되지 않고 OL(무한대)이 나올 경우, 다이오드가 전류를 통과시키지 못하는 개방(open) 상태일 수 있다.

(4) 역방향 특성 측정

멀티미터의 리드 연결을 반대로 바꾼다. 빨간색(+) 리드를 다이오드의 캐소드(Cathode)에, 검은색(-) 리드를 애노드(Anode)에 연결한다. 이 연결은 다이오드에 역방향 바이어스를 가하는 상태가 된다. 이 상태에서 멀티미터 화면에 OL(Over Limit) 또는 무한대(∞)가 표시되면, 다이오드는 역방향 전압에서 전류를 차단하고 있으며 정상적인 상태이다. 만약 이 상태에서 0V 또는 낮은 전압값이 표시된다면, 다이오드가 역방향에서도 전류를 흐르게 하고 있다는 뜻으로, 이는 내부 단락(쇼트)이 발생했음을 의미한다.

(5) 결과 판정 기준

측정 조건	멀티미터 표시값	의미 및 판정
순방향 연결	0.2V ~ 0.7V	정상 작동
역방향 연결	OL 또는 ∞	정상 차단
양방향 모두 0V 근처	0V	단락(쇼트) -> 불량
양방향 모두 OL	OL 또는 ∞	개방(단선) -> 불량

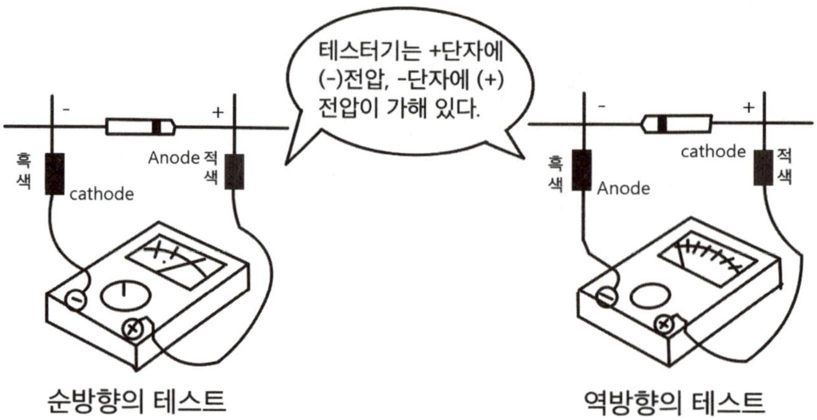

그림 7-25 다이오드의 이상 유무 판정

PART
08

트랜지스터

학습목표

- 트랜지스터의 종류를 설명할 수 있어야 한다.
- 트랜지스터의 특성을 설명할 수 있어야 한다.
- 트랜지스터의 동작점을 결정할 수 있어야 한다.
- 트랜지스터의 기본구조를 설명할 수 있어야 한다.
- 트랜지스터의 선택과 규격표를 사용할 수 있어야 한다.
- 트랜지스터에 바이어스를 거는 방법을 설명할 수 있어야 한다.

개요

제 8장에서는 현대 전자공학의 핵심 소자라 할 수 있는 트랜지스터를 다룬다. 트랜지스터는 1947년 벨 연구소에서 처음 개발된 이후, 증폭과 스위칭 기능을 동시에 수행할 수 있는 소자로서 전자공학의 혁신을 이끌었다. 오늘날의 컴퓨터, 통신기기, 가전제품 등은 모두 트랜지스터를 기반으로 한 회로 설계에 의해 구동된다고 해도 과언이 아니다. 따라서 제 8장은 트랜지스터의 구조와 동작 원리, 증폭 및 스위칭 기능, 그리고 실제 응용을 종합적으로 학습하도록 구성되어 있다.

먼저 트랜지스터의 기본 구조를 살펴본다. 트랜지스터는 PNP형과 NPN형으로 구분되며, 세 개의 단자—이미터(Emitter), 베이스(Base), 컬렉터(Collector)—로 이루어진다. 이미터는 전류를 방출하는 역할을 하며, 베이스는 매우 얇고 약한 전류를 제어하는 부분이고, 컬렉터는 큰 전류를 수집하는 역할을 한다. 이러한 구조적 특성 덕분에 작은 전류로 큰 전류를 조절할 수 있는 증폭 기능이 가능하다.

이어서 직류 바이어스와 동작점(Q-point) 개념을 학습한다. 트랜지스터는 단순히 연결한다고 해서 원하는 동작을 하지 않는다. 안정된 증폭이나 스위칭을 위해서는 적절한 전압과 전류 조건을 설정해야 하며, 이를 위해 바이어스 회로를 설계한다. 동작점은 트랜지스터가 선형적으로 증폭할 수 있는 영역을 결정하는 중요한 지표로, 이를 올바르게 설정하는 것은 회로 설계의 출발점이다.

트랜지스터의 핵심 기능인 증폭 작용을 구체적으로 학습한다. 소량의 베이스 전류 변화가 수십 배에 달하는 컬렉터 전류 변화를 일으키며, 이를 통해 약한 신호를 큰 신호로 키울 수 있다. 전류 증폭뿐만 아니라 전압 증폭, 전력 증폭도 가능하며, 각 응용에 따라 트랜지스터의 동작 영역(활성 영역, 포화 영역, 차단 영역)을 구분하여 사용한다. 특히 증폭기의 설계에서는 부하선 개념을 통해 입력 신호와 출력 신호의 관계를 분석한다.

또한 스위칭 소자로서의 트랜지스터 동작도 학습한다. 베이스 전류의 유무에 따라 컬렉터 전류가 흐르거나 차단되며, 이를 통해 디지털 회로의 기본적인 ON/OFF 제어가 가능하다. 이 원리는 논리 게이트, 플립플롭, 마이크로프로세서와 같은 디지털 회로의 근간을 이룬다. 따라서 트랜지스터의 스위칭 동작을 이해하는 것은 디지털 시스템을 학습하는 데 필수적이다.

제 8장에서는 트랜지스터의 입력·출력 특성 곡선과 동작점 해석 방법도 다룬다. 특성 곡선을 통해 트랜지스터의 동작 영역을 시각적으로 확인할 수 있으며, 이를 바탕으로 안정적인 회로 설계를 할 수 있다. 또한 피드백, 결합 방식, 트랜지스터 어레이 등을 다루면서 실제 회로 설계에 확장적으로 적용할 수 있는 방법을 제시한다.

더 나아가, 트랜지스터는 단일 소자로서만 중요한 것이 아니라, 집적회로(IC)에서 수십억 개 이상이 결합되어 현대 컴퓨터와 통신 장비의 동작을 가능하게 한다. 따라서 트랜지스터의 원리를 이해하는 것은 단순히 한 개의 소자를 공부하는 것이 아니라, 첨단 전자기술의 기반을 학습하는 의미를 가진다.

제 8장은 트랜지스터의 구조, 동작 원리, 증폭과 스위칭 기능, 동작점과 특성 해석, 그리고 응용 회로 설계까지 폭넓게 다룬다. 독자는 제 8장을 학습함으로써 트랜지스터가 아날로그 회로와 디지털 회로 모두에서 어떻게 활용되는지 이해하게 되며, 이후 증폭기 설계, 논리 회로, 집적회로 학습으로 나아갈 수 있는 확실한 기반을 마련할 수 있다.

1. 서론

트랜지스터는 1947년 말에서 1948년 초 사이에 미국의 벨 전화 연구소(Bell Telephone Laboratories)에서 존 바딘(J. Bardeen), 월터 브래튼(W.H. Brattain), 윌리엄 쇼클리(W. Shockley)에 의해 발명된 반도체 소자이다. 이 소자는 신호를 증폭하거나 스위칭하는 기능을 갖고 있어, 전자공학의 획기적인 발전을 이끈 핵심 기술로 평가된다. 트랜지스터의 등장은 고체 전자공학 시대의 시작을 알리는 상징적인 사건이 되었다.

트랜지스터가 발명되기 이전에는 진공관이 주로 사용되었다. 진공관은 전자의 흐름을 제어하여 신호를 증폭하거나 차단하는 데 사용되었으며, 라디오, 초기 컴퓨터(예: ENIAC), 텔레비전 등에 널리 활용되었다. 그러나 진공관은 크기가 크고 전력 소모가 많으며, 열을 발생시키기 위해 히터가 필요하고 수명이 짧다는 단점이 있었다. 이러한 한계로 인해 트랜지스터가 진공관을 대체하게 되었다.

트랜지스터는 진공관에 비해 훨씬 작고, 고장이 적으며, 에너지 소비가 적고, 빠른 속도로 동작할 수 있는 장점을 지닌다. 또한 다수의 트랜지스터를 하나의 칩에 집적할 수 있어, 집적회로(IC), 대규모집적회로(LSI), 초대규모집적회로(VLSI)로의 발전이 가능하게 되었다.

트랜지스터는 구성 방식에 따라 BJT(Bipolar Junction Transistor)와 FET(Field Effect Transistor)로 구분된다. BJT는 에미터(Emitter), 베이스(Base), 컬렉터(Collector)의 세 단자로 구성되며, 베이스에 흐르는 소량의 전류가 에미터와 컬렉터 사이에 큰 전류를 흐르게 하여 증폭 작용을 일으킨다. FET는 소스(Source), 게이트(Gate), 드레인(Drain)으로 구성되며, 게이트 전압에 의해 전류 흐름을 제어한다. FET는 높은 입력 임피던스를 갖고 있어 디지털 회로에 적합하며, 소비 전력이 낮고 고속 동작이 가능하다.

트랜지스터는 입력 신호의 변화에 따라 출력 신호를 증폭하거나 전류의 흐름을 차단하는 방식으로 동작한다. 따라서 트랜지스터는 아날로그 회로에서 증폭기로, 디지털 회로에서 스위치로 활용된다. 이러한 특성 덕분에 트랜지스터는 다양한 전자기기와 회로의 핵심 부품으로 자리 잡게 되었다.

트랜지스터는 라디오, 오디오 증폭기 등의 증폭 회로뿐 아니라 컴퓨터, 마이크로프로세서, 메모리 등 스위칭 회로에도 활용된다. 또한 논리 연산에 사용되는 논리 게이트의 기본 구성 요소로도 사용되며, 센서 회로나 신호 처리 장치 등에서도 널리 쓰이고 있다.

오늘날에는 트랜지스터가 나노미터(nm) 단위까지 미세화되어, CMOS 공정을 기반으로 스마트폰, 인공지능 칩, 자율주행 시스템 등에 적용되고 있다. 현대의 마이크로프로세서에는 수십억 개의 트랜지스터가 집적되어 있으며, 이는 고성능 컴퓨팅을 가능하게 하는 기반이 된다.

미래에는 탄소나노튜브 트랜지스터(CNTFET), 그래핀 트랜지스터, 스핀트랜지스터와 같은 신개념

반도체 소자에 대한 연구가 진행되고 있으며, 이는 트랜지스터의 성능을 한층 더 향상시킬 수 있는 가능성을 제시하고 있다.

결론적으로, 트랜지스터는 단순한 전자 부품을 넘어, 현대 정보화 사회와 전자기술의 근간을 이루는 핵심 요소로 기능하고 있다. 전자기기의 소형화, 고속화, 지능화를 이끈 중심축이며, 앞으로도 인공지능, 양자컴퓨팅, 바이오 일렉트로닉스 등 다양한 분야에서 그 역할이 더욱 확대될 것으로 기대된다.

2. 트랜지스터의 구조, 작동과 특성

1) 트랜지스터의 구조

다이오드는 P형 반도체와 N형 반도체가 1개의 접합면을 가지고 P형 쪽과 N형 쪽에 각각 1개씩의 단자를 가진 구조(2개의 단자)로 되어 있다는 것은 이미 알고 있다. 그런데 트랜지스터는 단자가 3개이다. 즉, 그림 8-1과 같이 PNP형 트랜지스터, NPN형 트랜지스터의 두 종류가 있으며 이것은 얇은 N형 반도체를 2개의 P형 반도체 사이에 끼우거나 얇은 P형 반도체를 2개의 N형 반도체 사이에 끼워 2개의 접합면을 만든 소자이다. 그림 8-1의 (a)는 PNP형, (b)는 NPN형 트랜지스터라 하며 이들의 3개 단자를 각각 이미터(emitter, E), 베이스(base, B), 컬렉터(collector, C)라 한다. 보통 회로에서는 PNP형, NPN형 두 가지 모두를 사용할 필요는 없고 그 중 한 가지만을 사용한다. 예전에는 PNP형 트랜지스터가 많이 사용되었지만 지금은 NPN형이 주로 사용되고 있다. 이는 전압을 거는 방법이나 전류가 흐르는 방향이 진공관과 같기 때문에 예전의 습관대로 NPN형 트랜지스터가 많이 사용되고 있다.

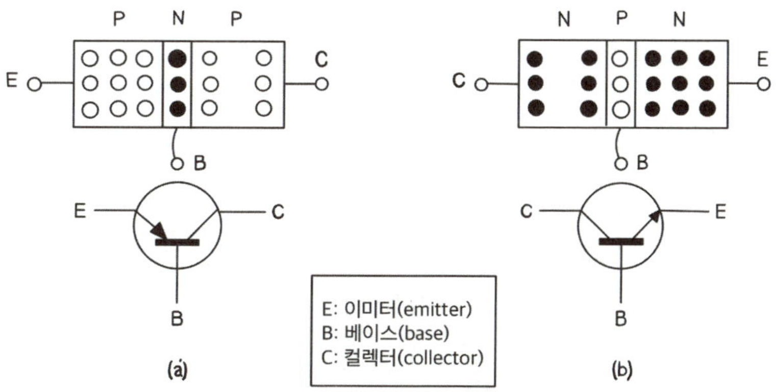

그림 8-1 트랜지스터의 구조

트랜지스터는

① **베이스 영역은 상당히 좁아야 한다.**

→ 베이스 영역은 매우 얇아야 한다. 트랜지스터에서 베이스는 전류가 지나가는 통로 역할을 하기 때문에, 얇을수록 에미터에서 들어온 전자가 거의 그대로 컬렉터로 전달되어 효율적으로 증폭이 일어난다.

② **에미터의 다수 캐리어의 농도는 컬렉터의 다수 케리어의 농도보다 상당히 높아야 한다.**

→ 에미터에는 전류를 운반하는 입자(다수 캐리어)가 많이 있어야 하고, 그 양은 컬렉터보다 훨씬 많아야 한다. 그래야 에미터에서 많은 전자가 공급되어 베이스를 통과해 컬렉터로 이동하면서 강한 증폭 효과를 낼 수 있다.

③ **컬렉터와 베이스 간에 역전압을 가할 경우 제너전압은 적어도 수 볼트 이상이어야 한다.**

→ 컬렉터와 베이스 사이에 반대 방향(역방향)으로 전압을 인가 할 경우, 쉽게 고장 나지 않으려면 이 전압이 일정 수준 이상(몇 볼트 이상)을 견딜 수 있어야 한다. 이 때 견딜 수 있는 최대 전압을 '제너전압'이라고 하며, 트랜지스터가 안정적으로 작동하려면 이 값이 충분히 커야 한다.

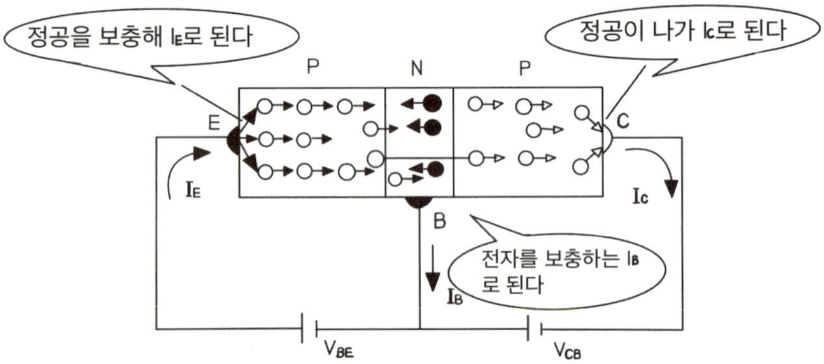

그림 8-2 PNP형 트랜지스터의 기본 동작

2) 트랜지스터의 작동

PNP형이나 NPN형 트랜지스터를 작동시키기 위해서는 먼저 PN 접합의 이미터와 베이스 사이에 순방향 직류 전압을, 베이스와 컬렉터 사이에 역방향 직류 전압을 가하여야 한다. 이와 같이 트랜지스터에 가하는 직류 전압을 **바이어스 전압**이라 한다. 즉, 트랜지스터를 동작시키기 위해서는 바이어스 전압이 필요하다.

이미터는 '방출한다'는 뜻이고 컬렉터는 '모은다, 수집한다'는 뜻이니까 이미터에서 방출한 자유전자 또는 정공을 컬렉터가 잡아야 한다. 그러기 위해서는 PNP형의 컬렉터에는 (-)전기를, NPN형 트랜지스터의 컬렉터에는 (+)전기를 가하여야 한다.

(1) PNP형 트랜지스터

그림 8-2와 같이 베이스와 컬렉터 사이에는 역전압 V_{CB}가 걸렸으므로 전류가 흐르지 않고 이미터와 베이스 사이에는 순방향 전압 V_{EB}가 걸렸으므로 전류가 흐르게 되는데 이미터(P형 반도체)의 불순물 농도는 상당히 높아 많은 수의 정공을 발생하여 베이스 N형 쪽으로 흘러 베이스의 전자와 결합하여 소멸되기도 하지만 이미터에서 흘러온 정공의 수가 많고 베이스가 상당히 얇기 때문에 대부분의 정공은 컬렉터의 전압 V_{CB}에 끌려 컬렉터 쪽으로 흘러 컬렉터 전류가 된다.

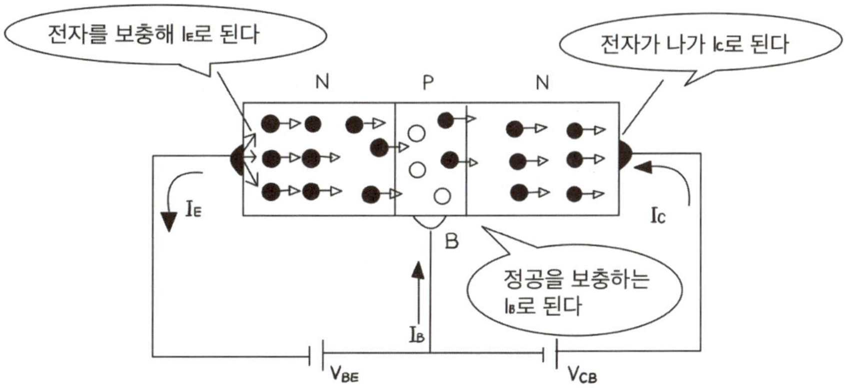

그림 8-3 NPN형 트랜지스터의 기본 동작

(2) NPN형 트랜지스터

기본적인 동작은 PNP형과 같다. 그러나 전원의 극성을 반대로 접속해야 한다.

그림 8-3과 같이 베이스와 컬렉터 사이에는 역전압 V_{CB}가 걸렸으므로 전류가 흐르지 않고 이미터와 베이스 사이에는 순방향 전압 V_{EB}가 걸렸으므로 전류가 흐르게 되는데 이미터(N형 반도체)의 불순물 농도는 상당히 높아 많은 수의 전자를 발생하여 베이스 P형 쪽으로 흘러 베이스의 정공과 결합하여 소멸되기도 하지만 이미터에서 흘러온 전자의 수가 많고 베이스가 상당히 얇기 때문에 대부분의 전자는 컬렉터의 전압 V_{CB}에 끌려 컬렉터 쪽으로 흘러 컬렉터 전류(I_C)가 된다.

3) 트랜지스터의 특성

트랜지스터에는 PNP형과 NPN형이 있다는 것은 이미 알고 있으며 여기서는 편의상 많이 사용하고 있는 NPN형 트랜지스터를 예로 설명한다. 트랜지스터의 대표적인 특성은 증폭 작용과 스위칭 작용이 있다.

(1) 증폭 작용

그림 8-3과 같이 컬렉터와 베이스 사이에 전원을 걸면 역방향 전압이므로 전류는 흐르지 않는다. 그런데 컬렉터와 베이스 사이의 역방향 전압은 그대로 두고 그림 8-4에서와 같이 베이스와 이미터 사이에 순방향 전압을 걸면 베이스에서 이미터로 향하는 베이스 전류 I_B가 흐른다. 그런데 베이스 전류 I_B가 흐르는 순간 역방향 전압이 걸려 전혀 흐르지 않던 컬렉터 전류 I_C가 흐르기 시작한다. 더구나 베이스 전류는 1 mA 밖에 안되는데 컬렉터 전류는 100 mA나 흐른다. 이와 같은 현상은 베이스와 이미터 사이에 순방향 전압을 걸어서 전류를 흐르게 했을 때 이미터에 있는 다수 캐리어 즉 전자가 베이스로 흘러들어 베이스 속의 정공과 결합하여 베이스 전류가 되기도 하지만 대부분은 베이스가 얇기 때문에 컬렉터의 (+)전압에 끌려 베이스를 통과해 컬렉터로 이동하게 되기 때문이다. 즉 1 mA의 베이스 전류 I_B를 흘려 100 mA의 컬렉터 전류 I_C를 흐르게 한 것이다.

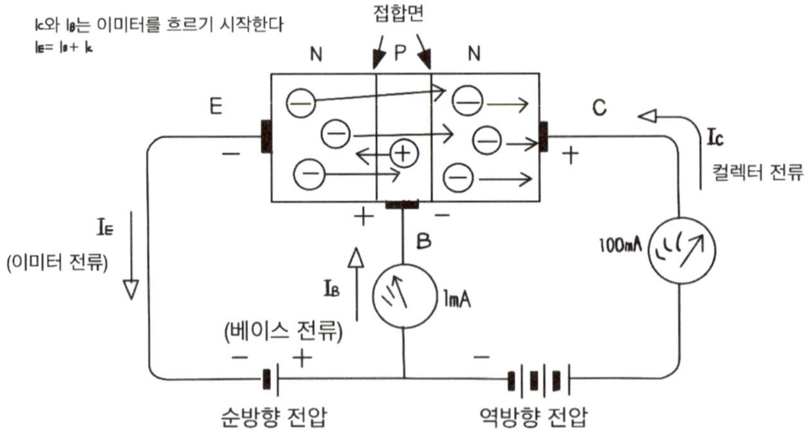

그림 8-4 증폭작용

컬렉터 전류 I_C와 베이스 전류 I_B의 비를 **전류 증폭률**이라 한다.

$$\text{전류 증폭률}(h_{FE}) = \frac{I_C}{I_B} \qquad I_C = h_{FE} \cdot IB$$

약간의 베이스 전류로 큰 컬렉터 전류를 얻을 수 있으며 베이스 전류를 조절함으로써 컬렉터 전류의 크기를 증감할 수 있다. 이것을 트랜지스터의 증폭작용이라 한다.

또 베이스 전류 I_B와 컬렉터 전류 I_C는 이미터로 흐르기 시작하여 이미터 전류 I_E로 된다.

그림 8-4에서 보면 I_B가 1 mA, I_C가 100 mA이므로 I_B와 I_C를 향한 I_E는 101 mA가 된다.

$$I_E = I_C + I_B$$

이미너 선류 I_E가 101 mA이므로 증폭되지 않은 게 아니라 생각할 수 있다. 하지만 에너지 보존 법칙에 의하면 항상 에너지의 전체 합은 일정하다 라는 것인데, 증폭을 하던 무엇을 하던지 간에 전체 에너지는 일정하다는 법칙이다. 없던 에너지를 증폭해서 뻥튀기 하는 것이 아니라 작은 (전압/전류) 변화에도 큰 (전압/전류) 변화를 만들어 낸다는 의미에서의 증폭이다.

기본적으로 트랜지스터는 전류 증폭을 한다. 이 전류 증폭된 것을 가지고 저항을 거쳐 전압 증폭 형태로 표현이 되는 것이다. 트랜지스터는 입력 전류를 조절함에 의해 출력 전류가 변동이 되는 형태 이므로 전류 증폭이라고 하고, FET(전계효과트랜지스터)는 전압 증폭을 한다.

① 직류 전류 증폭률 h_{FE}

그림 8-5는 이미터 접지 회로인데 입력과 출력의 관계를 알 수 있다.

그림에서 베이스 전류가 1 mA일 때 컬렉터 전류가 100 mA이므로 이 트랜지스터의 h_{FE}는 100이다. 즉 입력이 1 mA이고 출력은 100 mA이다.

직류 전류 증폭률은 β_{dc}(DC beta)라고도 한다.

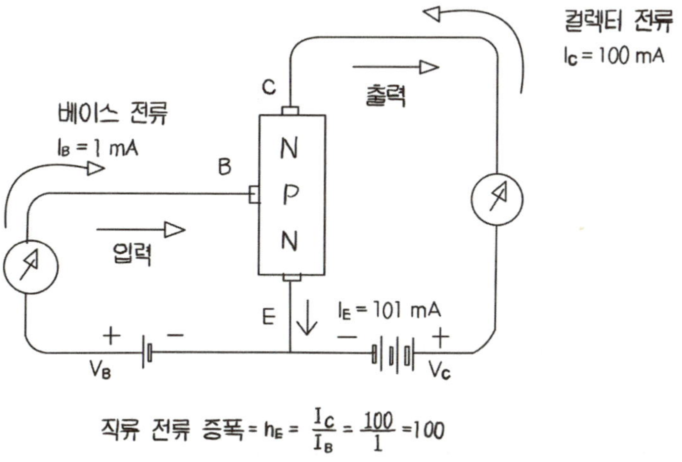

그림 8-5 직류증폭

② 교류신호의 증폭

오디오, 라디오 등의 음성 신호나 고주파 신호와 같은 교류 신호의 증폭은 그림 8-6과 같이 베이스 전류 위에 교류 신호를 실어서 트랜지스터로 보내 직류와 교류가 합친 상태로 증폭이 된다. 이와 같이 직류와 교류가 합친 신호를 맥류라 하며 트랜지스터 속에서 맥류의 형태로 증폭이 되어 출력(컬렉터 전류)도 맥류가 된다. 따라서 이 컬렉터 전류의 맥류 속에서 교류 신호만을 빼내기 위해서는 그림 8-6에서와 같이 저항이나 고주파 쵸크 코일, 코일과 콘덴서로 만든 LC 동조 코일 등을 부하로 사용한다. 그림에서 V_B는 바이어스 전압이며 교류신호의 파형을 정확하게 증폭하기 위한 트랜지스터의 **동작점**을 정하는 역할을 한다. 또 V_C는 증폭을 위한 에너지를 트랜지스터에 공급한다. 이와 같이 증폭이란 새로운 에너지가 트랜지스터에서 나오는 것이 아니라 V_c의 에너지가 출력 파형으로 바뀌어 나오는 것이다.

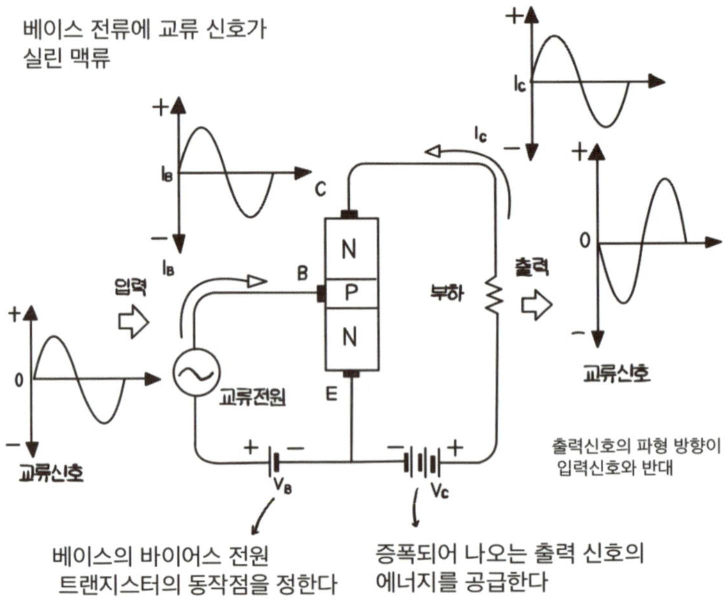

그림 8-6 교류 증폭

(2) 스위칭 작용

보통 스위치라 하면 텔레비전, 라디오, 전등 등을 켜고 끄는 것이라는 것은 알고 있을 것이다. 이들 스위치의 역할은 전자 장치를 작동시키거나 그 작동을 멈추게 하는 것이다.

그림 8-7에서 보면 모터에 흐르는 몇 암페어의 큰 전류를 릴레이를 사용하여 수십 mA의 작은 전류로 ON/OFF 할 수 있다. 또 트랜지스터에서는 그림 8-8에서와 같이 3 mA의 작은 베이스 전류를 흘려서 0.3 A의 컬렉터 전류를 흐르게 하여 전등을 ON/OFF 할 수 있다.

즉 앞에서 설명하였듯이 이미터와 컬렉터 사이에 전류를 흐르게 하려면 베이스 전류를 흐르게 하면 된다. 이는 베이스 전류를 ON/OFF 함으로써 이미터와 컬렉터 사이를 ON/OFF 할 수 있다는 것과 같다. 이것이 트랜지스터의 **스위칭 작용**이다.

트랜지스터 스위치는 베이스전류가 '0'일 때 OFF가 되지만 스위치를 ON으로 했을 때는 베이스 전류가 다량으로 흐르는 포화 영역에서 사용해야 한다.

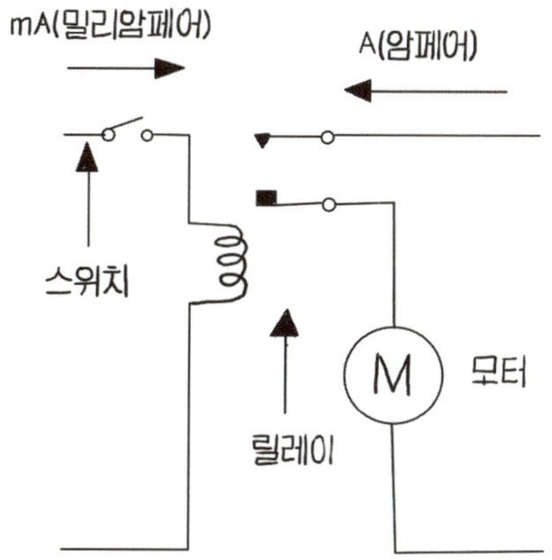

그림 8-7 릴레이 스위치

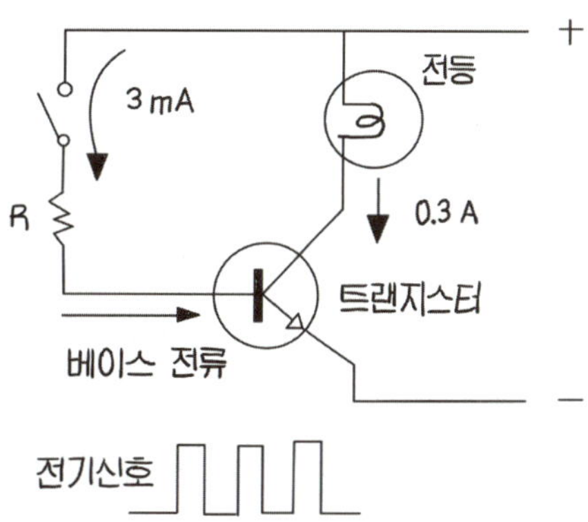

그림 8-8 트랜지스터 스위치

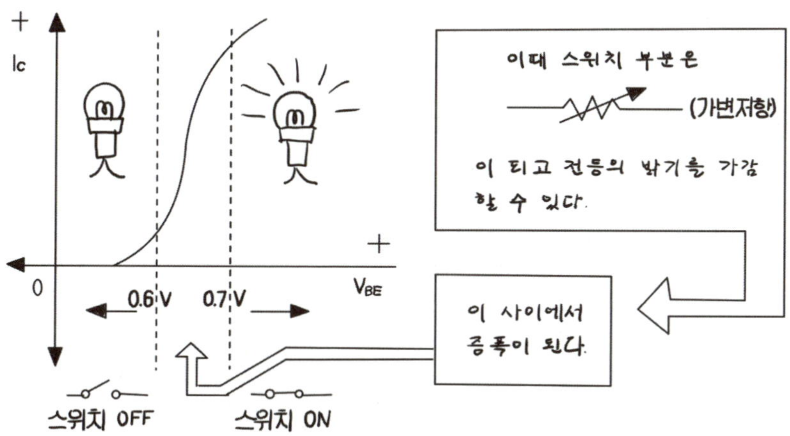

그림 8-9 트랜지스터의 V_{BE}-I_C 특성 곡선

그림 8−9는 트랜지스터의 $V_{BE}-I_C$ 특성곡선이다.

가변저항을 써서 V_{BE}를 변화시켜 0.6 V 이하에서는 컬렉터 전류는 흐르지 않아 전등이 켜지지 않는다. 이것이 스위치 OFF 상태이다.

다시 저항을 조정하여 V_{BE}를 0.7 V 이상으로 하면 컬렉터 전류는 상당히 많이 흘러 전등은 밝게 빛나며, 이것이 스위치 ON 상태이다.

그런데 저항을 조정하여 V_{BE}가 0.6~0.7 V 사이에 있게 하면 전등의 밝기가 변화된다.

트랜지스터의 스위칭

① 스위칭 동작이 빠르다(1초에 1,000회 이상 ON/OFF 가능).

② 소음과 진동이 없다.

③ 베이스 전류의 변화로 컬렉터 전류를 조절할 수 있다.

(3) 트랜지스터의 입·출력 특성

① I_B-I_C 특성과 V_{BE}-I_C 특성

그림 8-10은 입력전류(I_B)와 출력전류(I_C)가 비례하는 것을 나타낸다.

그림 8-11은 베이스—이미터 사이의 전압 V_{BE}가 실리콘 트랜지스터에서는 0.7 V로 되기까지는 I_C는 거의 흐르지 않고 0.7 V를 넘게 되면 I_C가 급격하게 흐른다.

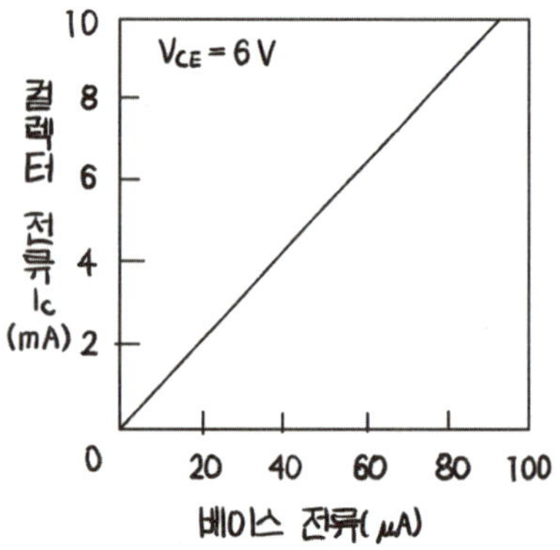

그림 8-10 I_B-I_C 특성

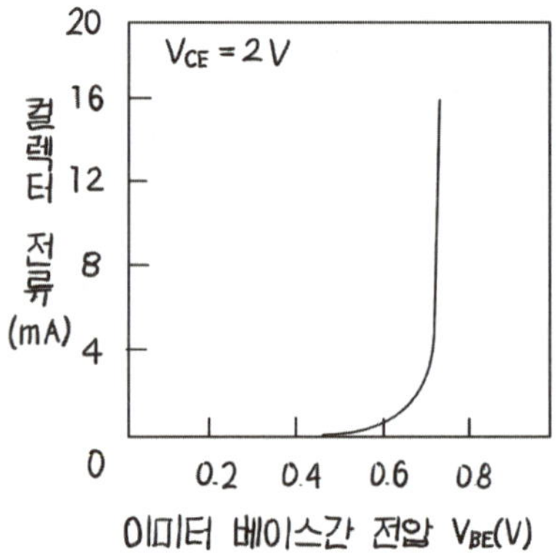

그림 8-11 V_{BE}-I_C 특성

② 트랜지스터의 동작특성

그림 8-12의 회로에서 베이스—이미터 사이의 전압 V_{BE}를 저항 V_R을 조정해 베이스 전류 I_B를 서서히 상승시키면 콜렉터 전류 I_C는 I_B에 비례해서 상승한다.

㉮ 바이어스 전류를 가하지 않고 입력신호 전류를 가했을 경우

바이어스 전류를 가하지 않으면 그림 8-13에서 보듯이 입력신호 전류가 (−) 때에는 출력신호 전류가 흐르지 않고 파형도 입력 파형과 틀린 왜곡 파형이 출력 파형으로 나온다.

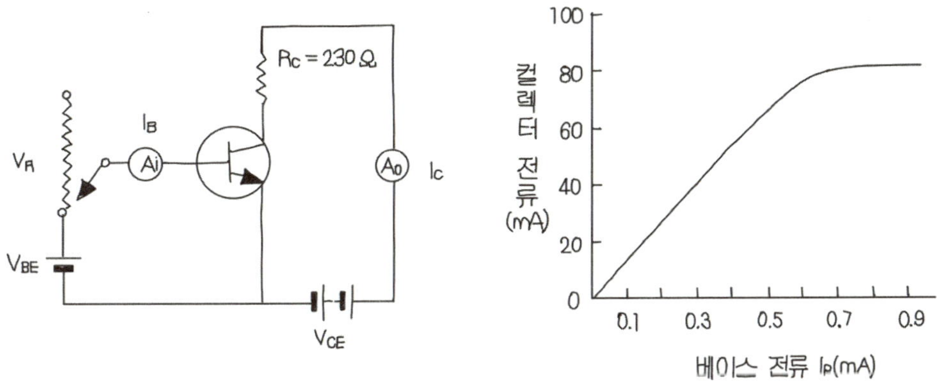

그림 8-12 트랜지스터의 동작 특성

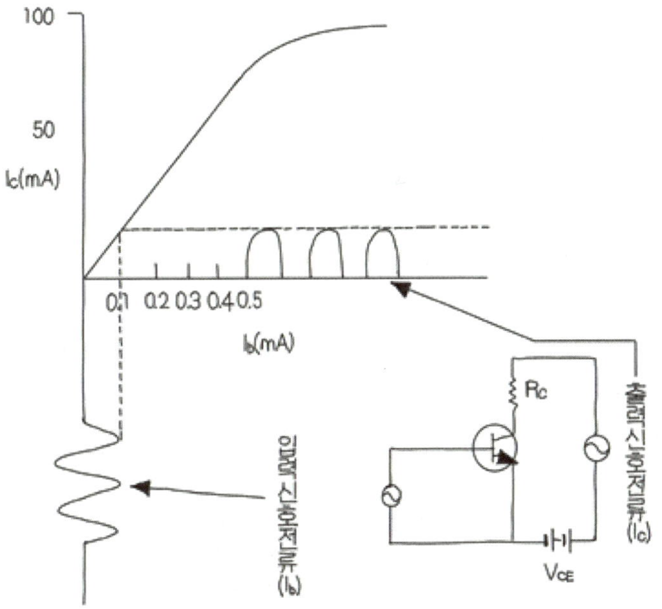

그림 8-13 바이어스 전류를 가하지 않을 때

㉯ 적당한 바이어스 전류를 가하고 입력신호 전류를 가했을 경우

그림 8-14에서 보면 0.3 mA의 바이어스 전류를 가하니까 입력신호가 없어도 44 mA의 출력신호 전류가 흐르고 입력신호 전류를 가하면 44 mA를 중심으로 출력신호 전류가 변화한다.

입력 파형과 출력 파형은 같은 파형이 된다. 이와 같이 바이어스 전류는 트랜지스터의 동작점을 결정하는 것으로 트랜지스터 회로 설계 때 상당히 중요하다.

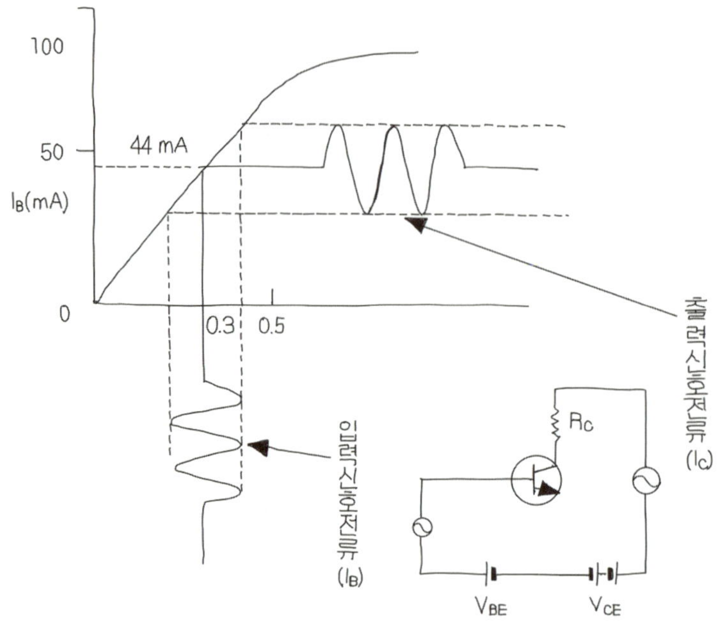

그림 8-14 바이어스 전류를 가했을 때

(4) 트랜지스터의 동작점 결정

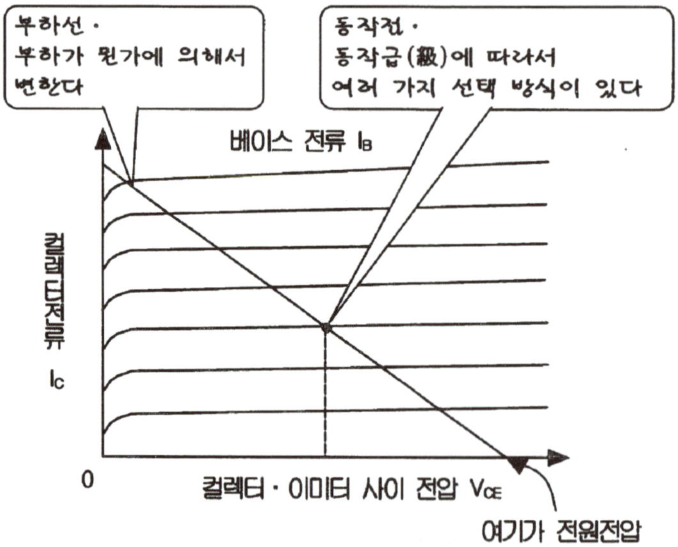

트랜지스터의 출력 정특성 곡선은 컬렉터 전류(I_C)가 컬렉터–에미터 전압(V_{CE}) 및 베이스 전류(I_B)에 따라 어떻게 변하는지를 보여주는 그래프이다. 이 곡선 위의 각각의 곡선은 서로 다른 I_B 값에 해당하는 동작 상태를 나타낸다.

이 그래프 위에 부하선(load line)을 그리면 트랜지스터의 동작점(Q점)을 결정할 수 있다.

부하선은 회로에 연결된 전원 전압과 부하 저항에 의해 결정되며, 전원 전압(V_{CC})을 기준으로 해서 옴의 법칙에 따라 직선으로 그려진다. 즉, 이 부하선은 컬렉터 회로의 동작 조건을 반영한 직선이며, 이 선과 출력 정특성 곡선의 교점이 바로 트랜지스터의 실제 동작점이다.

동작점(Q점)은 트랜지스터가 어떤 동작 영역(예: 증폭, 포화, 차단)에서 작동할지를 결정해주는 중요한 기준점이다. 안정적인 증폭 동작을 위해서는 동작점이 활성 영역(active region) 내에 위치해야 한다.

이 동작점을 적절하게 설정하려면, 먼저 원하는 I_B 값을 선택하고, 이에 따라 적절한 바이어스 회로를 설계해야 한다. 바이어스 회로는 베이스에 일정한 전류를 흘려주어, 트랜지스터가 원하는 I_B를 유지하고 안정적으로 동작할 수 있도록 도와준다.

3. 트랜지스터의 종류와 기능

트랜지스터나 다이오드는 주로 제조 방법에 따라 분류하는데 트랜지스터는 처음에 점 접합형이 사용되다가 곧 접합형이 개발 실용화되어 사용하게 되었다. 현재는 절연게이트 전계효과 트랜지스터(MOS T: metal oxide semiconductor transistor, MOS FET)나 MOS IC가 많이 사용되고 있으며 게르마늄보다 실리콘의 소자가 많이 제작되고 있다.

1) 바이폴러 트랜지스터(bipolar transistor)

일반적으로 트랜지스터라고 하면 이는 바이폴러 트랜지스터를 말하는 것이다.

바이폴러(bipolar)란 2개의 극성 즉, (+)와 (−)의 극성을 나타내는 캐리어(정공과 자유전자)가 양쪽 모두에서 활동하는 것을 의미한다.

그림 8-15는 NPN형 트랜지스터인데 N형의 이미터에서 자유전자가 (+)를 인가한 P형의 베이스로 들어가 대부분의 자유전자는 그대로 확산하여(베이스 층이 상당히 얇기 때문에) 컬렉터로 들어가 전류를 흐르게 한다. 이때 P형의 베이스에서는 정공들이 이미터에서 흘러 들어온 전자와 재결합하여 없어져 버린다. 이 없어진 정공을 보충하도록 전극에서 베이스로 들어온 정공이 베이스 전류의 캐리어로서의 역할을 한다.

이와 같이 전자와 정공이 양쪽 모두 캐리어로서 작용하는 것이 바이폴러 트랜지스터이다.

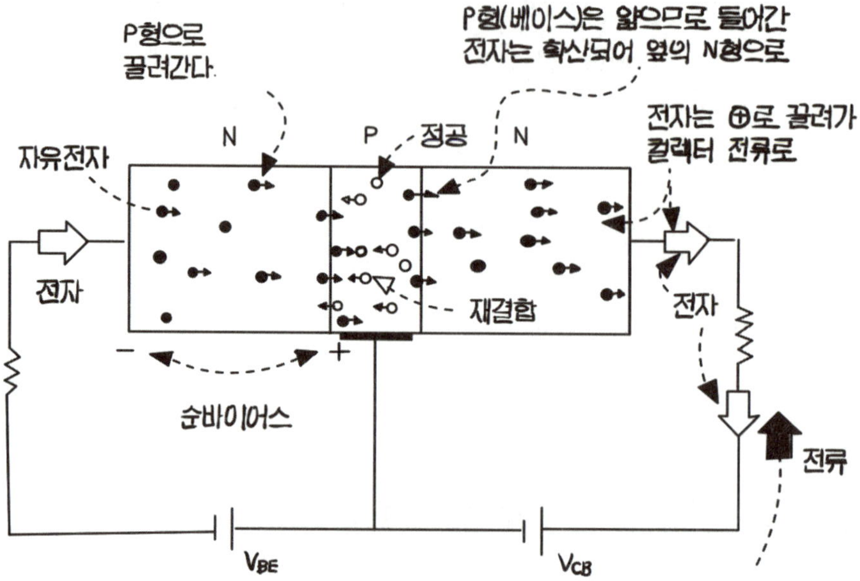

그림 8-15 바이폴러 트랜지스터의 동작

① 알로이(합금)형 트랜지스터

합금형 트랜지스터는 재료의 특성상 게르마늄(Ge)을 사용하는 PNP형이 대부분으로 그림 8-16과 같이 합금 방식으로 PN 접합을 만든다. N형 게르마늄의 양쪽으로 인듐을 합금한 것으로 그림에서 작은 인듐 쪽이 이미터이고 큰 쪽이 컬렉터이다. 이와 같이 N형 게르마늄을 중심으로 양쪽에 P형 인듐을 붙인 모양의 PNP형 트랜지스터가 만들어지며 여기에 리드를 붙여서 금속이나 에폭시 수지(epoxy resin) 속에 봉입한다.

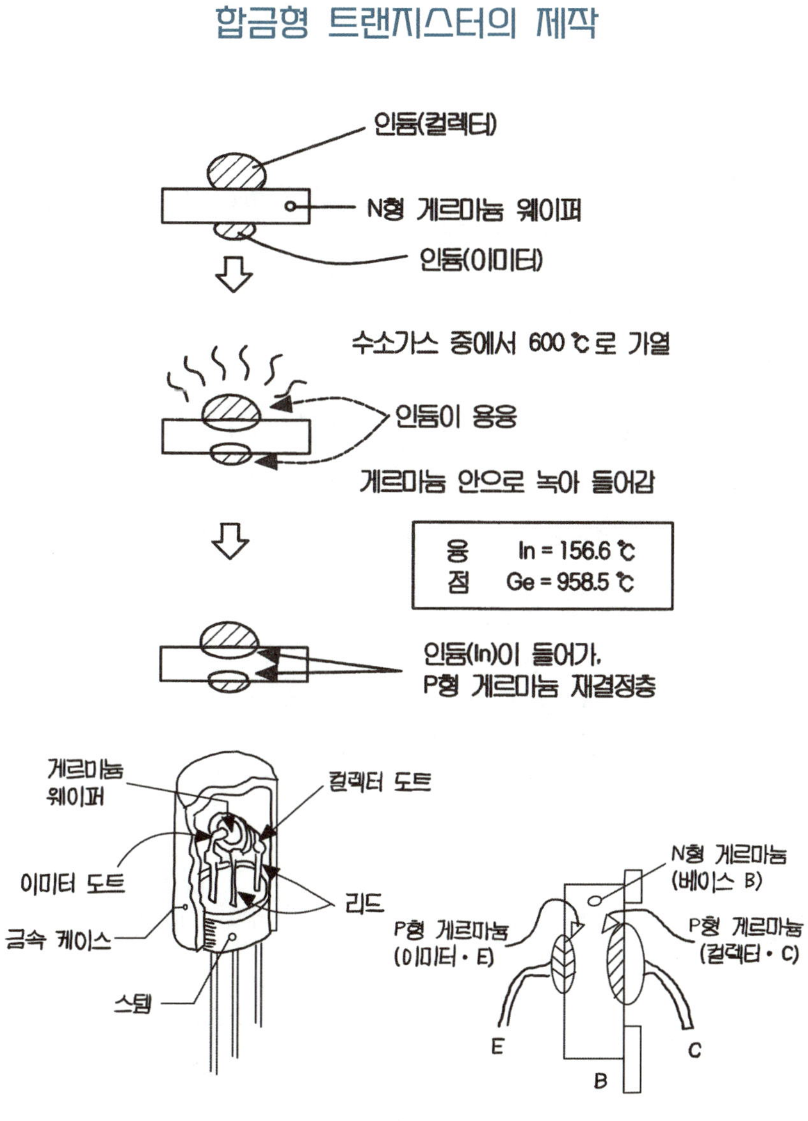

그림 8-16 합금형 트랜지스터

② 메사형 트랜지스터

트랜지스터의 모양이 메사(mesa: 사다리꼴의 언덕, 대지)형을 하고 있어 붙여진 이름으로 그림 8-17과 같이 컬렉터 베이스 접합 면적을 극히 얇게 하여 확산법으로 만들어진 트랜지스터 펠릿(pellet)의 주위의 불필요한 부분을 사다리꼴로 에치(etch)한 것이다.

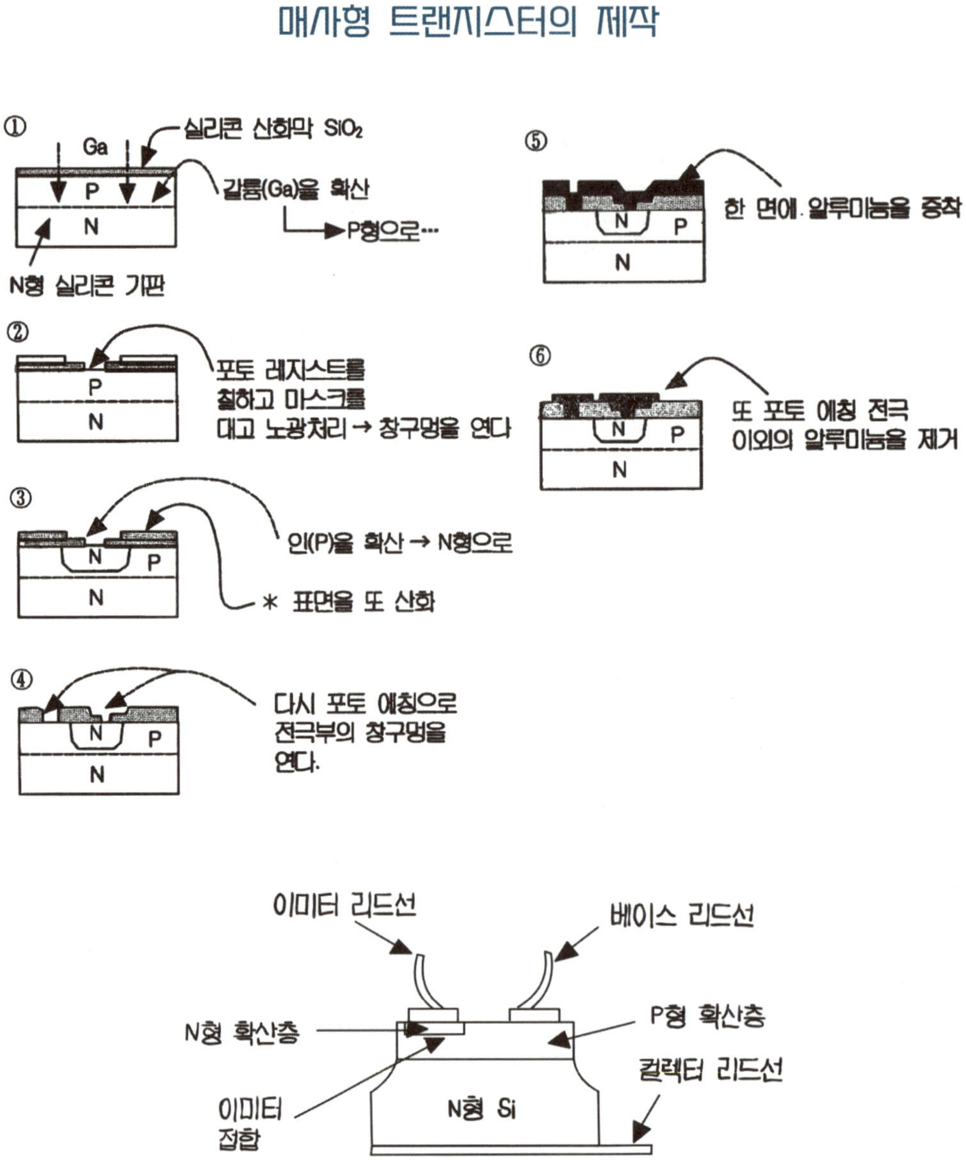

그림 8-17 메사형 트랜지스터(PNP형)

주로 대전력 증폭이나 스위칭용에 사용된다.

③ 플레이너형 트랜지스터

플레이너(planer)형 트랜지스터는 평야와 같이 평탄하게 만든 것으로 실리콘 매사형이 개량형이다.

플레이너형은 반도체 웨이퍼에 수천 개의 작은 소자를 동시에 만들 수 있는 초소형으로서 매사형과 같이 나중에 불필요한 부분을 제거하는 공정은 필요 없다. 안정되고 잡음이 적어 고주파용에 많이 사용된다.

플레이너형 트랜지스터의 제작

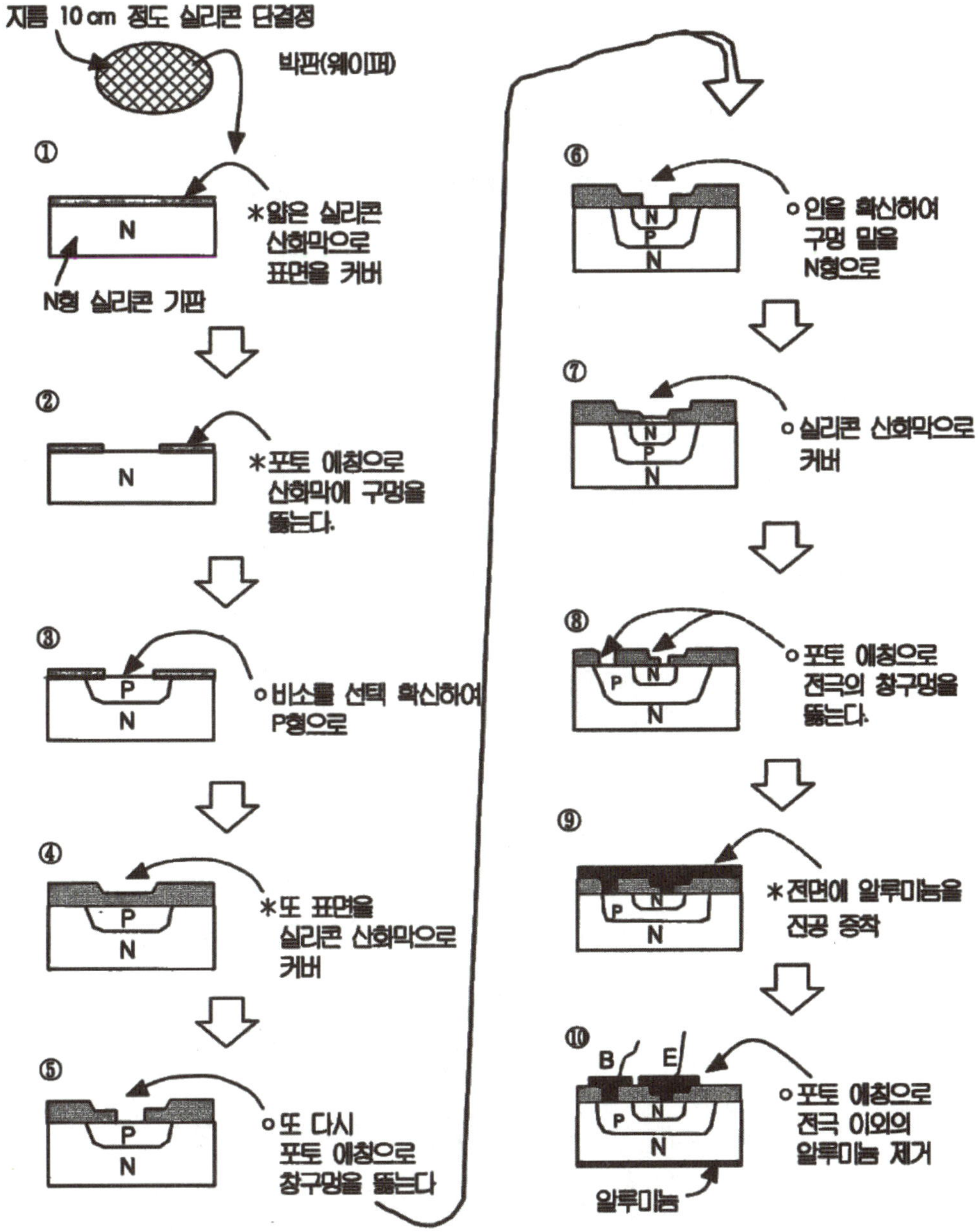

④ 에피택시얼 플레이너 트랜지스터(epitaxial planer transistor)

에피택시얼이란 '축방향을 갖추어'라는 뜻으로 반도체 결정의 결정축에 따라서 새로운 결정층을 성장시키는 기술이다. 에피택시얼 플레이너 트랜지스터는 앞에서 설명한 플레이너 트랜지스터가 개량된 것으로서 반도체 단결정의 구조를 에피택시 기술에 의해 섬세하게 만들고 있다. 그림 8-18은 에피택시얼 플레이너 트랜지스터의 구조이다.

이와 같은 에피택시얼 기술은 반도체의 구조를 세밀하고 정교하게 만들 수 있으므로 트랜지스터는 물론 IC나 LSI, 발광 다이오드, 레이저 다이오드의 제조에 널리 이용된다.

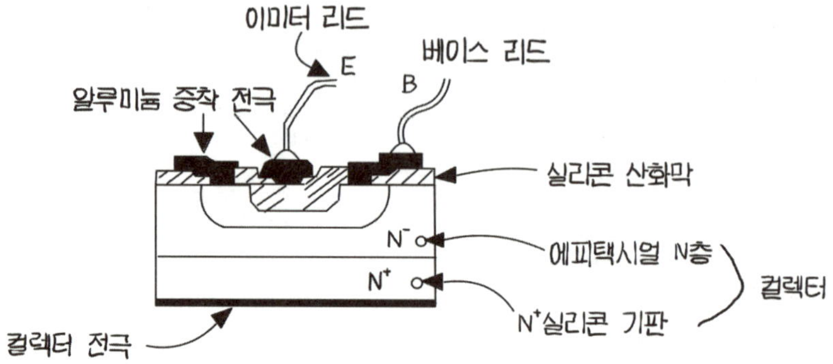

그림 8-18 에피택시얼 플레이너 트랜지스터

2) 전계 효과 트랜지스터

FET(field effect transistor)라고도 하며 접합형과 MOS형이 있다.

바이폴러 트랜지스터가 베이스 전류를 조정하여 컬렉터 전류를 컨트롤하는 반면 전계 효과 트랜지스터는 전압을 조정함으로써 전류를 컨트롤한다.

전계 효과 트랜지스터에서는 전류의 기본으로 하나의 극성 캐리어(전자 또는 정공)만을 이용하기 때문에 **단극성**(unipolar) **트랜지스터**라고 한다.

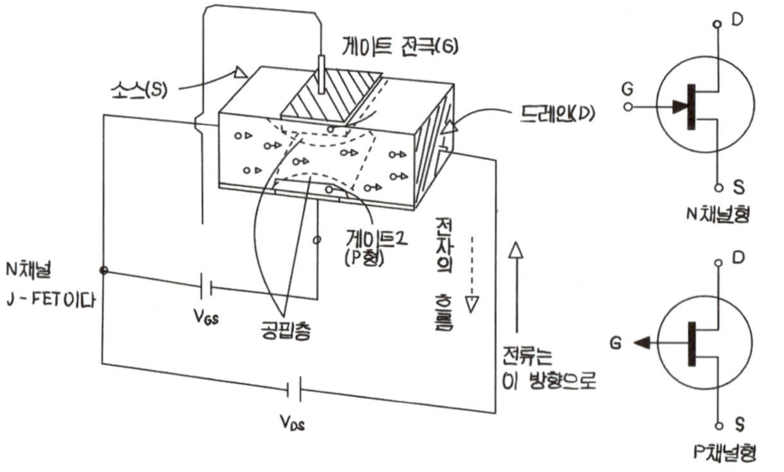

그림 8-19 접합형 FET

① 접합형 FET(J-FET)

그림 8-19와 같이 N형(또는 P형) 반도체 양쪽에 게이트라고 하는 전극을 붙인 모양으로 되어 있다. 전류의 통로는 채널(channel)이라 하며, 입구쪽을 소스(source), 출구 쪽을 드레인, 그리고 채널 양쪽의 극은 게이트라 하며 이 게이트는 채널이 N형이면 반대의 P형 반도체로 만들어진다.

그림에서와 같이 드레인과 소스 사이에 가해진 공급전압(V_{DS})에 의하여 드레인과 소스 사이에 강한 전계가 형성되고, 이 힘에 의해 채널의 전자가 이동되면서 드레인 전류가 흐르게 된다. 한편, 게이트와 소스 사이에는 게이트 바이어스 전압이라고 하는 V_{GS}를 역방향으로 걸어 주게 되면 게이트는 P형, 채널부분은 N형이므로 이 PN 접합에서는 P형 안의 정공은 게이트 쪽으로 채널 안의 **공핍층**이 생긴다. 이 공핍층의 영역은 역방향 전압이 클수록 넓어지므로 전자의 흐름을 방해한다.

결국 게이트 전압을 조절함으로써 주 전류를 조절할 수 있다.

즉 접합형 FET는 전압으로 주 전류를 조절하는 소자이며 입력을 넣는 게이트(G)와 소스(S) 사이에는 역방향 전압의 바이어스를 걸므로 입력 임피던스는 10 MΩ 이상으로 높고 잡음이 낮은 것이 특징이다. 따라서 저잡음의 저주파 증폭이나 고주파에서는 FM이나 TV의 튜너 등 100 MHz 정도의 고주파 증폭 또는 고속 스위칭에 사용한다.

② MOS형 FET

MOS FET는 채널로부터 게이트를 산화규소층으로 절연시켜서 만든 것으로서 공핍형(depletion) 또는 노멀리 온(normally on)형과 증가형(enhancement) 또는 노멀리 오프(normally off)형이 있는데 공핍형은 구조적으로 처음부터 채널이 존재하면서 드레인과 소스 사이의 전압에 의해서 드레인과 소스 사이에 전류가 흐르지만 증가형은 게이트 전압을 가한 다음부터 채널이 형성되고 드레인과 소스 사이에 전류가 흐르는 구조로 되어 있다.

그림 8-20과 같이 본체의 실리콘 단결정 기판의 표면을 얇은 실리콘 산화막으로 커버하여 절연한 위에 알루미늄 등의 금속막을 증착한 것이 게이트 전극으로 되어 있다. 따라서 이 구조에서는 '금속-산화막-반도체'를 나타내는 **MOS**(metal-oxide-semiconductor)형이라 하거나 **절연 게이트형**이라 한다.

MOS-FET는 게이트 극이 산화막으로 절연되어 있기 때문에 입력 임피던스가 매우 높은 특성이 있어 VHF 또는 UHF의 TV나 FM 라디오, 통신기의 고주파 증폭이나 믹서 또는 디지털 회로의 고속 스위칭 등에 이용된다.

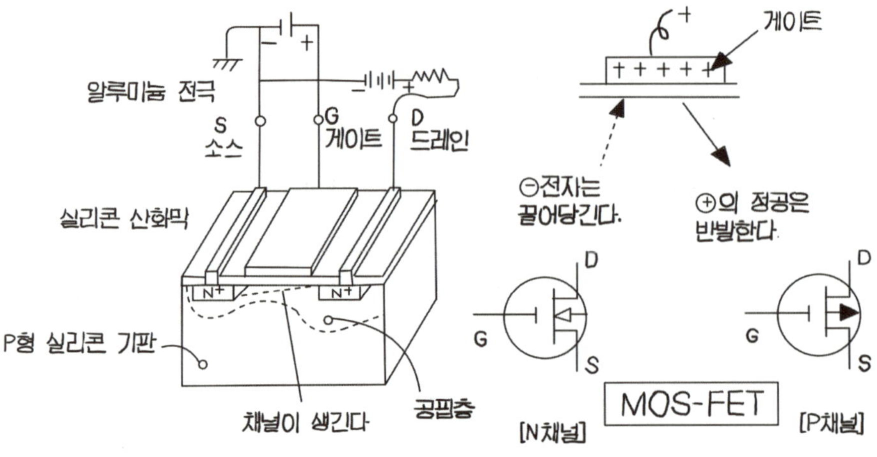

그림 8-20 N채널 MOS-FET

4. 트랜지스터의 선택과 이용

사실 자신이 원하는 용도나 성능의 트랜지스터를 선택하는 것은 쉬운 일이 아니다.

트랜지스터의 규격표에 기재되어 있는 트랜지스터를 차례로 찾아보는 것은 그 종류가 몇 천 가지나 되기 때문에 상당히 힘들다. 그러나 메이커가 만든 셀렉션 가이드나 용도별 일람표가 있다면 좀더 쉽게 원하는 트랜지스터를 찾을 수 있다.

매년 실시되는 일렉트로닉 쇼 등에서 발행되는 반도체의 종합 카탈로그는 좋은 자료가 될 수 있다.

1) 트랜지스터의 기호와 이름은?(형명 표시법)

① 트랜지스터의 기호

이미 알고 있는 사실이지만 트랜지스터를 사용한 회로를 보면 그림 8-21과 같은 기호가 많이 나온다. 트랜지스터의 기호에는 PNP형과 NPN형이 이미터의 화살표 방향으로 구별되고 있다. 즉 화살표는 이미터에 붙어 있으며 그 방향은 N형 쪽으로 향하고 있다. 따라서 화살표의 방향이 베이스로 향하고 있으면 PNP형이고 바깥쪽으로 향하고 있으면 NPN형이다.

또한 이 화살표의 방향은 전류가 흐르는 방향을 나타낸다.

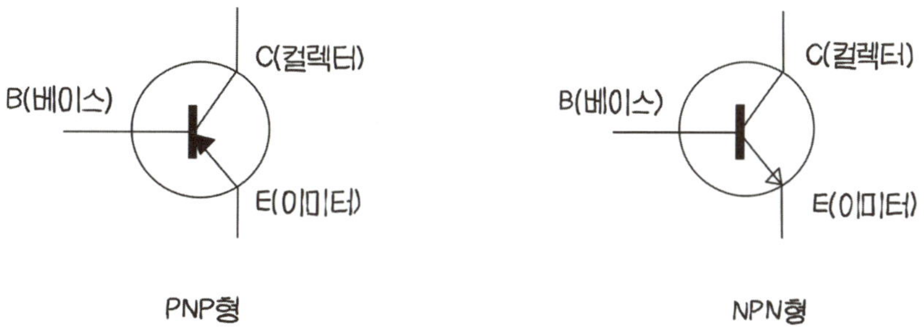

그림 8-21 트랜지스터의 기호

② 트랜지스터의 이름

트랜지스터와 같이 반도체로 만들어진 부품을 반도체 부품이라 하며 이 반도체 부품에는 다이오드, FET, IC 등 여러 가지가 있다. 또한 이들에는 각각 모두에 이름이 붙어 있으며 그 이름을 알면 어떤 작용을 하는 반도체 부품인가를 알 수 있다. 그림 8-22는 한국공업규격(KS)에서 정한 반도체 소자의 형명 표시법이다.

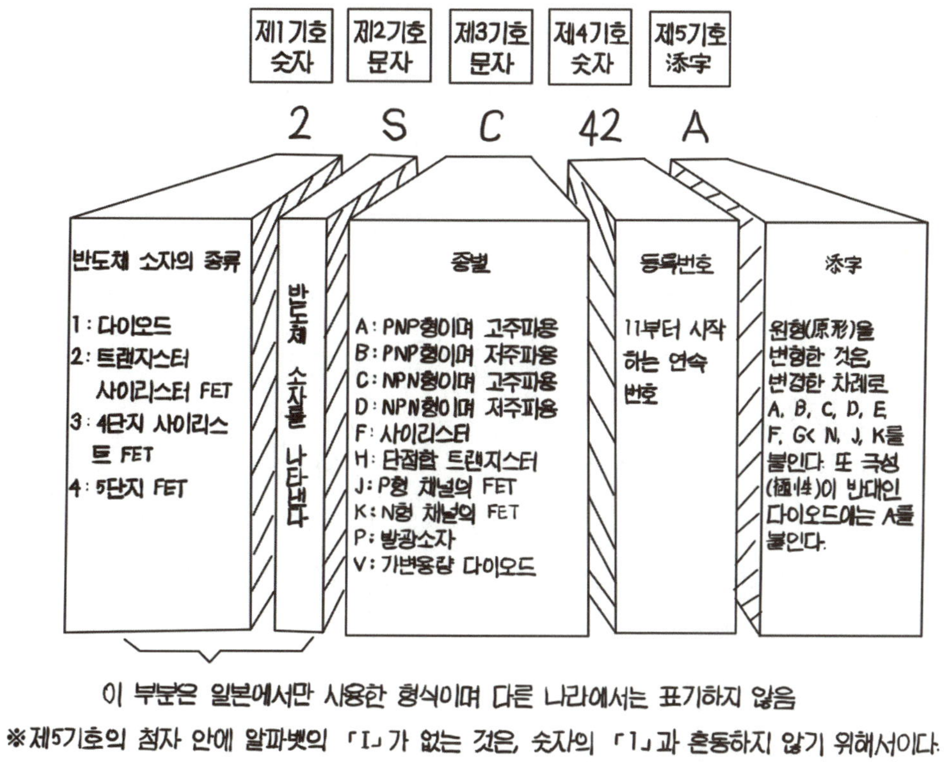

그림 8-22 반도체의 형명 표시법

특히 트랜지스터는 그림에서와 같이 2SA, 2SB, 2SC, 2SD(삼성전자: KSA, KSB, KSC, KSD)로 분류되며 2SA와 2SC는 고주파용이고 2SB와 2SD는 저주파용이다.

2) 트랜지스터의 규격표

트랜지스터에는 종류가 상당히 많아 사용하고 싶은 트랜지스터를 찾을 때 또는 그것이 어떤 트랜지스터인지 알고 싶을 때는 트랜지스터의 규격표를 참조하면 된다. 규격표에는 형명, 제작회사, 최대정격(V_{CBO}, V_{CEO}, V_{EBO}, I_C), PC, T, T_{stg}, 등이 표시되어 있다. 따라서 트랜지스터를 사용할 때 이 규격표에서 제시한 전압, 전류, 전력, 온도 등의 정격값을 넘지 않도록 하여야 한다.

(1) 트랜지스터의 최대 정격

트랜지스터는 열에 의해 파괴되는 경우도 있지만 자연히 파괴되는 경우도 있어 외관상으로는 판단하기가 어렵다. 따라서 트랜지스터가 파괴되지 않도록 하기 위해서는 반드시 최대정격 내에서 사용해야 한다. 최대정격은 순간적이라도 초과해서는 안되며 주위 온도가 25℃일 때가 기준이다.

① V_{CBO}(컬렉터-베이스 간 전압), V_{CEO}(컬렉터-이미터 간 전압), V_{EBO}(이미터-베이스 간 전압)

트랜지스터를 사용할 때 전원 전압이 몇 V인가와 트랜지스터에 걸 수 있는 최고 전압이 몇 V인가는 상당히 중요하다.

보통 삼성전자(주)에서 발행된 규격표를 보면 KSC 1815에서는 V_{CEO}가 60 V라 되어 있는 것은 60 V 정도의 전압까지는 걸어도 된다는 것이다. 그런데 트랜지스터 회로에서 전원전압은 전지를 이용하여 3 V, 6 V, 9 V, 12 V라는 값을 선정하는 것이 일반적이기 때문에 보통은 전압에 대해서는 걱정할 필요가 없다.

그러나 무선용 햄이나 AM 변조의 경우와 같이 전원전압보다 높은 전압(이론적으로 전원전압의 2배)이 트랜지스터에 걸릴 수 있는 경우는 그 이상의 전압에 견딜 수 있는 트랜지스터를 선택해야 한다. 또 교류 110 V를 직접 정류하여 전원으로 사용하는 경우에도 156 V 정도의 전압이 트랜지스터에 걸릴 수 있으므로 주의해야 한다.

② 최대 정격전류, I_C

최대로 흐르게 할 수 있는 컬렉터 전류로서 보통 트랜지스터의 I_C는 150 mA 정도이며 이 값은 라디오나 오디오의 경우 파워 앰프를 제외하면 고작 1~2 mA가 보통이며 커야 10 mA 이하이기 때문에 걱정할 필요는 없다.

그러나 파워 앰프의 경우는 출력에 따라 수 A의 전류가 흐르기 때문에 주의해야 한다.

③ 컬렉터 손실, Pc

트랜지스터에서 소비할 수 있는 최대 전력 즉, 트랜지스터에서 발생하는 전력 손실인데 이 손실이 열로 변하여 트랜지스터를 손상시키기 때문에 큰 문제이다. 라디오나 오디오와 같이 컬렉터 전류가 작을 경우는 상관이 없지만 큰 전력을 취급하는 파워 앰프나 직류 안정화 전원과 같은 경우는 트랜지스터에 열이 많이 날 수 있다. 따라서 최대 정격에 유의하면서 트랜지스터에 방열기를 붙여 사용해야 한다.

(2) 트랜지스터의 전기적 특성

① 직류전류 증폭률, h_{FE}

트랜지스터의 주 작용이 증폭작용이므로 얼마나 증폭할 수 있느냐가 중요하다. 그림 8-23에서와 같이 2~3 mA의 베이스 전류로 300 mA의 컬렉터 전류를 흘렸으므로 증폭률은 약 100배가 된다. 실제 트랜지스터에서의 h_{FE}값은 50~700정도로 상당히 폭이 넓다. 따라서 보통은 이 h_{FE}값 사이에 4개의 등급을 두어 구분하여 사용하고 있다.

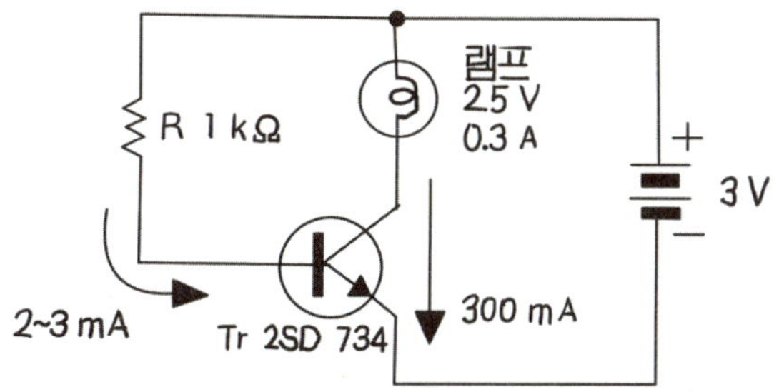

그림 8-23 직류전류 증폭

② 주파수의 한계

초기의 트랜지스터는 오디오와 같은 저주파는 증폭하지만 중파 라디오 정도의 고주파가 되면 증폭하지 않았다. 따라서 트랜지스터가 어느 정도까지 증폭할 수 있는가를 나타내는 것이 **이득 대역폭 곱, fT**라는 것이다. 이 f_T라는 것이 가장 잘 사용되고 있는 것은 이미터접지라는 증폭 방법이며 교류 전류 증폭률이 1로 되는 주파수이다.

f_T는 어느 정도 높은 주파수까지 사용할 수 있는가의 기준이다. 특히 FM 라디오나 텔레비전의 컨버터 같은 것을 설치할 경우에는 f_T에 주의를 해야 한다.

국내의 KSC 1675(삼성전자)는 f_T가 최소 150 MHz이다.

(3) 컴플리멘터리(complementary)

규격표에 나오는 컴플리멘터리라는 것은 PNP형 트랜지스터에서 보면 NPN형, NPN형 트랜지스터에서 보면 PNP형 트랜지스터와 같은 행동을 하는 짝 트랜지스터를 말한다.

(4) 핀의 접속 형태

규격표에서 핀의 접속을 알 수 있다. 즉, 어느 핀이 베이스이고 컬렉터, 이미터인지가 표시되어 있다.

3) 테스터를 이용한 고장 유무

(1) 간단히 테스트하는 방법

일단 규격표에서 트랜지스터의 핀의 베이스, 이미터, 컬렉터 단자를 알고 트랜지스터가 파손되어 있는지를 간단히 판단하는 방법으로 PNP형인지 NPN형인지는 의식하지 않아도 된다.

① 테스터의 측정 레인지를 옴(Ω)계의 ×10 또는 ×100에 맞춘다.

② 그림 8-24와 같이 베이스와 컬렉터 사이에 테스터 봉을 교체하여 대었을 때 한쪽은 바늘이 움직이고 한쪽은 움직이지 않아야 한다.(양쪽 모두 움직이거나 움직이지 않으면 불량)

③ 또 베이스와 이미터 사이에 테스터 봉을 교체하여 대었을 때 한쪽은 바늘이 움직이고 한쪽은 움직이지 않아야 한다.(양쪽 모두 움직이거나 움직이지 않으면 불량)

④ 다시 이미터와 컬렉터 사이에 테스터 봉을 교체하여 대었을 때 양쪽 모두 움직이지 않아야 한다.(양쪽 모두 움직이면 불량)

⑤ ②, ③, ④ 모두 맞으면 합격이고 하나라도 틀리면 불합격

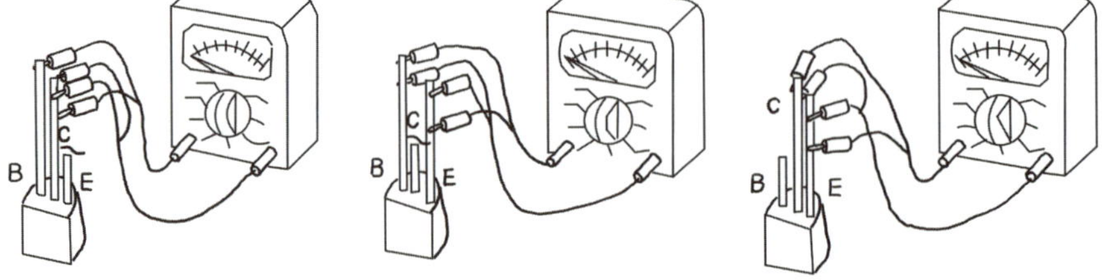

그림 8-24 트랜지스터의 고장 여부 체크 방법

(2) 다이오드로 생각하고 테스트하는 방법

트랜지스터의 구조에서 알 수 있듯이 그림 8-25와 같이 2개의 다이오드로 생각할 수 있다. 따라서 이 2개의 다이오드 테스트를 함으로써 트랜지스터 테스트를 할 수 있다.

① 테스터의 저항 레인지를 1 k에 맞춘다.

② 테스터봉의 적색봉과 흑색봉을 단락시켜 영점을 맞춘다.

③ 이미터와 베이스 사이의 다이오드 테스트를 한다. 이때 순방향 전압을 걸었을 때 바늘이 움직이고 역방향 전압을 걸었을 때 바늘이 움직이지 않으면 좋다.(테스터의 (+)단자에는 마이너스 전압이, (−)단자에는 플러스 전압이 나오므로 순방향과 역방향 전압을 거는 판정 때 주의해야 한다)

④ 또 컬렉터와 베이스 사이의 다이오드 테스트를 한다. 이때 순방향 전압을 걸었을 때 바늘이 움직이고 역방향 전압을 걸었을 때 바늘이 움직이지 않으면 좋다.

⑤ 그리고 이미터와 컬렉터 사이는 다이오드가 역방향으로 연결된 것과 같으므로 어느 방향으로 걸어도 바늘이 움직이지 않아야 한다.

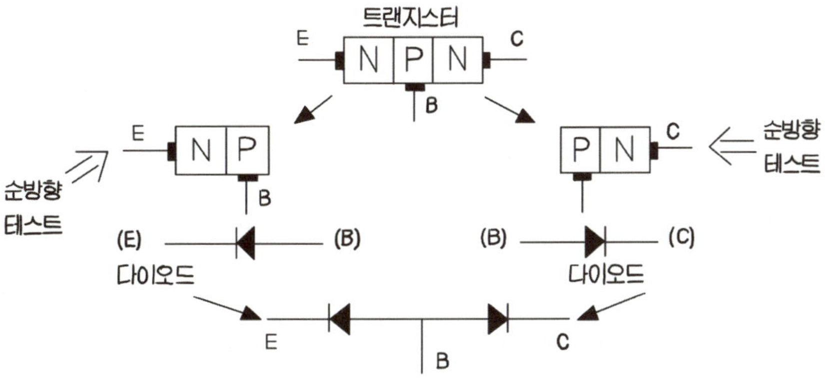

그림 8-25 트랜지스터의 고장 여부 체크 방법

4) 접지 방식과 바이어스를 가하는 방법

(1) 접지 방식

모든 회로에는 입력단자가 2개이고 출력단자가 2개이기 때문에 트랜지스터 3개의 단자로서는 불충분하다. 따라서 그림 8-26과 같이 어느 한 단자를 공통으로 하여 사용하고 있다. 이 세 가지 가운데 널리 사용되는 것이 이미터 접지회로로서 주로 증폭기에 사용한다.

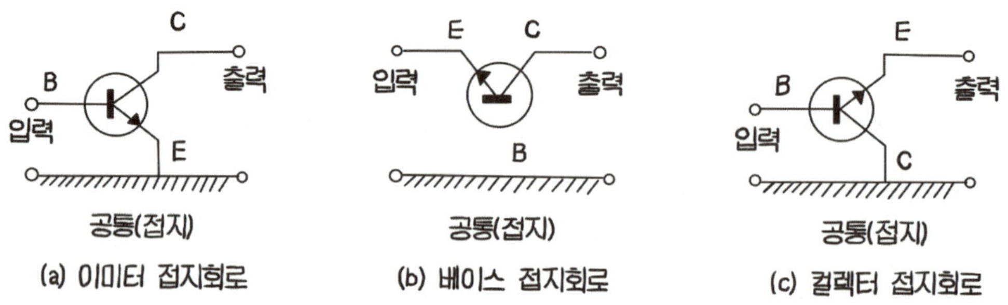

그림 8-26 트랜지스터의 접지방식

(2) 바이어스를 가하는 방법

트랜지스터의 바이어스는 동작점을 결정하는데 매우 중요하며 이 바이어스 전압이 적절하고 안정되어야 트랜지스터를 정확히 작동시킬 수 있다.

기본적인 바이어스 회로는 그림 8-27과 같다. 그림에서 I_B가 바이어스이며 이 전류값에 따라서 동작점이 결정된다.

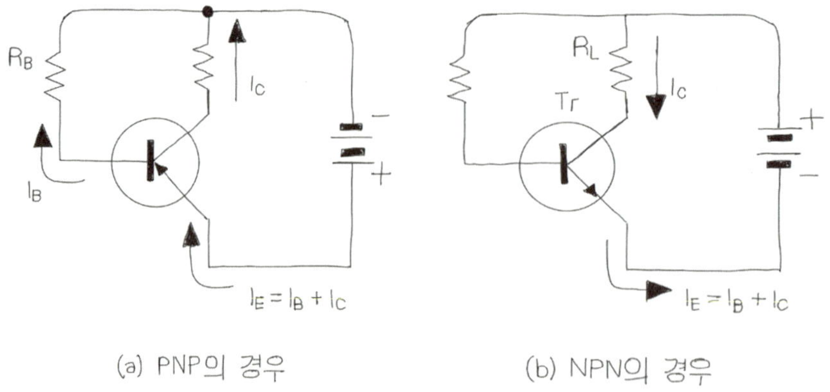

그림 8-27 바이어스의 기본

① 고정 바이어스 회로

그림 8-28과 같이 컬렉터 전원(Vcc)의 컬렉터 측에서 직렬 저항 R_B를 베이스로 접속하는 회로를 고정 바이어스 회로라 한다.

바이어스를 주는 것은 저항 R_B이며 이 저항의 결정은 다음과 같다.

트랜지스터의 베이스와 이미터 사이에 순방향 전압이 걸려 있으며 V_{BE}는 거의 0.7 V이다. 그림 8-28은 간단히 그림 8-29와 같이 그릴 수 있으며 여기서 저항 R_B에 걸리는 전압은 Vcc−0.7V 가 된다. 그런데 바이어스가 되는 베이스 전류는 이미 설계해 두어야 하며 여기서는 $I_B = 10\ \mu A$, $Vcc = 9\ V$로 계산하면 그림 8-29에서와 같이 값은 830 kΩ으로 된다.

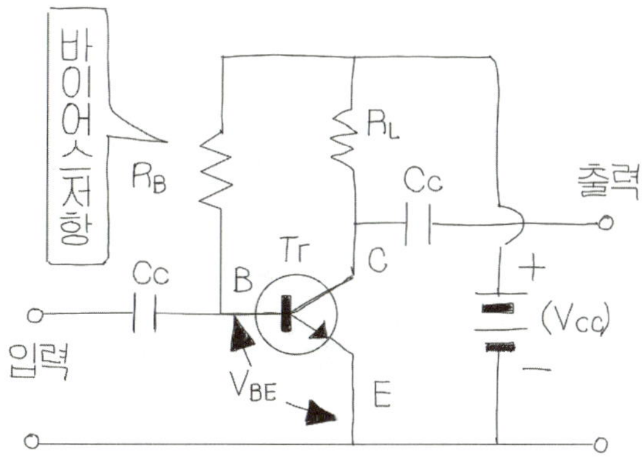

그림 8-28 고정 바이어스 회로

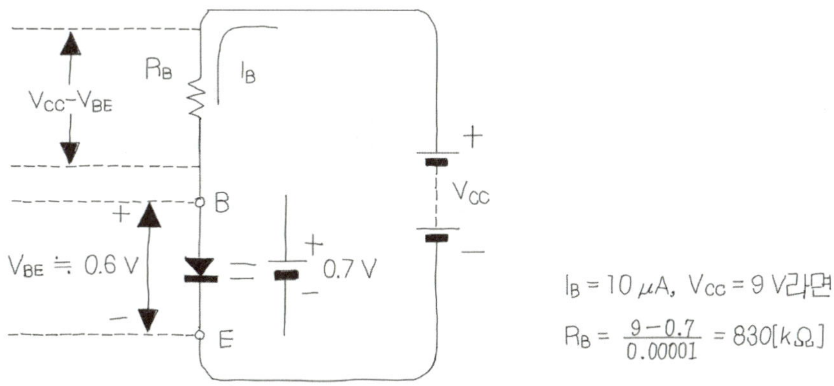

그림 8-29 고정 바이어스 회로의 계산

이 고정 바이어스 회로는 매우 간단하고 경제적이고 손실이 적어 가장 효율 좋은 바이어스 회로라 할 수 있다. 그러나 불안정하고 충실도도 떨어진다. 따라서 전지의 소모에 관심이 있는 포터블 세트나 보청기 등 간단한 장치에 사용될 뿐이다.

② 자체 바이어스 회로

자체 바이어스 회로는 이미터 귀환 바이어스 회로라고도 하며 그림 8-30과 같이 직렬 저항 R_B 앞에 저항 R_L이 있다.

이 자체 바이어스 회로는 네거티브 피드백(negative feed back) 즉 음 되먹임이 걸려 Ic의 증가를 억제하는 작용을 한다. 또한 전원전압의 변동, 온도에 의한 트랜지스터의 동작상태의 변동에 대해서도 직류 전압 부귀환을 걸어 바이어스를 안정화한다.

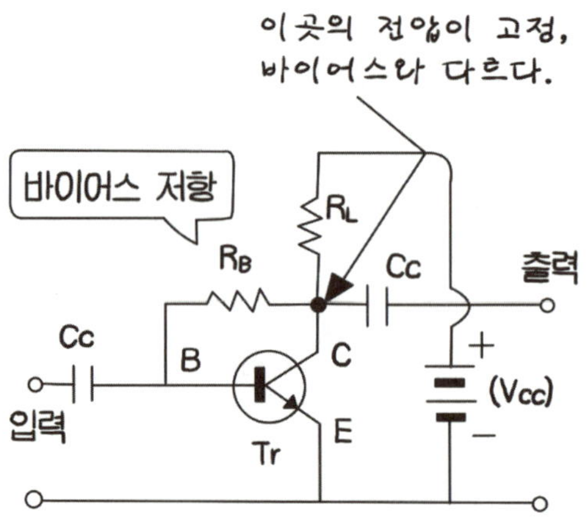

그림 8-30 자체 바이어스 회로

자체 바이어스 회로의 계산

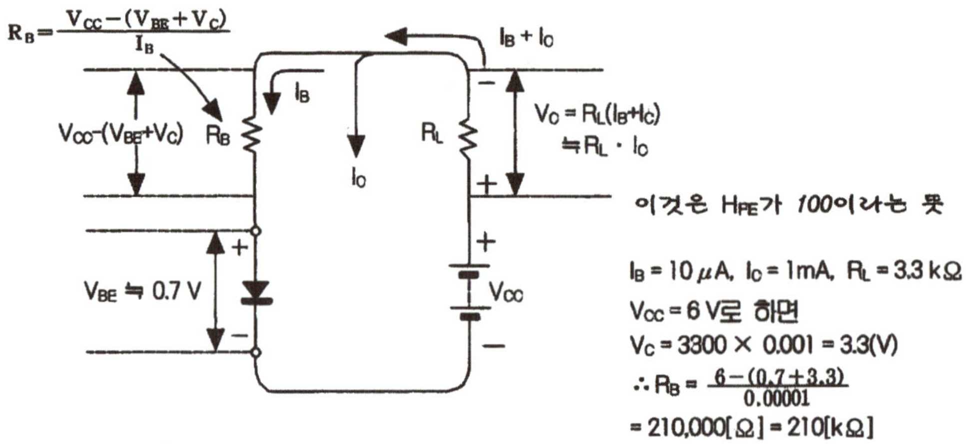

③ 전류 귀환(되먹임) 바이어스 회로

전류 귀환 바이어스 회로는 그림 8-31과 같이 고정 바이어스 회로에 저항 R_{B2}를 설치하고 이미터 저항 R_E와 병렬로 바이패스 콘덴서 C_B를 접속해서 R_E를 통하여 직류분의 전류 되먹임을 걸고 있다. 이 전류 귀환 바이어스 회로는 선형화로에서 가장 폭넓게 사용되기 때문에 '**범용바이어스**'라고도 하며 일명 '**전압 분배 바이어스**'라고도 한다.

전류 귀환 바이어스 회로는 다른 바이어스 회로에 비해 안정된 동작점을 얻을 수 있으나 직류 손실이 크다.

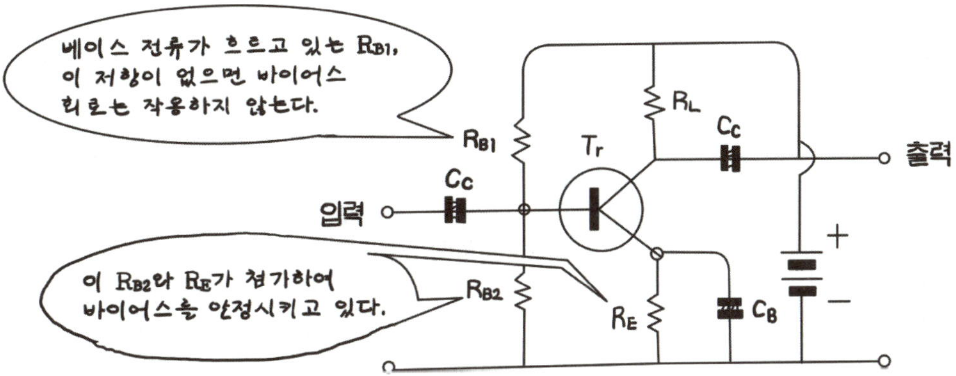

그림 8-31 전류 귀환 바이어스 회로

PART

09

사이리스터

학습목표

- 사이리스터의 구조를 설명할 수 있어야 한다.
- 사이리스터의 종류를 설명할 수 있어야 한다.
- 사이리스터의 ON/OFF 방법을 설명할 수 있어야 한다.
- 사이리스터의 선택과 규격표를 사용할 수 있어야 한다.
- 사이리스터는 SCR과 어떻게 다른가를 설명할 수 있어야 한다.
- 사이리스터의 고속형과 일반형의 차이를 설명할 수 있어야 한다.
- 브레이크오버와 브레이크다운이 어떻게 다른가를 설명할 수 있어야 한다.

개요

제 9장에서는 전력 제어 분야에서 널리 활용되는 고전력 스위칭 소자인 **사이리스터(Thyristor)**를 학습한다. 사이리스터는 다이오드나 트랜지스터보다 큰 전류와 높은 전압을 제어할 수 있어, 전력전자 시스템의 핵심 부품으로 자리 잡았다. 산업 현장에서 사용하는 인버터, 정류기, 전동기 제어 장치 등은 대부분 사이리스터의 원리를 응용하고 있다. 따라서 본 장에서는 사이리스터의 구조와 동작 원리, 다양한 종류와 응용을 종합적으로 다룬다.

먼저 사이리스터의 기본 구조를 살펴본다. 사이리스터는 PNPN의 4층 반도체 구조를 가지며, 애노드(Anode), 캐소드(Cathode), 게이트(Gate) 세 단자로 동작한다. 애노드와 캐소드 사이에 전압이 인가되었을 때, 게이트에 트리거 전류를 인가하면 소자가 도통 상태로 전환된다. 한 번 도통이 시작되면 유지 전류 이하로 떨어지지 않는 한 스스로 꺼지지 않는 특성이 있는데, 이를 래칭(Latching) 특성이라고 한다. 이와 같은 특성 덕분에 사이리스터는 강력한 스위칭 소자로 활용될 수 있다.

이어서 사이리스터의 도통과 차단 과정을 학습한다. 도통 전류가 일정 값 이하로 감소하면 자동으로 꺼진다. 이를 **소호(Commutation)**라고 한다. 직류 회로에서는 소호를 외부 회로를 통해 강제로 수행해야 하고, 교류 회로에서는 전압이 자연스럽게 0을 지날 때 자동으로 소호가 이루어진다. 이러한 원리를 이해하는 것은 사이리스터를 실제 회로에 안정적으로 적용하기 위해 필수적이다.

또한 다양한 사이리스터의 종류를 소개한다. 기본 형태인 SCR(Silicon Controlled Rectifier)은 전력 변환 장치에 가장 널리 사용된다. PUT(Programmable Unijunction Transistor)은 트리거 특성을 자유롭게 설정할 수 있으며, SCS(Silicon Controlled Switch)는 양방향 제어가 가능하다. GTO(Gate Turn-Off Thyristor)는 게이트 신호만으로 켜고 끌 수 있어 제어성이 크게 향상되었다. 이 외에도 TRIAC, DIAC 등 양방향 스위칭이 가능한 소자들은 교류 위상 제어와 조명 조절 장치 등에 활용된다.

제 9장에서는 사이리스터의 응용 회로도 함께 학습한다. 위상 제어 회로에서는 사이리스터의 점호 시점을 조절하여 전력의 크기를 제어할 수 있다. 이는 조명 밝기 조절, 히터의 출력 제어 등에서 흔히 사용된다. 인버터 회로에서는 직류를 교류로 변환할 수 있으며, 전동기 제어에서는 회전 속도와 토크를 조절하는 핵심 장치로 활용된다. 또한 고전압 직류 송전(HVDC) 시스템에서도 사이리스터가 핵심적으로 사용된다.

사이리스터를 실제로 활용하기 위해서는 보호 회로와 안정화 설계도 중요하다. 급격한 전압 변화에 의한 서지나 과전압은 사이리스터를 손상시킬 수 있으므로, 스너버 회로와 같은 보호 장치를 병렬로 연결하여 안정적인 동작을 보장한다. 또한 게이트 신호의 크기와 파형을 적절히 설계하는 것이 안정적인 점호와 소호를 가능하게 한다.

종합하면, 제9장 사이리스터는 PNPN 구조와 동작 원리, 래칭 특성과 소호 과정, 다양한 형태의 사이리스터와 그 응용, 그리고 안정적인 회로 설계 방법까지 폭넓게 다룬다. 독자는 제 9장을 학습함으로써 사이리스터가 고전압·대전류 전력 제어에서 핵심적인 역할을 수행한다는 사실을 이해하고, 전력전자 시스템으로 학습을 확장할 수 있는 기반을 마련할 수 있다.

1. 서론

사이리스터(Thyristor)는 PNPN 구조로 이루어진 4층 반도체 소자로, 애노드(Anode), 캐소드(Cathode), 게이트(Gate)의 세 단자로 구성되어 있다. 이 소자는 일방향으로 전류를 흐르게 하며, 전류를 차단 상태에서 도통 상태로, 혹은 그 반대로 제어할 수 있는 스위칭 특성을 가진다. 게이트에 트리거 신호를 인가하면 애노드와 캐소드 사이가 도통되고, 일단 도통 상태가 되면 외부 회로의 전류가 특정 유지 전류(holding current) 이하로 감소하지 않는 한, 게이트 신호 없이도 도통 상태를 유지한다. 이 특성은 사이리스터의 래칭 동작(latching behavior)에 해당한다.

사이리스터는 1957년, 미국의 GE(General Electric)사와 RCA(Radio Corporation of America)사에 의해 최초로 개발되었으며, 이는 트랜지스터 발명 이후 약 10년 만의 성과였다. 이어서 1960년에는 일본의 NEC사에서 캔 타입의 사이리스터를 개발하였고, 이후 한국에서는 삼성, 대우, 현대, LG 등의 기업들이 사이리스터 상용화를 위해 연구와 투자를 확대하였다. 명칭에 있어 GE사는 이 소자를 실리콘 제어 정류기(Silicon Controlled Rectifier, SCR)라고 불렀으며, 이는 실리콘 기반으로 전류를 제어하는 정류기라는 의미이다. RCA사는 이 소자의 동작이 진공관의 일종인 사이러트론(Thyratron)과 유사하고, 내부 구조가 트랜지스터 두 개의 복합 구조와 유사하다는 점에 착안해 사이러트론(thyratron)과 트랜지스터(transistor)의 합성어인 사이리스터(thyristor)라는 이름을 붙였다. 현재는 국제전기표준회의(IEC) 기준에 따라 사이리스터라는 명칭이 공식적으로 사용되고 있다.

내부적으로 사이리스터는 PNP와 NPN 트랜지스터가 서로 피드백 구조로 연결된 등가 회로로 해석할 수 있다. 이 구조는 트리거 신호가 입력되면 양쪽 트랜지스터가 서로를 켜주면서 도통 상태를 유지하게 만든다. 이 때문에 사이리스터는 한 번 켜지면 특정 조건이 되기 전까지 자동으로 꺼지지 않으며, 전류 차단을 위해서는 외부에서 전원을 차단하거나 역전압을 가해야 한다.

사이리스터는 일반적으로 고속 스위칭에는 적합하지 않지만, 고전압·고전류 제어에 적합하여 정류기, 위상 제어기, 인버터, 전동기 제어, 조광기, 용접기, 배터리 충전기 등 다양한 분야에 널리 사용된다. 특히 AC 전원의 위상 제어에 적합하여 산업용 전력전자 기기에 필수적인 소자로 자리 잡고 있다.

사이리스터는 그 외에도 TRIAC(양방향 제어 가능), DIAC(트리거용 디바이스), GTO(Gate Turn-Off Thyristor), LASCR(Light-Activated SCR) 등의 다양한 파생 소자가 있으며, 각각의 특성에 따라 응용 범위가 확장되고 있다.

오늘날 사이리스터는 가정용 전자기기, 사무용 기기, 공장 자동화 설비, 자동차 전장품, 가로등, 자동판매기 등 일상생활과 산업 현장 전반에 걸쳐 다양하게 활용되고 있으며, 작은 크기, 높은 내전압, 장수명, 높은 신뢰성 등의 장점으로 인해 전력 제어 기술의 핵심 부품으로 계속 발전하고 있다.

2. 사이리스터의 구조와 특성

1) 사이리스터의 구조

사이리스터는 그림 9-1과 같이 애노드에서 캐소드로 향해 PNPN으로 늘어놓은 4층 구조의 소자이다.

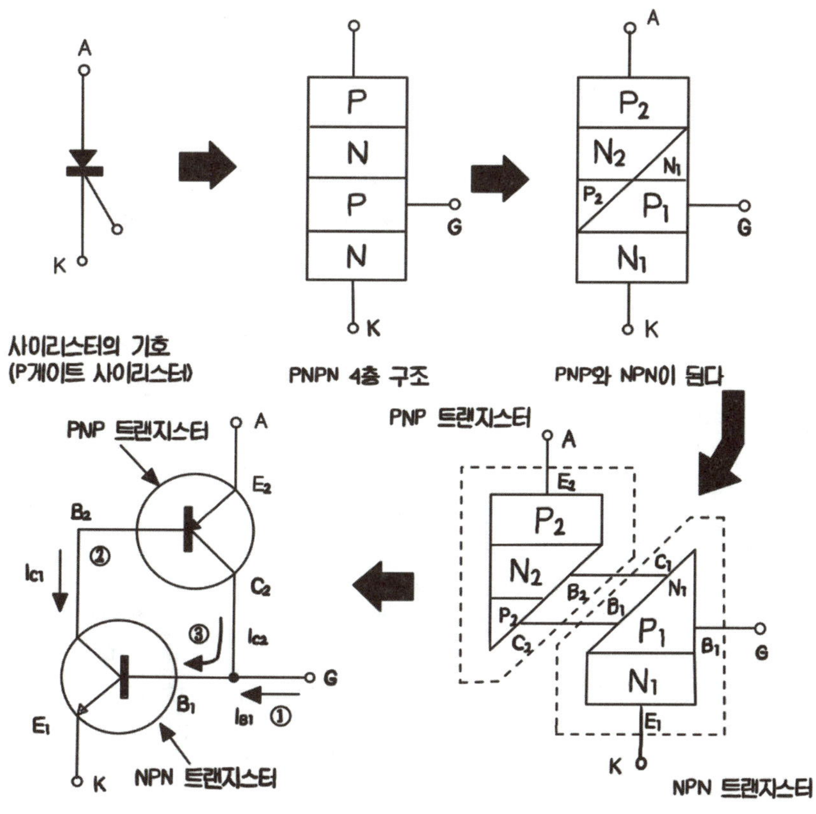

그림 9-1 사이리스터의 구조

그림에서와 같이 트랜지스터 두 개를 조합한 모양 즉, PNP 트랜지스터와 NPN 트랜지스터를 조합한 것과 같다. 그러므로 사이리스터는 두개의 다른 극성 트랜지스터를 서로 베이스를 상대의 컬렉터에 연결한 모양으로 게이트의 전극을 NPN 트랜지스터의 베이스에 해당하는 P층에서 꺼낸 것이 일반적이며 이를 P게이트 사이리스터라 하며, PNP 트랜지스터의 베이스에 해당하는 N층에서 꺼낸 것을 N게이트 사이리스터(PUT)라고 한다.

이와 같이 사이리스터는 PNP 트랜지스터와 NPN 트랜지스터의 복합회로와 같으며 실제로 PNP 트랜지스터와 NPN 트랜지스터를 이와 같이 접속하면 사이리스터와 같은 기능을 한다.

따라서 두 개의 트랜지스터로 사이리스터를 대용하는 것도 가능하다.

2) 사이리스터의 작동 원리

사이리스터는 NPN 트랜지스터와 PNP 트랜지스터를 결합한 것과 같은 작용을 하므로 그림 9-2에서와 같이 트랜지스터 등가회로와 비교해보면 사이리스터의 동작원리를 알 수 있다.

트랜지스터는 베이스에 전류가 흐르면 그 h_{FE}(전류 증폭률) 갑절의 전류가 컬렉터에 흐르게 되고 베이스 전류가 흐르지 않으면 컬렉터 전류는 흐르지 않게 된다.

그러므로 그림 9-2와 같이 단지 전원을 연결하기만 하고 게이트에 전류를 흘려보내지 않으면 NPN 트랜지스터 Q_1과 PNP 트랜지스터 Q_2가 모두 컷 오프로 되어 전류는 흐르지 않게 된다.

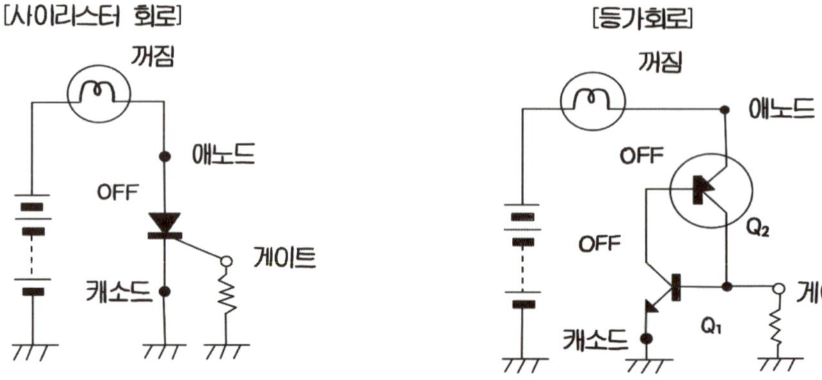

그림 9-2 사이리스터의 작동

다음에 애노드와 게이트 사이에 저항을 연결하여 게이트에 전류를 흘려보내면 그림 9-3과 같이 먼저 Q_1의 베이스에 전류가 흐르기 때문에 그 h_{FE} 갑절의 전류 I_{c1}이 Q_1의 컬렉터에 흐르게 된다. 그렇게 되면 Q_1의 컬렉터는 Q_2의 베이스에 연결되어 있으므로, 그 전류가 Q_2의 베이스 전류로 되어 그 h_{FE} 갑절의 전류 I_{c2}가 Q_2의 컬렉터에 흐르게 된다.

그리고 Q_2의 컬렉터가 Q_1의 베이스에 연결되어 있으므로 이 전류가 Q_1의 베이스에 흘러 들어가며 그것이 h_{FE} 갑절이 되어 I_{c1}으로 되고, 다시 h_{FE} 갑절가 되어 I_{c2}로 되어…, 하는 식으로 전류가 서로 증폭하면서 순환하는 정귀환 루프(plus feedback loop)가 생긴다. 그러나 전류는 끝없이 증폭이 계속되는 것이 아니고 결국에는 트랜지스터가 포화하여 부하인 램프의 저항값으로 제한되는 전류 부분에 머물게 된다.

일단, 트랜지스터에 전류가 흐르게 되면 나중에는 그림 9-4와 같이 트랜지스터끼리 서로 이동하고 순환하기 때문에 게이트 전류를 끊어도 사이리스터의 ON 상태는 지속된다.

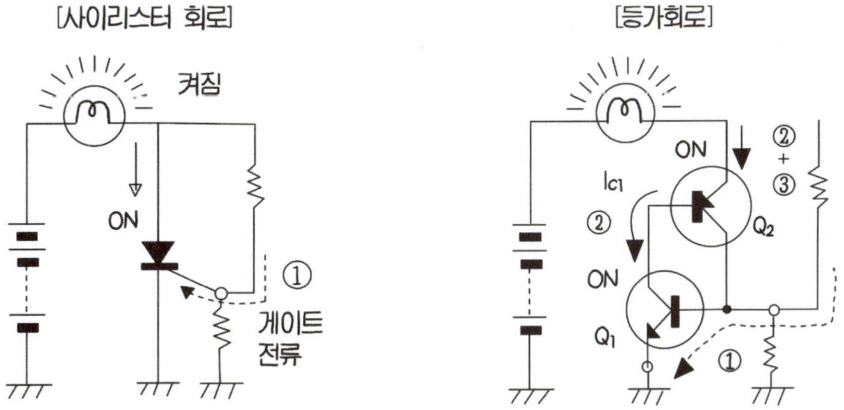

그림 9-3 사이리스터의 작동

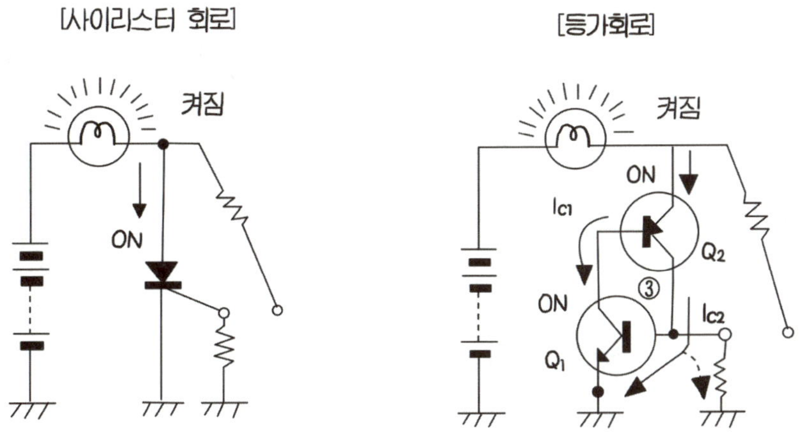

그림 9-4 사이리스터의 작동

사이리스터를 OFF 상태로 되돌리기 위해서는

① 잠시 전원을 끊는다든가,

② 컬렉터 전류를 일순간 역류시키든지 하여 트랜지스터를 일단 차단시켜야 한다.

한편 교류 회로에 사용했을 경우에는 전원 전압이 0 V로 되는 순간이 있으므로, 그때 OFF 상태로 되돌아간다.

3) 사이리스터의 스위치 작용

(1) 애노드, 캐소드 간 전압이 직류일 때

그림 9-5에 나타낸 것처럼 사이리스터의 A-K 간에 가해진 전원전압이 직류인 경우 게이트 신호를 가하면 사이리스터는 도통상태로 된다(그림 9-6 (c) t_1).

도통상태 후 게이트 신호를 끊어도 도통상태를 지속한다(그림 9-6 (c) t_2).

사이리스터의 도통상태를 해제하려면,

① A-K 간의 무전압으로 한다.

② A 또는 K단을 개방한다.

③ G에 역전압을 가한다.

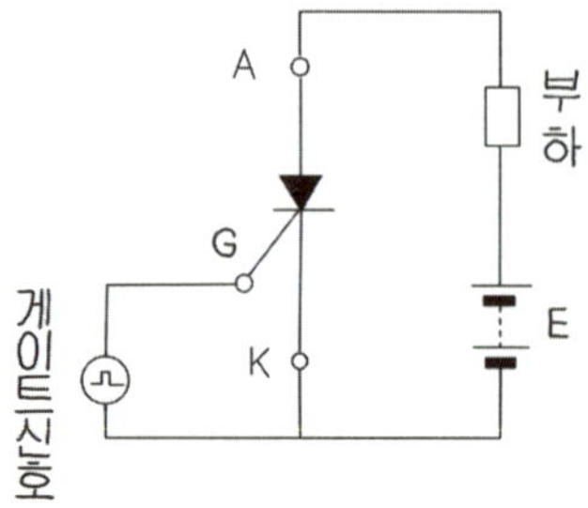

그림 9-5 전원전압이 직류

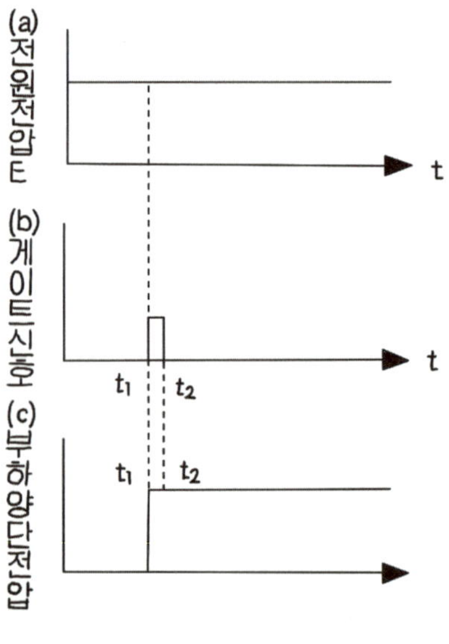

그림 9-6 사이리스터의 차단, 도통상태

(2) 애노드, 캐소드 간 전압이 교류일 때

① 게이트 신호가 연속적일 때: 그림 9-7처럼 사이리스터 A-K 간에 가해진 전원전압이 교류의 경우, 게이트 신호로서 직류를 가하고 계속 흘려도 전원전압이 변하기 때문에 그림 9-8과 같이 사이리스터는 순방향 전압이 가해진 반주기만 도통한다.

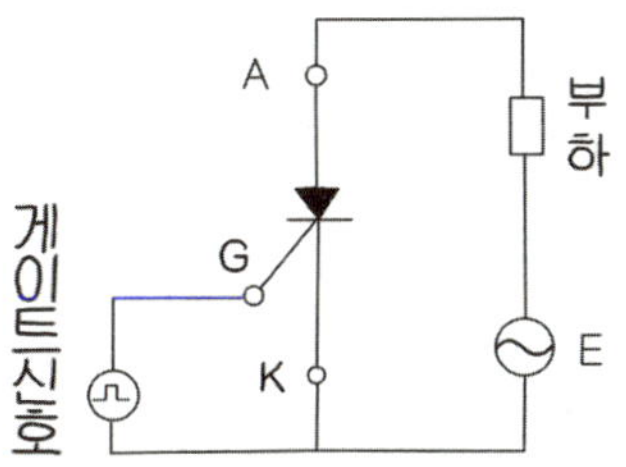

그림 9-7 **전원전압이 교류**

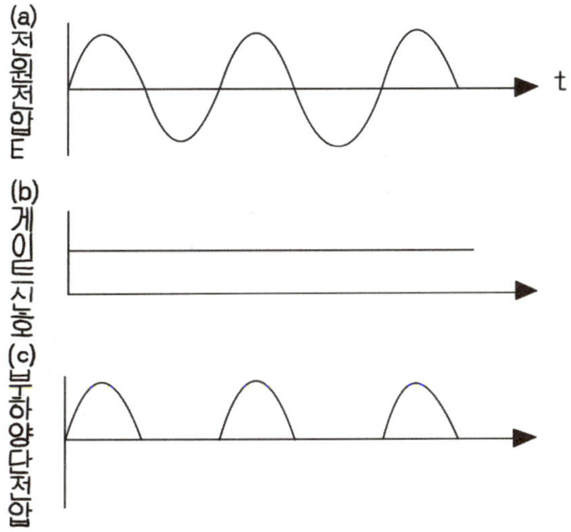

그림 9-8 **사이리스터의 차단, 도통관계**

② 게이트 신호가 펄스일 때: 게이트 신호가 펄스를 이용, 점호시기(⊿t)를 변화시키는 것에 의해서 부하 양단에 걸리는 평균전력을 조정할 수가 있다. 그림 9-9의 (e)는 (c)보다 ⊿t를 크게 했기 때문에 부하 양단전압이 적게 되고 있는 것을 나타내고 있다. 전원전압이 교류인 경우 사이리스터를 차단(turn off)하는 것은 게이트 신호를 OFF로 해주면 A-K 간이 무전압으로 된 순간에 턴·오프하기 때문에 직류의 경우보다 간단하다.

4) 사이리스터와 트랜지스터의 비교

(1) 고내압, 대전류 소자의 제작이 가능하다.

트랜지스터는 베이스 폭이 극히 적어 고내압소자의 제작이 어렵다. 이에 비해 사이리스터는 각 층을 비교적 두껍게 할 수 있어 대전류 소자의 제작이 가능하다.

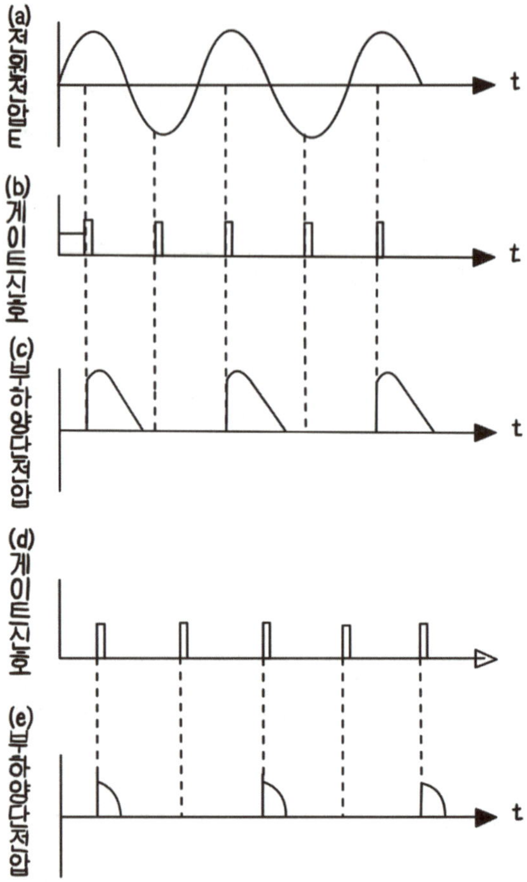

그림 9-9 게이트신호가 펄스일 때 사이리스터의 차단, 도통상태

(2) 미소전류로 대전력을 스위칭할 수 있다.

사이리스터는 일단 도통으로 들어가면, 전원전압이 직류이면 도통상태를 지속하는 기능이 있고, 게이트에 수십 밀리암페어 정도의 전류를 수 마이크로 초 사이에 가함으로써 수 암페어에서 수백 암페어까지의 전류를 제어할 수 있다. 트랜지스터는 전력용 트랜지스터에서도 수 암페어의 컬렉터 전류를 제어하려면, 베이스 전류로서 수백 밀리암페어 정도를 연속적으로 흘리지 않으면 안된다.

(3) 턴·오프가 어렵다.

트랜지스터는 베이스 전류를 차단하는 것에 의해 턴·오프시킬 수 있지만 사이리스터는 일단 도통하면 애노드와 캐소드 간을 무전압으로 하던가, 강제로 역전압을 가하지 않으면 턴·오프할 수 없다.

3. 사이리스터의 종류와 기능

사이리스터에는 다양한 종류가 있지만 이들 모두는 기본적인 구성은 같고 게이트를 빼내는 방법의 차이가 있을 뿐이다.

그림 9-10에서 보듯이 사이리스터에는 P게이트형, N게이트형, 2단자형, 3단자형, 4단자형 등 여러 가지가 있지만 이들은 모두 PNPN형 4층 구조로서 어디에서 게이트를 빼느냐에 따라 그 종류가 다르다.

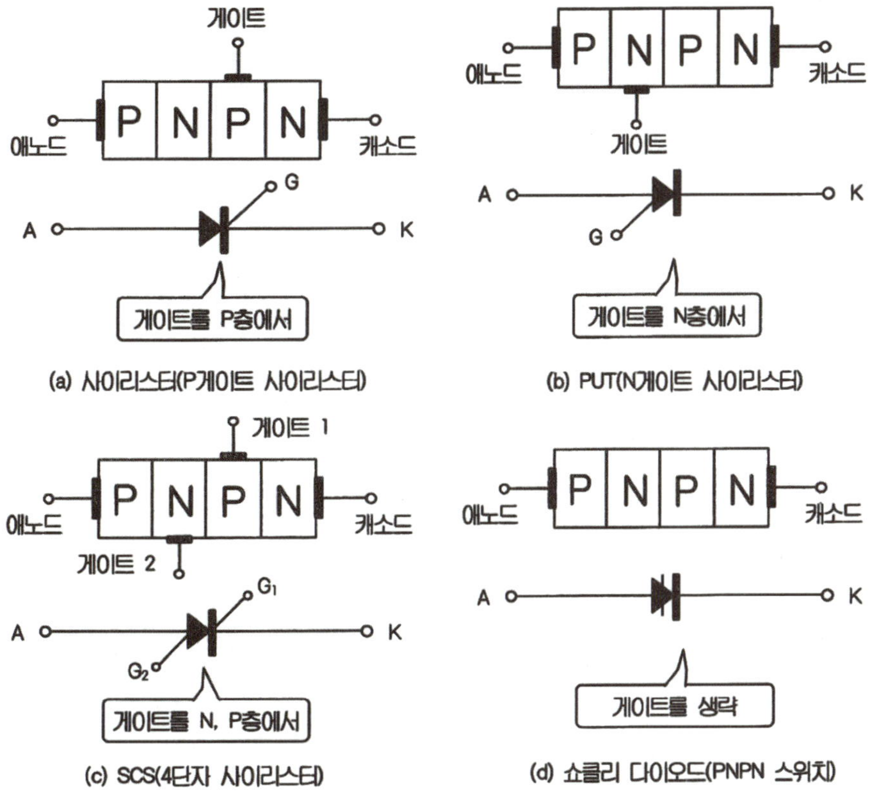

그림 9-10 직류용 사이리스터의 종류

1) SCR

SCR은 Silicon Controled Rectifier(실리콘제어 정류소자)의 약자로서 일반적으로 사이리스터라고 하면 이 SCR을 말한다.

그 구조와 특성은 이미 9-1에서 자세히 설명했지만 간단히 살펴보면 다음과 같다.

1957년에 GE에서 개발된 것으로 그림 9-11과 같이 PNPN 접합의 4층으로 구성되어 있으며 애노드(A), 캐소드(K), 게이트(G)의 전극을 붙인 '역방향 저지 3단자 타입'의 사이리스터이다.

그림 9-11과 같이 PNP 트랜지스터 Tr1과 NPN 트랜지스터 Tr2의 조합이라는 것을 볼 수 있는데, 먼저 여기서 애노드 A에 (+), 캐소드 K에 (-)로 분방향으로 전압을 걸고(이 때는 접합 1과 접합 3의 PN 접합이 순방향인데, 중간의 접합 2는 역방향이므로 전류는 흐르지 않는다), 여기에서 게이트 G에 (+)의 입력이 가해졌다고 하면, 이것이 Tr2의 트랜지스터의 베이스 전류가 되므로 Tr2는 ON이 되어 컬렉터 전류인 I_2가 흐른다.

그러면 I_2는 Tr1의 트랜지스터의 베이스(B) 전류가 되므로 이 Tr1도 ON으로 되어 컬렉터 전류인 I_1이 흐르고 이 I_1은 먼저 트랜지스터 Tr2의 베이스(전류) 전류가 되어 주위를 돌기 시작한다.

이렇게 되면 처음의 게이트 G에 입력이 끝난 후에도 이 SCR의 애노드 A와 캐소드 K 사이의 주 전류는 그대로 계속 흐르게(턴 온) 되고, 이 주 전류를 OFF로 하는(턴 오프) 데는 애노드 전류를 유지전류 이하로 내리던가, 어느 일정 시간 애노드를 (-)로 되게 한다.

이와 같이 게이트에 작은 전류를 짧은 시간 동안에 가하면 주 전류가 ON으로 되어 계속 흐르는 특성 때문에 스위칭용이나 직류의 가변 전압회로, 직류에서 교류를 만드는 인버터나 교류의 위상 제어 등에 사용된다.

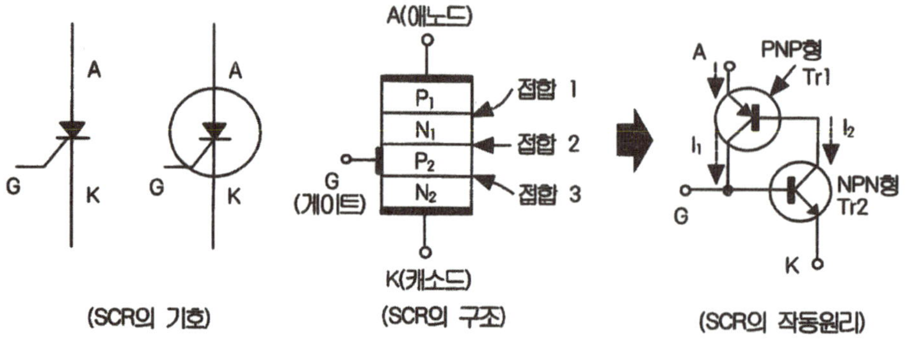

그림 9-11 SCR의 구조 및 작동

2) PUT

Programmable Uni-junction Transistor의 약자인 PUT는 1967년에 미국의 GE사에서 개발한 소자로 뒤에서 설명하게 될 UJT(Uni-junction Transistor)와 같은 특성 즉, 전압에 대한 전류 특성을 가지는데 그 특성 중 외부붙임 저항(그림 9-12의 R_1, R_2)의 선정 방법에 따라 자유롭게 프로그램할 수 있는 장점 때문에 이 이름이 붙여졌다.

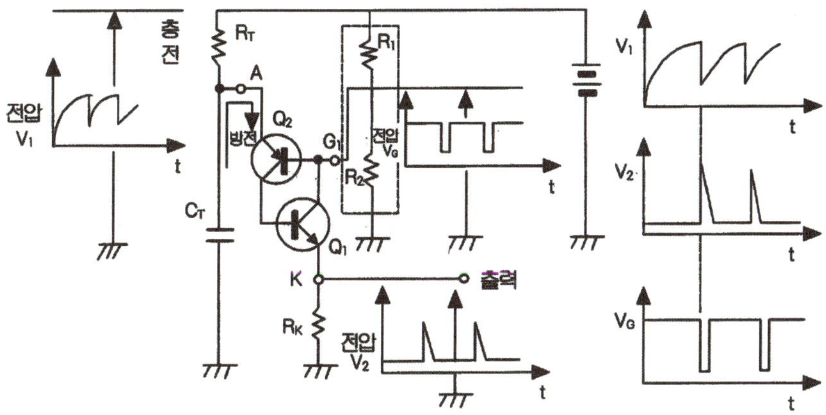

그림 9-12 PUT

PUT는 그림 9-13과 같이 PNP 트랜지스터 Q_2와 NPN 트랜지스터 Q_1을 서로 정귀환이 되도록 결합하여 PNP의 베이스에서 게이트 전극을 빼낸 'N 게이트 사이리스터'이다.

PUT의 동작은 그림 9-12에서 보면 전원을 연결한 직후에는 Q_1, Q_2 모두 차단되어 출력 전압 V_2는 제로가 되고 애노드(Q_2의 이미터)에 접속되어 있는 콘덴서 C_T는 저항 R_T를 통해서 충전되어 그 전압 V_1은 지수(exponent) 커브로 상승한다. 곧, V_1이 게이트(Q_2의 베이스) 전위보다 높아지면 베이스 전류가 흘러서 Q_2와 Q_1이 차례로 ON되어 애노드와 게이트에서 전류를 흡수하여 C_T의 충전(charge)을 방전시킨다.

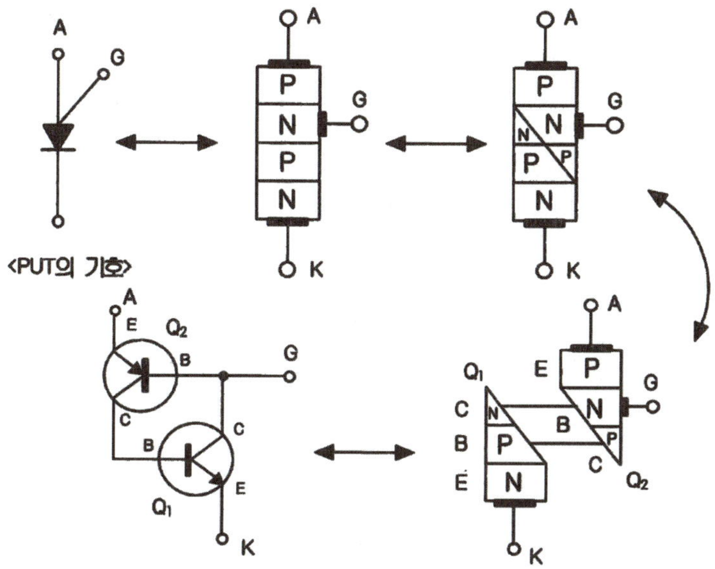

그림 9-13 PUT의 원리도

때문에 캐소드 저항 R_K에 전류가 흘러 V_2가 상승하고 V_1은 급속히 저하하지만, C_T가 있는 곳까지 방전하면 Q_2, Q_1은 또 차단되어 되돌아가고 V_2는 제로가 되어, 다시 C_T의 충전이 시작된다.

이와 같이 PUT의 이장발진회로에서는 C_T 충전 → V_1 상승 → Q_2, Q_1이 ON → C_T 방전 → Q_2, Q_1이 OFF라는 사이클을 반복하여 Q_2, Q_1이 ON으로 될 때마다 출력 펄스를 발생시킨다.

그러므로 이 출력 펄스로 사이리스터의 게이트를 제어하면 사이리스터에 트리거(trigger)를 걸 수 있는 것이다.

앞에서 이미 이야기했지만, PUT가 프로그래머블이라는 것을 UJT의 경우 ON/OFF 스위칭 조건은 소자 고유특성으로 정해지지만 PUT에서는 그림 9-12에서와 같이 게이트 회로의 저항 R_1, R_2의 선정 방법에 따라 ON/OFF 스위칭을 프로그램할 수 있기 때문이다.

PUT는 고감도이면서 누설 전류가 적기 때문에 타이머 회로나 고정밀의 전압 변별 회로, SCR의 트리거 소자, 100 kHz 이하의 발진회로, 위상제어회로, 메모리, 카운터, 컨버터 등에 이용되고 있다.

3) SCS

SCS는 Silicon Controlled Switch의 약자인데, 두 개의 게이트와 애노드, 캐소드라는 4단자 구조로 되어 있기 때문에 일명 '역저지 4단자 사이리스터'라고도 한다.

일반적으로 사이리스터는 PNPN 4층 구조 중 P층에서 게이트를 뽑아낸 것이고, PUT는 N층에서 게이트를 뽑아 낸 것인데 SCS는 P층과 N층의 양쪽에서 게이트를 뽑아낸 PNPN 4층 소자인데 그림 9-14와 같이 PNP 트랜지스터와 NPN 트랜지스터를 서로 정귀환이 되도록 결합한 구조로 되어 있다.

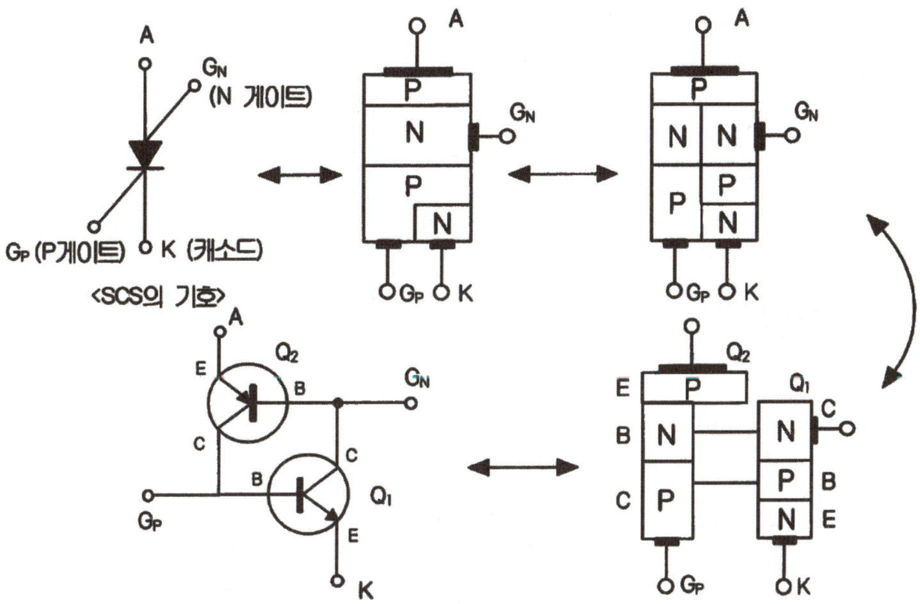

그림 9-14 SCS의 구조와 등가회로

이와 같이 P층과 N층의 양쪽에서 게이트가 나와 있기 때문에 SCS는 P층의 게이트만을 사용하면 일반 사이리스터로 사용할 수 있고, N층의 게이트만을 사용하면 PUT로서도 사용할 수 있으며, 뿐만 아니라 양쪽의 게이트를 사용하여 한쪽의 게이트에 바이어스(bias)를 걸면 게이트 감도를 높인다든지, 유지 전류(ON 상태를 유지하는 데에 필요한 최저 전류값)를 광범위하게 컨트롤할 수도 있다.

또 그림 9-15와 같이 사이리스터는 게이트에 전류를 흘려보냄으로써 트리거가 걸리고 PUT는 게이트에서 전류를 빼냄으로써 트리거가 걸리지만, SCS에서는 두 개의 게이트를 선정함으로써 플러스·마이너스 어느 신호에서도 트리거를 걸 수 있다.

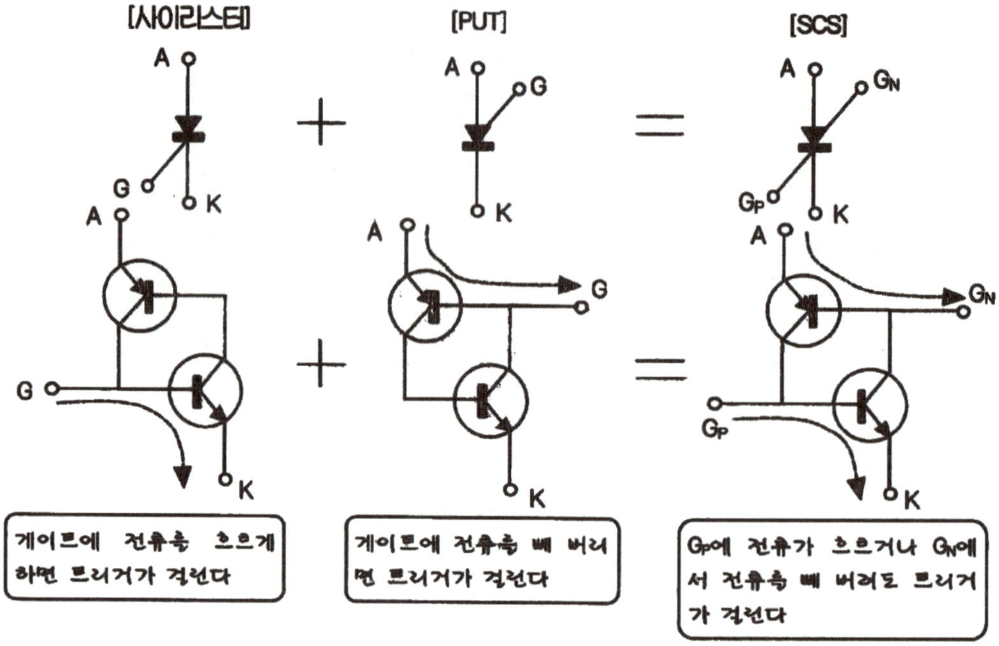

그림 9-15 트리거의 비교

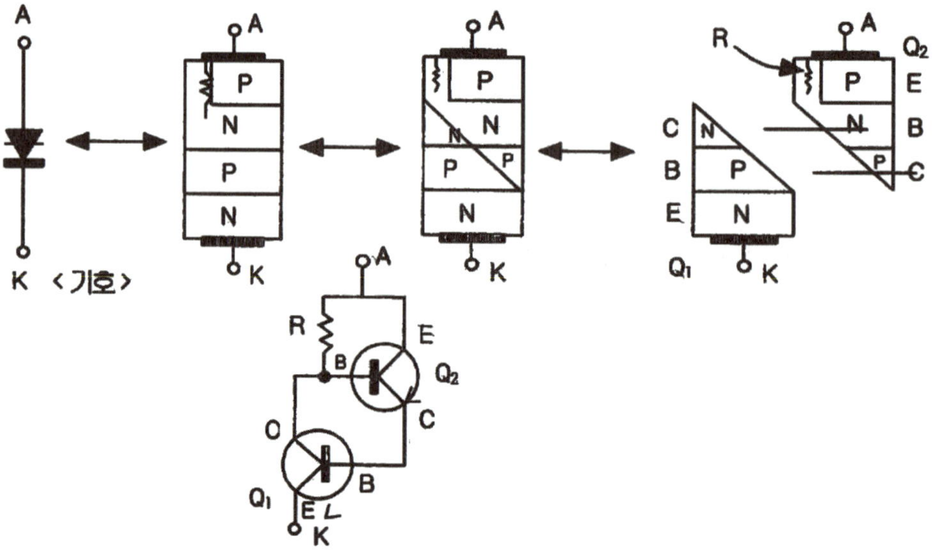

그림 9-16 쇼클리 다이오드의 구조와 등가회로

4) 쇼클리 다이오드(Shockley diode)

쇼클리 다이오드 PNPN 스위치나 4층 다이오드라고도 불리며 오직 2개의 외부단자를 가지고 있기 때문에 다이오드로 분류된다.

그림 9-16과 같이 PNPN 4층 구조로 사이리스터에서 게이트 전극을 제거한 2단자의 소자이다. 즉, PNP 트랜지스터와 NPN 트랜지스터를 서로 정귀환이 되게 결합한 것으로 사이리스터와 다른점은 애노드 쪽이 N층과 P층이 관통되어 PNP 트랜지스터가 쇼트 이미터(short emitter) 구조이며 베이스와 이미터 사이에 저항 R을 접속한 모양이다.

이 쇼클리 다이오드는 게이트가 없기 때문에 브레이크 오버에 의해 ON시키고 있다.

물론 사이리스터는 절대 최대 정격보다 높은 전압을 걸면 안되지만 쇼클리 다이오드는 비교적 낮은 전압에서 브레이크 오버가 되도록 설계되어 있어 반복 브레이크 오버 점호[6]가 가능하다.

5) GTO 사이리스터

GTO란 'Gate Turn Off thyristor'의 약자이며, GCS(Gate Control Switch)라고도 하며 말 그대로 게이트 신호로 턴 오프할 수 있는 사이리스터이다.

SCR과 아주 비슷하며 일반 사이리스터는 게이트(G)에 입력 신호를 걸면 턴 온하여 애노드·캐소드 사이에 주 전류가 계속 흐르게 된다.

이 주 전류를 끊기 위해서는 보통의 SCR에서는 애노드 전류를 유지 전류값 이하로 내리던가, 애노드를 (−)로 할 필요가 있기 때문에 외부회로가 따로 필요하다.

그러나 GTO 사이리스터는 게이트에 걸리는 입력 신호를 (+), (−)반대로 바꾸는 것만으로 주 전류가 턴 오프하여 멈출 수 있도록 되어 있다.

GTO 사이리스터의 구조는 그림 9-17과 같이 P층에서 게이트를 꺼낸 PNPN 4층 구조인데 기본적인 구조는 보통의 사이리스터(P 게이트 사이리스터)와 다를 것이 없다.

그러나 ON 상태의 소자 내부 전하(轉荷)의 일부를 순간적으로 게이트에서 빼낼 수 있도록 칩의 제조법이나 구조를 달리 하고 있다.

GTO는 게이트 신호만으로 ON/OFF 할 수 있으므로 사용하기 쉬운 것이 특징인 반면 ON시 전압

6) 브레이크 오버 점호: 게이트에 전류를 흘려 보내지 않아도 애노드 · 캐소드 간 전압을 높이면 트랜지스터가 브레이크 다운되어 전류가 흘러 트리거 되어 사이리스터가 도통되는 현상.

손실이 크고 게이트·트리거 전류나 유지전류가 크다는 단점이 있다.

GTO는 보통 펄스 발생기, 카운터, 멀티 바이브레이터, 전압조정기 등에 이용되고 있다.

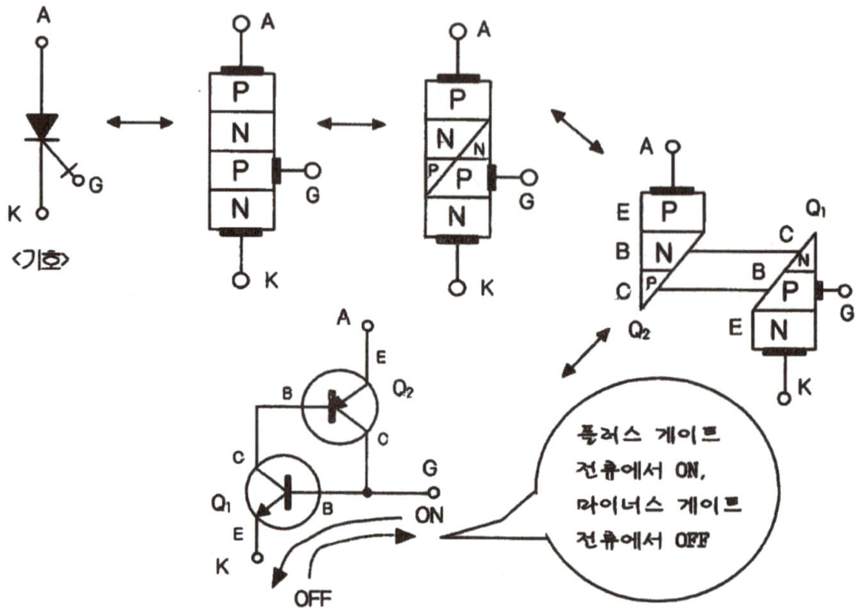

그림 9-17 GTO 사이리스터의 기본구조와 등가회로

6) 트라이액(TRIAC)

트라이액(TRIAC)은 Triode AC Switch, 즉 3단자 교류 스위치의 약자로 미국의 GE사에서 개발한 소자로 교류에도 사용할 수 있는 **쌍방향성 사이리스터**이다.

그림 9-18과 같이 NPNPN의 5층 구조로 직류와 교류에 모두 사용할 수 있는 3단자 쌍방향성 스위칭 소자로 사이리스터의 캐소드와 애노드에 해당하는 단자는 T_1, T_2이다.

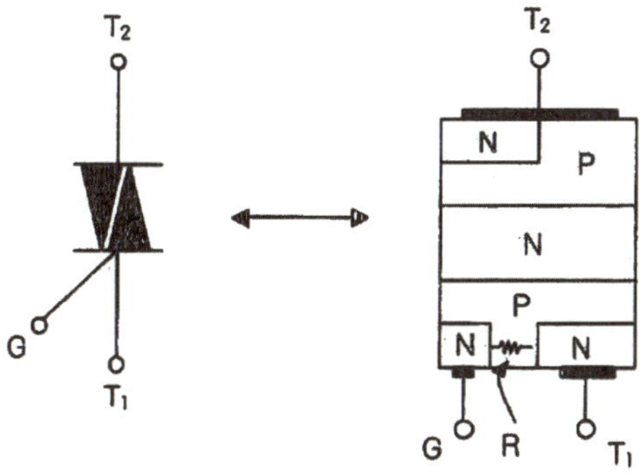

그림 9-18 트라이액의 기호와 구조

이러한 트라이액을 교류회로의 전력제어에 사용할 경우 트랜지스터, SCR, SSS보다 특성이 우수하고 무접점 스위치나 위상제어회로 또는 가정용 조광장치 및 전기로의 온도조절, 전동기의 속도제어 등에 사용되고 있다.

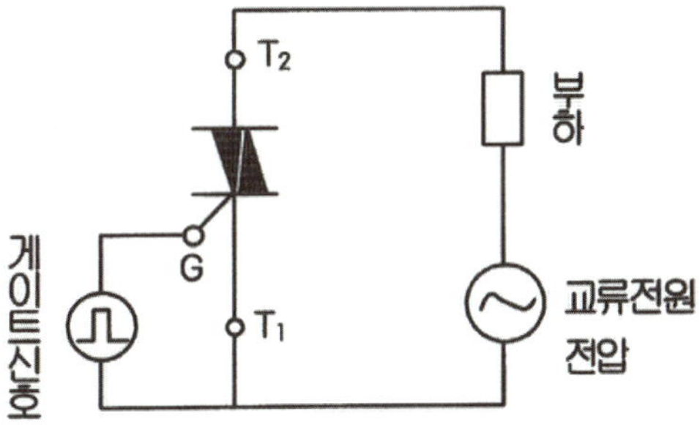

그림 9-19 TRIAC의 동작회로

(1) TRIAC의 스위칭 동작

① 게이트 신호가 연속적일 때: 그림 9-19의 회로에서 TRIAC의 T_1, T_2 단자에 그림 9-20(a)의 교류전압을 가하고 있는 경우

㉠ 게이트 G에 게이트 신호가 없는 시간 t_0~t_1 사이에는 TRIAC이 도통하지 않기 때문에 부하 양단에는 전압이 나타나지 않는다.

㉡ 게이트 G에 연속신호를 가하면 TRIAC 단자 T_2가 (+)이고 T_1이 (−)(t_2-t_3, t_4-t_5 사이)이면 T_2로부터 T_1에 전류가 흘러 부하 양단에 전압이 나타난다. 또 T_1이 (+), T_2가 (−)가 되는 경우(t_1-t_2, t_3-t_4 사이) 게이트 신호가 가해지고 있으면 T_1에서 T_2로 전류가 흐른다. 이처럼 게이트 신호가 계속해서 가해지면, 부하 양단에는 전원전압과 동상의 전압이 나타난다.

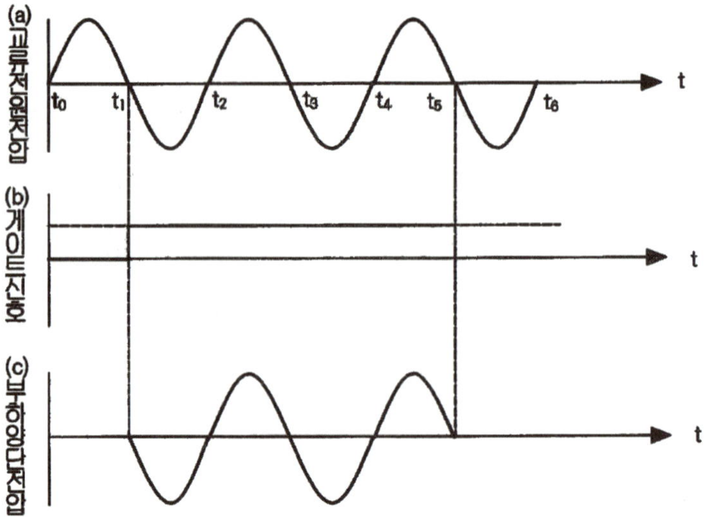

그림 9-20 게이트 신호가 연속적일 때 TRIAC의 차단, 도통상태

② 게이트 신호가 펄스일 때: 그림 9-19의 회로에서 TRIAC의 T_1, T_2 단자에 그림 9-21 (a)와 같은 교류전압이 가해지고 있는 경우

㉠ 시각 t_0, t_1, t_2 … t_7에 있어서 TRIAC은 확실하게 소호한다.

㉡ 그림 (b)와 같은 게이트 신호가 T_1, G 단자 간에 가해지면 TRIAC은 점호된다. 따라서 부하에는 그림 (c)와 같은 전압이 나오고, (d)같은 펄스를 가할 때는 (e)와 같은 전압이 나오기 때문에 Δt를 제어함으로써 교류의 (+), (−) 쌍방향에 대해서 부하에 가해지는 전압파형을 제어할 수가 있다.

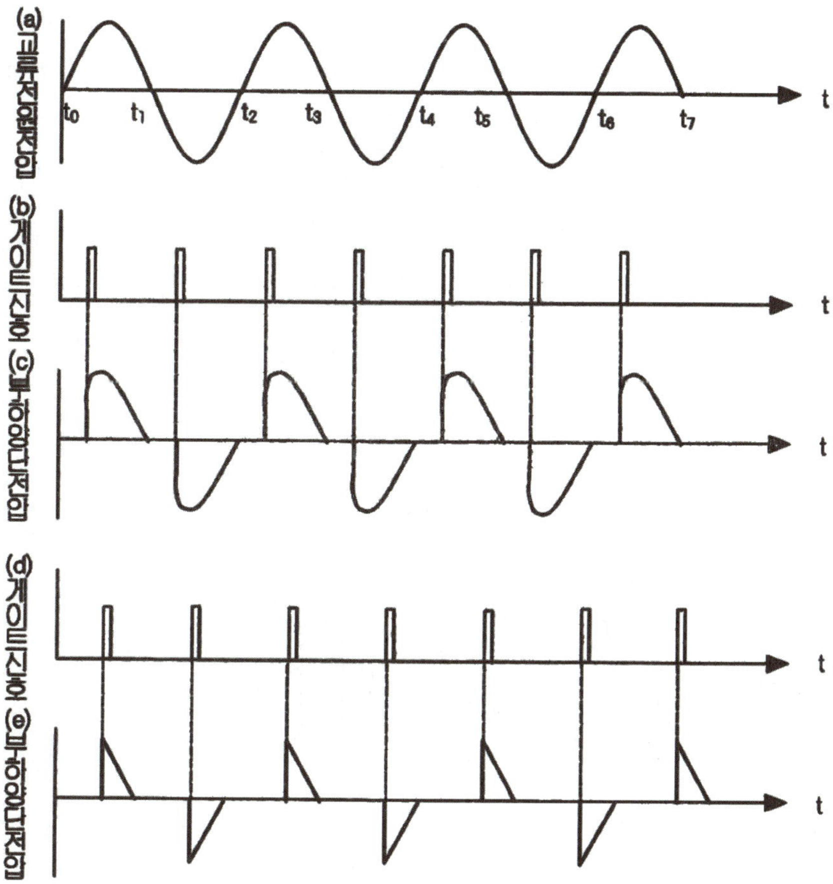

그림 9-21 게이트 신호가 펄스일 때 TRIAC의 차단, 도통상태

7) SSS

SSS는 Silicon Symmetrical Switch, 실리콘 대칭형 스위치의 약자로 NPNPN 5층 구조의 **쌍방향성 2단자 사이리스터**로서 그림 9-22와 같이 트라이액에서 게이트 전극을 생략한 것이다. 다시 말해 SCR은 한 방향의 전류만 스위칭하기 때문에 교류회로의 제어에는 SCR을 역병렬로 2개를 접속하여 양 방향으로 차단·도통시킬 수 있는 소자이다.

주로 백열전등의 조명장치에 이용되고 있으며 소형모터의 속도제어와 무접점 스위치 등에 이용되고 있다.

SSS의 원리는 그림 9-22의 (b)와 같이 사이리스터가 좌우대칭의 구조를 하고 있다. 등가적으로 표시하면 그림 (c)와 같이 2개의 PNPN소자(SCR 1, SCR 2)를 역병렬로 접속한 것과 같다고 볼 수 있다. 지금 T_2에 대해서 T_1에 (+)극성의 전압을 가하면 사이리스터 2는 순방향, 사이리스터 1은 역방향전압이 가해지는 상태가 된다. 이때 더욱 전압을 올려가면 thyristor가 게이트 신호를 받지 않아도 break over 전압으로 도통상태가 되는 것과 같이 thyristor 2가 도통(turn on)한다. 또 T_2에 대해서 T_1에 (−)극성의 전압을 가할 때는 thyristor 1이 도통하는 특성을 가지고 있다.

SSS의 스위칭 동작은 SSS에 가하는 전압이 브레이크 오버 전압 이상으로 되면 SSS는 도통상태로 된다. 그러나 브레이크 오버 전압 이상의 전압을 얻기 위해서는 그림 9-23과 같은 펄스전압이 필요하기 때문에 펄스전원으로서 어느 정도 전력이 필요하게 된다는 결점이 있다. 특징으로서는 소자의 구조가 극히 간단하게 될 수 있다는 것이다. 그림 9-24는 SSS의 차단, 도통상태를 나타내고 있다.

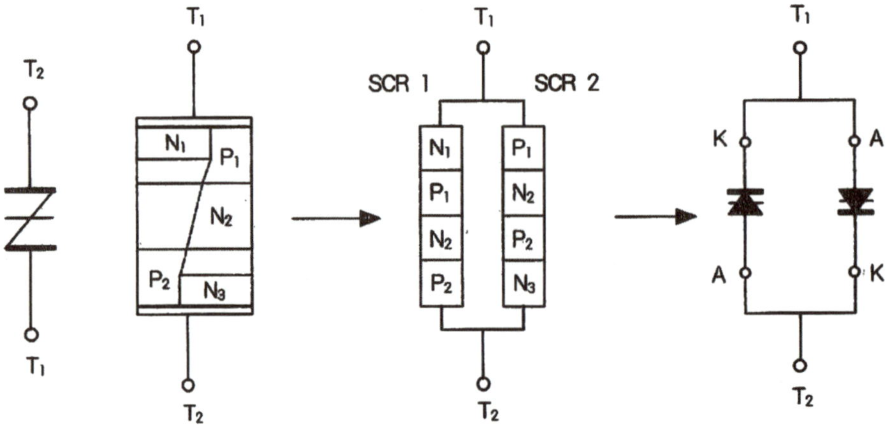

그림 9-22 SSS의 기호와 구조

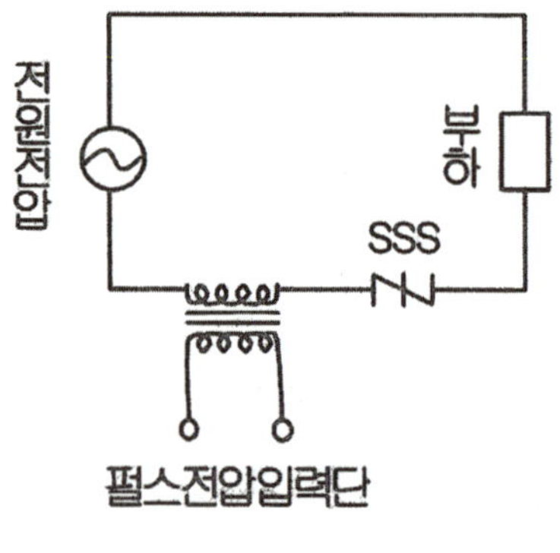

그림 9-23 SSS를 도통시키기 위한 전원

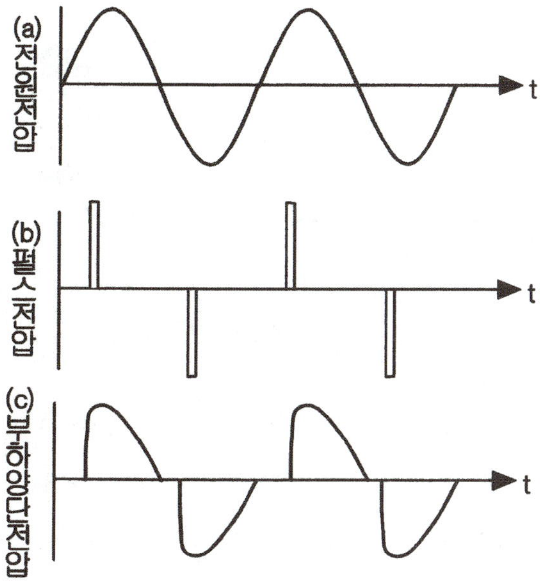

그림 9-24 SSS차단, 도통상태

8) 다이액

다이액(DIAC)은 Diode AC Switch의 약어로서 이를 개발한 GE사의 상품명인데, **트리거 다이오드** 라고도 한다. AC 전류 제어용으로 이용되는 '트리거 소자'의 일종이며 트라이액이나 SSS로 조합하여 사용되고 있다.

구조는 그림 9-25와 같이 NPN의 3층으로 이른 바 P형 실리콘 기관의 양면에 N형 영역을 마주 본 모양인데, PN 다이오드 2개가 역방향으로 직렬로 된 모양으로 만들어지며 유리나 수지(樹脂)에 봉입된 것이다.

이 다이액의 양 극에 걸리는 전압이 상승하면 역방향의 PN 다이오드 부분의 항복 전압(브레이크 오버 전압)을 넘는 곳에서 애벌란시 현상이 생겨서 그때까지 거의 0인 전류가 급히 증대하여 날카로운 펄스(pulse)를 만든다.

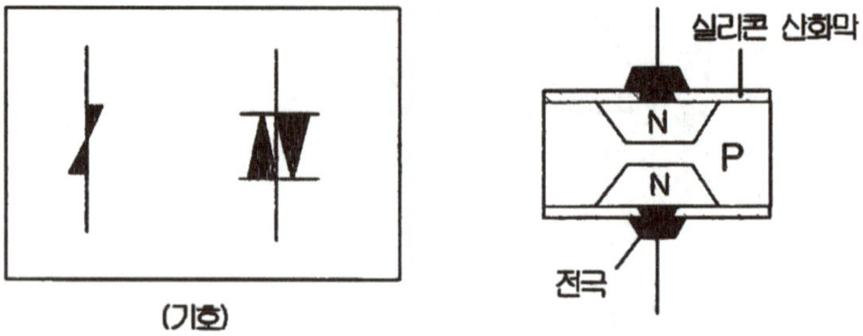

그림 9-25 다이액의 기호와 구조

이 출력을 트라이액의 게이트에 넣는다든지 파워용 SSS에 가하면 주전류를 턴 온 할 수 있다. 이와 같이 트리거의 펄스 발생용으로서 다이액은 간단하고 값싸다는 장점으로 흔히 이용되고 있다.

그림 9-26은 트라이액의 트리거용으로 조합한 간이형의 조광기(調光器)이며, 반 사이클마다 콘덴서 C의 충전 전압이 다이액의 브레이크 오버로 되면 트라이액을 ON으로 한다.

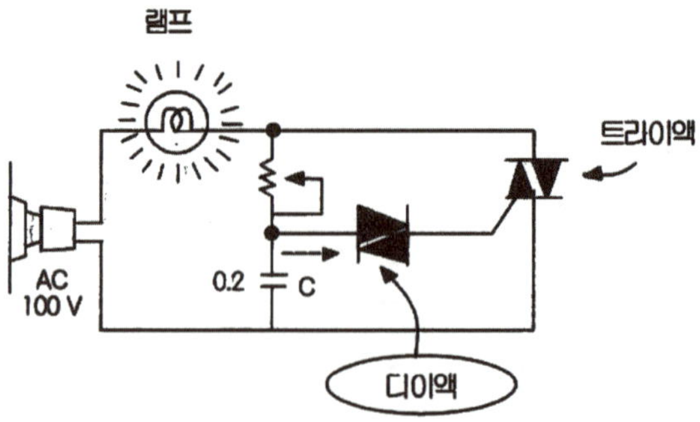

그림 9-26 트라이액의 트리거로서 다이액

9) UJT

UJT는 Uni Junction Transistor(단결합 트랜지스터)의 약자로, 색다르게 변형된 구조의 트리거용 소자이다. 기본적인 구조는 그림 9-27과 같이 N형 실리콘의 펠릿(작은 조각)의 양단에 전극을 붙여, 중앙 부분에 살짝 작은 P형을 만들어 넣은 모양으로 되어 있다.

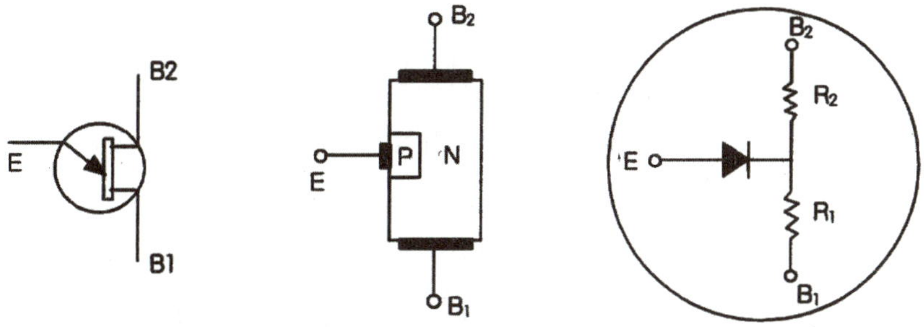

그림 9-27 UJT의 기호, 구조, 등가회로

기본적인 작동은 그림 9-28에서 보듯이 저항 R을 통하여 콘덴서 C가 충전되고, 이미터 E에 걸린 전압이 올라가서 R_1과 R_2로 분압된 전압보다 높게 되면 UJT의 이미터에서 B_1으로 일시에 전류가 흐른다. 이 전류로 인해 B1에 연결된 저항 R'에 펄스 모양의 전압이 나오고, 이것을 SCR의 게이트에 가하면 트리거되어 SCR은 ON된다.

UJT는 부성저항 특성을 이용하여 SCR의 게이트(G)의 트리거 펄스발생, 톱니파 발진기, 저주파 및 중간 주파수대의 스위칭 소자, 쌍안정회로, 타이밍 회로 등에 널리 응용되고 있다.

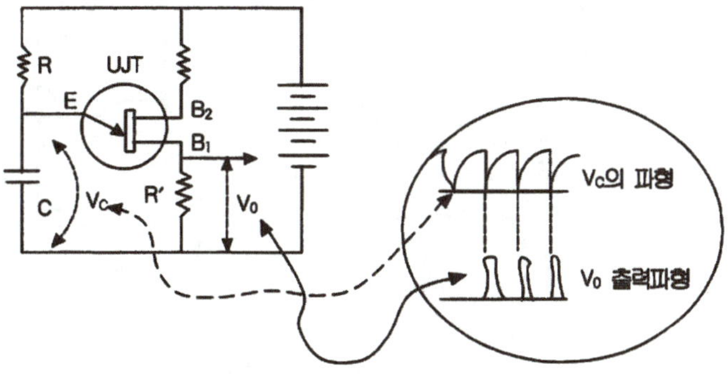

그림 9-28 UJT의 발진회로

10) 광 사이리스터

광사이리스터는 게이트에 전기 신호를 주는 대신에 빛을 받게 해도 트리거가 걸리는 색다른 사이리스터로, '포토 사이리스터(photothyristor)' 또는 Light Activated Silicon Controlled Rectifier의 머리글자를 딴 'LASCR'이라고도 한다.

구조적으로는 케이스의 수광창을 설치하여, 외부에서 빛을 받게 하는 것과 패키지 안에 LED(발광 다이오드) 등의 광원을 내장한 것이 있는데, 특히 후자를 '포토 사이리스터 커플러'라고 한다.

광 사이리스터의 기본적인 구조는 그림 9-29와 같이 NPN 트랜지스터와 PNP 트랜지스터의 정귀환 루프에 포토 다이오드가 더해진 구조이다. 사이리스터를 순방향 전압에서 사용하였을 경우 역바이어스 되는 PN 접합이 포토 다이오드를 형성한다.

그림 9-29의 등가회로에서 포토 다이오드는 빛이 닿지 않을 때는 역바이어스 때문에 차단되고, 빛을 받으면 전류가 흘러 NPN 트랜지스터의 베이스에 광 전류가 흘러 들어가게 되어 소자가 ON한다. 그리고 일단 ON이 되면 빛을 차단하여도 ON 상태가 지속된다.

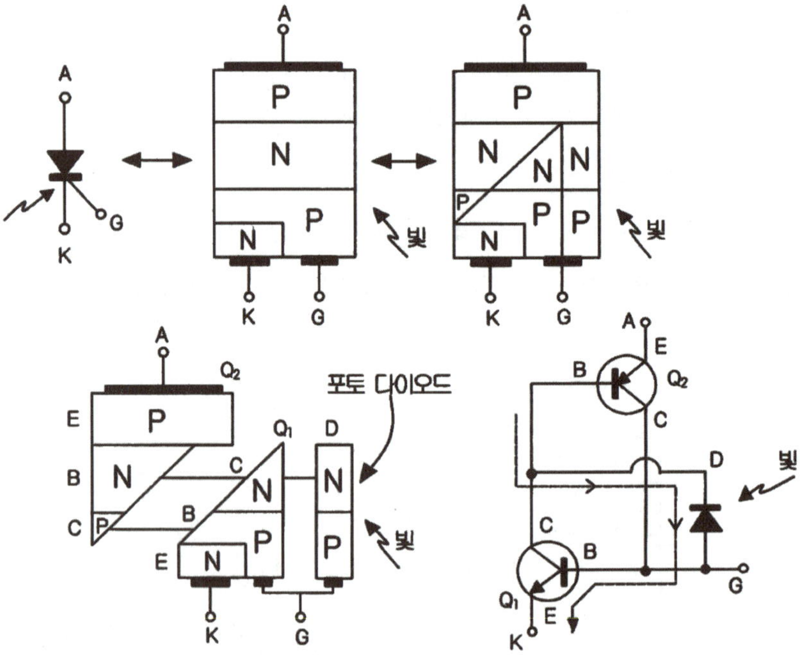

그림 9-29 UJT의 발진회로

11) 감열 사이리스터

감열(感熱) 사이리스터는 온도 센서와 사이리스터(또는 PUT)의 기능을 가진 감열 스위칭 소자이다. 이 소자는 N 게이트형이므로 '**감열 PUT**'라고도 한다.

감열 PUT(서모센스터)는 온도에 민가하게 되도록 만들어진 PUT로 소자 온도가 규정값 이상이 되면 ON으로 되고, 일단 ON으로 되면 온도가 내려가도 전류를 유지 전류 이하로 내리지 않는 한 ON 상태가 계속된다.

그림 9-30은 감열 사이리스터의 기호와 동작원리를 나타낸다.

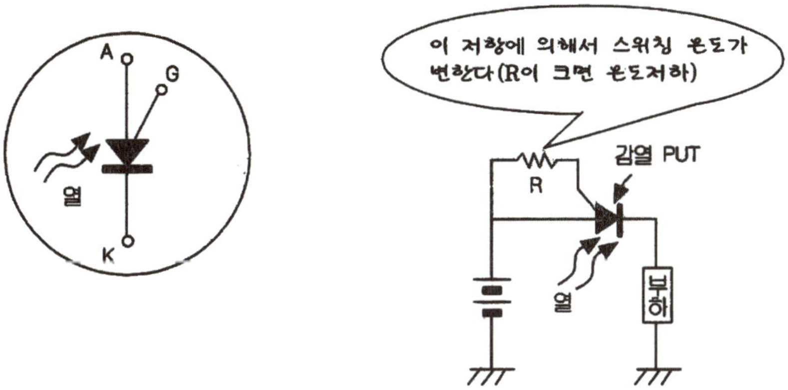

그림 9-30 감열 사이리스터의 기호와 기본 동작원리

4. 사이리스터의 선택과 이용

1) 사이리스터의 기호와 이름은? (형명 표시법)

(1) 사이리스터의 기호

여러 종류의 사이리스터와 트리거 소자의 기호를 그림 9-31에 정리하였다.

(2) 사이리스터의 이름

모든 반도체에는 개개의 이름이 붙어 있는데, 이것은 그 나름대로의 제품의 특성이나 개요를 알 수 있도록 붙여진 것이다. 그러나 제작회사별로 이름 붙이는 방법이 다양하여 각각의 메이커에서 정한 제품의 명명법을 참고하여야 하나 여기서는 간단히 한국공업규격(KS)의 명명법을 참고로 설명한다.

그림 9-32가 그 명명법인데 사이리스터는 '2SF…', 트라이액은 '2SM…', UJT는 '2SH…'가 되며 위의 예 2SF734는 'KS 등록 번호가 734번인 사이리스터'라는 것을 뜻한다.

또 개량 발전된 제품이 나왔을 경우에는 개량될 때마다 A, B, C, ……라는 순서로 끝 머리에 알파벳을 추가한다. KS법에서는 품명으로 반도체의 종류는 알 수 있지만, 정격(定格: rating)을 나타내는 항목이 들어 있지 않기 때문에 그것이 몇 V, 몇 A의 소자인가 하는 구체적인 것까지는 알 수 없다.

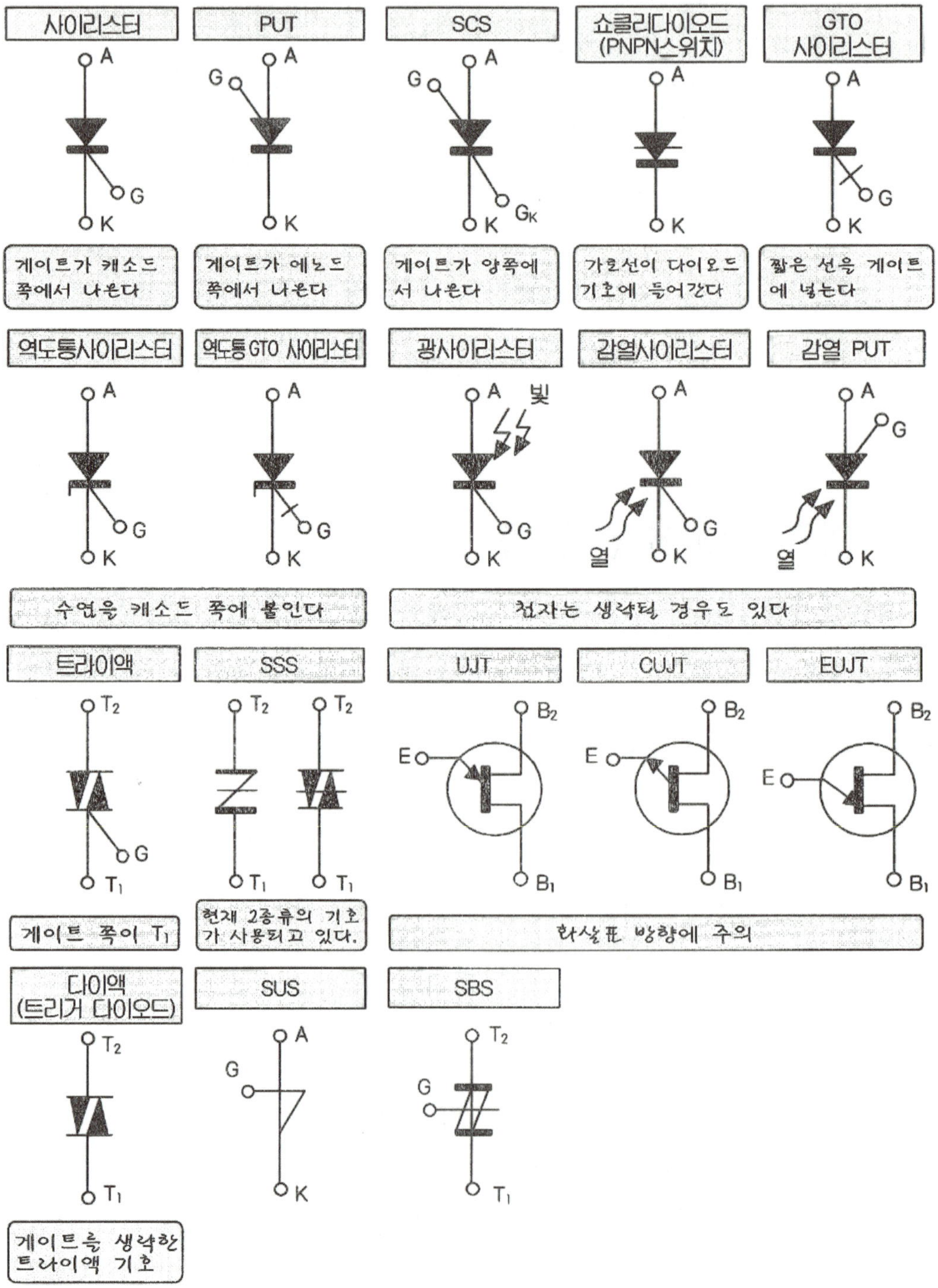

그림 9-31 여러 가지 회로 기호

때문에 반도체 메이커에서는 소자의 정격 항목을 넣은 '메이커 품명'을 독자적으로 정하기도 하고 KS 품명과 메이커 품명의 두 가지를 설정해 용도에 따라 구분하여 사용하기도 한다.

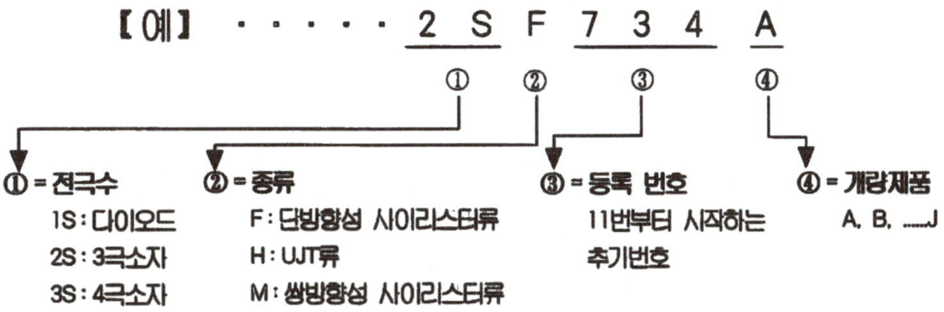

그림 9-32 사이리스터의 명명법

2) 사이리스터의 규격표

(1) 최대 정격

사이리스터의 규격표에는 맨 처음 **최대정격**이 나오는데 이것은 소자에 흐를 수 있는 전류, 소자에 인가할 수 있는 전압, 전력손실, 소자의 온도 등의 **최대 허용 순시값**이다.

소자의 수명과 신뢰성을 보증하기 위해서는 최대정격을 초과해서는 안되며 이를 초과할 경우에는 소자의 파손이나 열화를 일으킬 수 있다. 따라서 이 최대 정격은 순간적이라도 절대 초과하면 안된다.

반도체의 파괴는 '전압파괴', '전류파괴', '열파괴'가 있는데, 최대 정격에는 전압, 전류, 온도에 관한 항목이 정해져 있다.

그림 9-33은 도시바의 0.3A 사이리스터의 최대 정격표를 예로 들었다.

① 전압 정격

ⓐ 역내압

역내압은 애노드와 캐소드 사이, 케이트와 캐소드 사이의 전압이 규정되어 있다.

ㄱ. 피크 반복 역전압(V_{RRM})

그림 9-34와 같이 게이트와 캐소드 사이를 개방 또는 지정된 저항 R_{GK}(보통 1 kΩ)을 사용할 경우 소자에 반복 인가할 수 있는 애노드와 캐소드 사이 역전압의 최대 허용 순시값이다.

ㄴ. 피크 비반복 역전압(V_{RSM})

소자에 단발적으로 인가할 수 있는 애노드와 캐소드 사이 역전압의 최대 허용 순시값이다.

ㄷ. 피크 게이트 역전압(V_{RGM})

사이리스터에 반복 인가할 수 있는 게이트 역전압의 최대 허용 순시값이다.

일반적으로 트랜지스터와 마찬가지로 −5V 정도이다(그림 9−35).

항목		기호	정격	단위
피크반복 오프 전압 및 피크 반복 역전압 (RGK = 1 kΩ)	SFOR3B42	VDRM VRRM	100	V
	SFOR3D42		200	
	SFOR3G42		400	
	SFOR3J42		600	
피크비 반복 역전압 (반복없음 < 5 ms RGK = 1 kΩ Tj = 0~110 ℃)	SFOR3B42	VRSM	150	V
	SFOR3D42		300	
	SFOR3G42		500	
	SFOR3J42		720	
평균 ON전류(단상 반파 Ta = 30℃)		IT(AV)	300	mA
실효 ON 전류		IT(RMS)	450	mA
피크 1사이클 서지 ON 전류		ITSM	9(50 Hz)	A
전류 2제곱 시간곱		I2t	0.4	A2S
피크 게이트 손실		PGM	0.1	W
평균 게이트 손실		PG(AV)	0.01	W
피크 게이트 순전압		VFGM	3.5	V
피크 게이트 역전압		VGRM	-5	V
피크 게이트 순전류		IGM	125	mA
접합온도		TJ	-40~110	℃
보존온도		TStg	-40~125	℃
중량		-	0.2	g

그림 9-33 소형 사이리스터 SFOR3B42 최대 정격

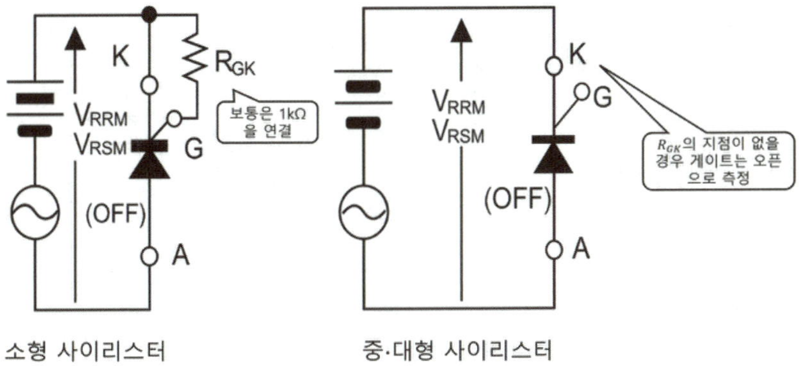

그림 9-34 A-K 사이의 피크 역전압

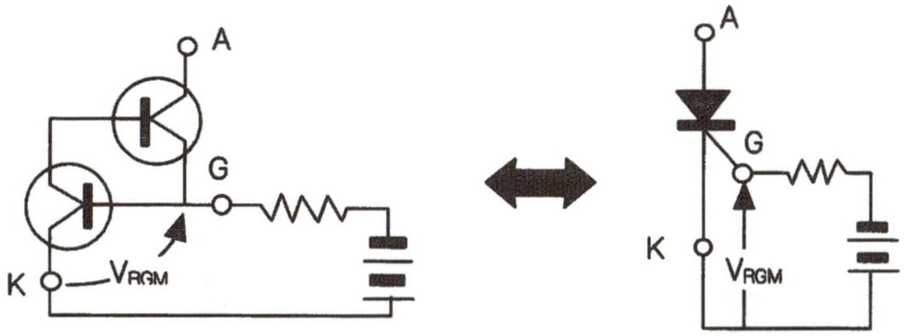

그림 9-35 피크 게이트 역전압

ⓑ 피크 OFF 전압

피크 OFF 전압이란 사이리스터가 OFF로 되어 있을 때 인가할 수 있는 순방향 전압을 말하며, 애노드와 캐소드 사이, 게이트와 캐소드 사이의 전압이 규정되어 있다.

ㄱ. 피크반복 OFF 전압(V_{DRM})

그림 9-36과 같이 게이트·캐소드 사이를 개방 또는 지정된 저항(보통은 1 kΩ)을 사용할 경우에 반복해서 인가할 수 있는 OFF 상태에서 순방향 전압의 최대허용 순시값을 말한다.

또 일반적으로 R_{GK}를 필요로 하는 것은 전류가 3A 이하의 사이리스터이고 5A 이상의 사이리스터 또는 트라이액의 경우에는 쇼트·이미터 구조로 되어 있기 때문에 외부붙임 저항 R_{GK}는 필요치 않다.

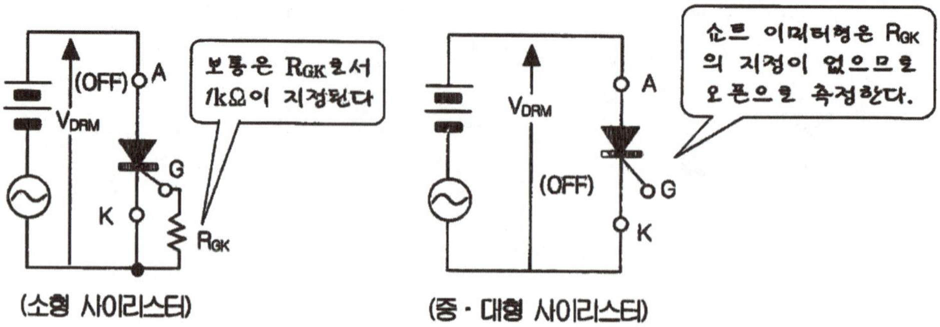

그림 9-36 A-K 사이의 피크 OFF전압

ㄴ. 피크·게이트 순전압(V_{FGM})

그림 9-37과 같이 게이트·캐소드 사이(트라이액의 경우는 게이트·T_1 사이)의 소자를 ON시키는 방향(순방향)으로 반복해서 인가할 수 있는 게이트 순전압의 최대 허용 순시값이다.

그림 9-37 피크 게이트 순전압

② 전류정격

ⓐ 정상 작동 전류

정상시에 흐를 수 있는 전류는 소자의 발열 때문에 소자 접합 온도가 T_{jMAX}로 되는 전류값으로 규정되어 있다.

ㄱ. 평균 ON 전류($I_{T(AV)}$)

지정된 냉각 조건에서 사이리스터의 순방향으로 연속적으로 흐를 수 있는 최대평균 전류값이며, 상용 주파수(50~60 Hz)의 반파 정류파형을 1 사이클에 대해서 평균값으로 규정하고 있다(그림 9-38).

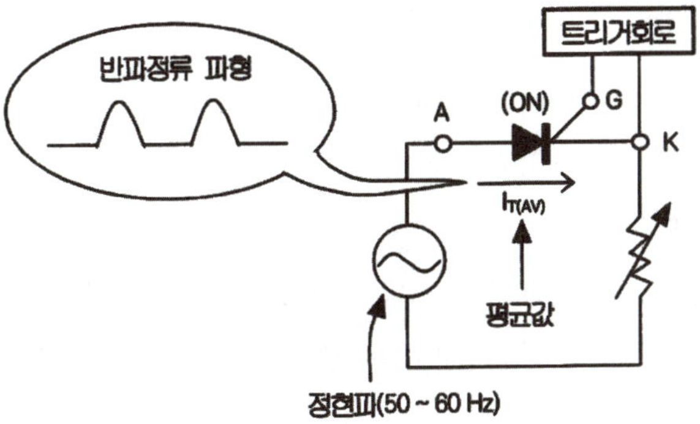

그림 9-38 평균 ON 전류

ㄴ. 실효 ON 전류($I_{t(RMS)}$)

지정된 냉각 조건 하에서 사이리스터의 순방향으로 연속적으로 흐를 수 있는 최대실효 전류값을 말한다(그림 9-39).

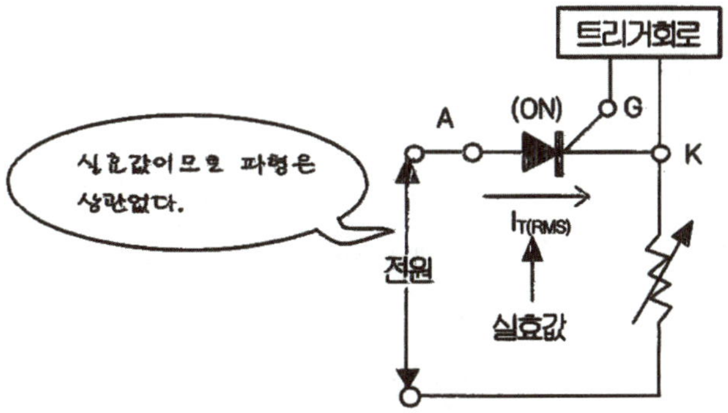

그림 9-39 실효 ON 전류

ㄷ. 피크·게이트 순전류(I_{GM})

사이리스터의 게이트와 캐소드 또는 트라이액의 게이트와 T_1 단자 사이에 소자를 ON시키는 방향(순방향)으로 반복하여 흐를 수 있는 최대허용 순간 전류값을 말한다(그림 9-40).

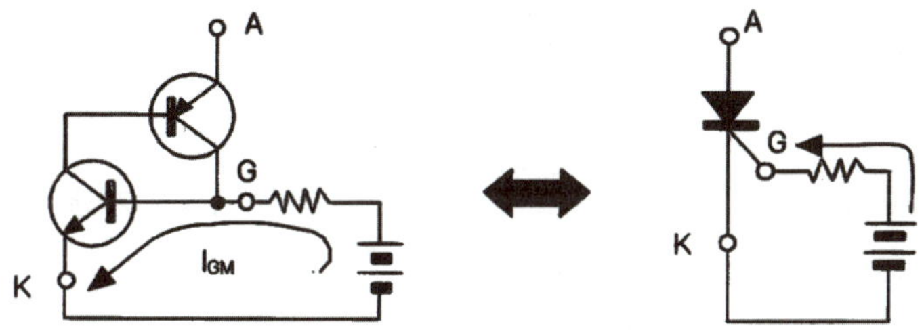

그림 9-40 피크 게이트 순전류

ⓑ 임계 ON 전류상승률

사이리스터에 게이트 전류가 흘러 도통 상태로 될 때 너무 급격한 상승 순전류가 흐르면 도통 영역에 충분히 퍼지지 않은 상태에서 대전류가 흐르게 되어 도통 개시 영역 부근에 전류가 집중되고 소자에 영구적인 파괴가 발생하게 된다.

따라서 전류의 상승속도(전류 상승률)에는 최대 허용값이 설정되어 있으며, 이것을 초과할 경우에는 회로의 인덕턴스(inductance) 값을 증가시키거나 상승을 무디게 할 필요가 있다.

ⓒ 순간 과전류

순간 과전류 정격(overcurrent rating)은 장치의 고장 등 이상시를 고려하여 규정하고 있는 것으로, 그때의 최대 순간 접합 온도는 T_{jMAX}를 초과하게 되므로 소자의 전체 수명에 수십~수백 회 정도의 누적 횟수 밖에 인정되고 있지 않다. 이 규격은 보호회로의 설계시 꼭 필요한 항목이다.

ㄱ. 피크 1사이클·서지 ON 전류(I_{TSM})

상용 주파수, 지정된 온도에서 순방향으로 단발적으로 1 사이클만큼 흘려 보낼 수 있고, 최대허용 피크 전류값이다(그림 9-41).

ㄴ. 전류 2제곱 시간 곱(I^2t)

이것은 I_{TSM}보다 훨씬 폭이 좁은 10 ms 이하의 폭을 가진 전류 파형의 경우에는 순방향에 단발적으로 흘려 보낼 수 있는 '최대허용 피크 전류값'에 관한 것인데, 허용 피크 전류값을 2제곱한 것에 펄스 폭을 곱한 값으로 나타내고 있다(그림 9-42).

이 규격은 사이리스터의 보호 퓨즈를 선정할 때 도움이 되는 것으로 퓨즈의 차단 능력은 I^2t의 값으로 표시되므로, 그 값을 사이리스터의 I^2t보다 낮아지도록 선정한다.

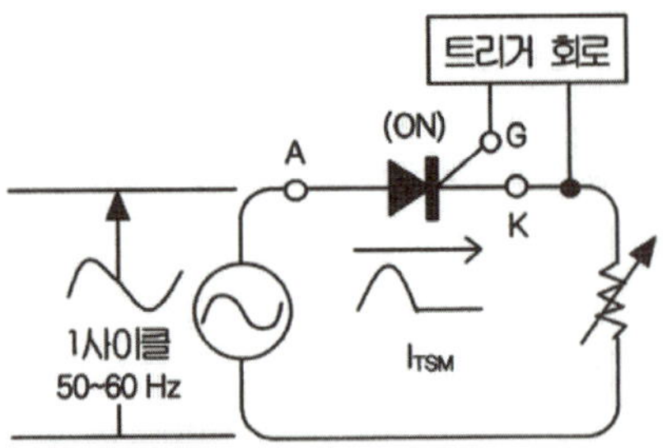

그림 9-41 피크 1 사이클 서지 ON 전류

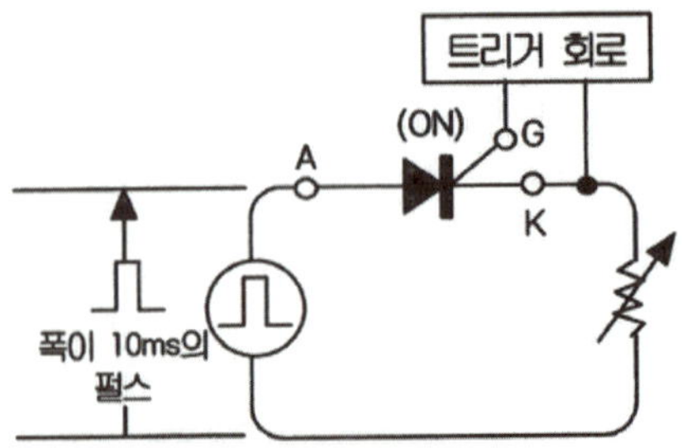

그림 9-42 전류 2제곱 시간곱

③ 온도 정격

ⓐ 접합 온도(T_j)

사이리스터는 접합 온도가 어느 일정 값을 초과하면 도전율이 높아지기 때문에 역전압 인가시 누설 전류가 증대한다. 그렇게 되면 소자에서 소비되는 역전력 손실이 커지므로, 그것에 의한 발열로 접합 온도가 올라가게 되고 다시 누설 전류가 증대하게 된다. 발열 → 누설 증대 → 발열 → 누설 증대라는 악순환을 되풀이하여, 마침내 열로 파괴되어 버리고 만다.

이 현상을 '열폭주(thermal runaway)'라고 하는데, 이 열폭주를 억제하기 위해서, 최대 접합 온도 T_{jMAX}를 넘지 않도록 방열에 대한 충분한 배려가 필요하다.

ⓑ 보존온도(T_{Stg})

보존온도는 사이리스터가 움직이지 않은 상태에서 장기간 보존할 수 있는 주위 온도 범위를 말한다. 이 보존 온도의 최대 범위는 소자가 산화나 특성 변화를 일으키는 정도에 따라 제약을 받고, 최소범위는 저온 수축 등으로 인해 생기는 기계의 일그러짐 정도에 의해 제약을 받는다(그림 9-43).

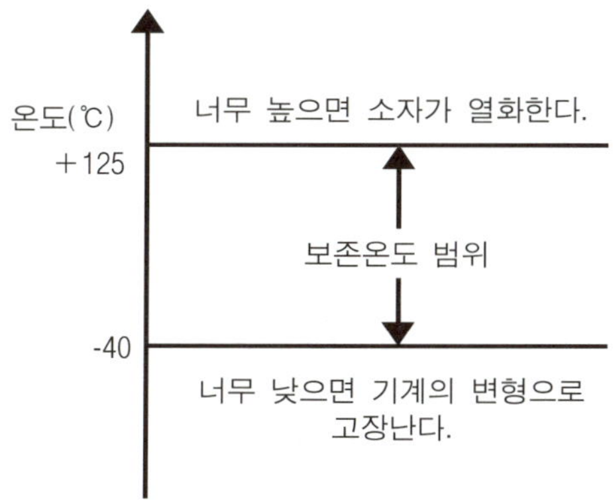

그림 9-43 **보존온도 범위**

항목	기호	측정조건	최소	표준	최대	단위
피크반복 OFF 전류 및 피크반복역전류	IDRM IRRM	VDRM = VRRM =정격 전압 RGK = 1 KΩ, Tj = 110℃	-	-	100	μA
피크 ON 전압	VTM	ITM = 2A	-	-	2.0	V
게이트 트리거 전압	VGT	VD = 6V, RL = 100 Ω RGK = 1 KΩ	-	-	0.8	V
게이트 트리거 전류	IGT		-	-	200	μA
게이트 비트리거 전압	VGD	VD = 6V, RGK = 1 KΩ TG = 110℃	0.2	-	-	V
유지 전류	IH	RL = 100 Ω RGK = 1 KΩ	-	4	-	mA
열저항 (접합-주위 사이)	Rth(j-a)	DC	-	-	250	℃/W

그림 9-44 SFOR3B42의 전기적 특성표

(2) 전기적 특성

최대정격은 사이리스터를 보호하기 위한 정격을 말하며, 전기적 특성의 항목은 사이리스터를 사용할 때 꼭 알아 두어야 할 중요한 항목이다.

그림 9-44는 앞에서 설명한 것과 같은 SFOR3B42의 전기적 특성에 대한 자료이다.

① 전압특성

ⓐ 게이트·트리거 전압(V_{GT})과 게이트 비트리거 전압(V_{GD})

사이리스터를 ON시키기 위해서는 게이트·캐소드 사이에 순바이어스 전압을 가하여 게이트·트리거 전류가 흘러야 하는데, 이 사이리스터를 턴 온 시키는데 필요한 게이트·트리거 사이 전압의 최소값을 '게이트·트리거 전압'이라 한다. 턴 온시키지 않는 게이터·캐소드 사이의 전압 최대값을 '**게이트 비(非) 트리거 전압**'이라 한다. 다시 말하면 그림 9-44와 같이 게이트·캐소드 사이 전압이 0.8 V 이상이면 ON이 되고, 0.2 V 이하에서는 ON되지 않는다.

게이트 비(非) 트리거 전압은 외부 회로로부터 유도나 서지(surge)에 의한 오작동을 방지하기 위한 기준으로서 도움이 된다.

ⓑ 피크 ON 전압(V_{TM})

피크 ON 전압은 사이리스터를 ON시켜서 규정 전류 I_{TM}을 흘려 보냈을 때의 애노드·캐소드 사이의 포화 전압(순전압 강하)을 말한다.

즉, 그림 9-44에서는 I_{TM} 2A를 흘렸을 때 피크 ON 전압은 2V이다.

② 전류특성

ⓐ 누설 전류(I_{DRM}, I_{RRM})

사이리스터류는 반도체 스위치이기 때문에 OFF 상태에서도 약간 누설전류가 흐르는데 이것은 온도나 전압이 높아질수록 증가한다. 따라서 누설전류의 최대값이 규정되어 있으며, 사이리스터가 OFF일 때의 순방향 누설 전류와 역전압을 인가했을 때의 역누설 전류가 있다.

ㄱ. 순방향 누설 전류

피크 반복 OFF 전압(V_{DRM})을 인가했을 때 흐르는 순방향 전류의 최대값으로 피크 반복 OFF 전류(I_{DRM})라 한다.

ㄴ. 역누설 전류

피크 반복 역전압(V_{RRM})을 인가했을 때 흐르는 역전류의 최대값으로 피크 반복 역전류(I_{RRM})라 한다.

ⓑ 게이트·트리거 전류(I_{GT})

게이트·트리거 전류는 사이리스터를 턴 온시키는데 필요한 최소의 게이트 순방향 전류이다.

ⓒ 래칭 전류(I_L)

사이리스터는 I_{GT} 이상의 게이트 전류가 흐르면 일단 턴 온은 하지만 그 때 흐르는 애노드 전류가 적으면 게이트 전류를 끊자마자 다시 OFF로 되돌아가 버리고 만다.

따라서 완전히 스위칭시키기 위해서는 어느 일정 값 이상의 애노드 전류가 필요하게 되는데, 이 스위칭을 완료시키기 위해서 필요한 최소한의 애노드 전류를 래칭 전류(latching current)라 한다. 이 전류는 유지 전류의 1.5~3배이다.

ⓓ 유지전류

유지전류는 스위칭한 사이리스터의 ON 상태를 유지할 수 있는 최소한의 애노드 전류를 말한다.

이 유지전류는 게이트·캐소드 사이의 저항(R_{GK})이 작을수록 증가하고 온도가 낮아질수록 증가한다.

③ 기타

ⓐ 열 저항($R_{th(j-a)}$)

전기가 전달되기 어려움을 나타낸 것이 전기저항이라면 열이 전달되기 어려움을 나타낸 것이 열 저항(thermal resistance)이다. 열 저항은 저항값이 작을수록 열이 전달되기 쉽고 방열성도 우수하다.

열 저항은 사이리스터의 방열 설계할 때에 필요한 항목이다.

ⓑ 턴 오프 시간(tq)

사이리스터는 순전류가 유지 전류 이하가 되면 일단 턴 오프하지만 그 직후에는 내부에 과잉 캐리어(중화하지 않는 전자나 홀)가 남아 있어서, 소자가 활성화되기 때문에 다시 순전압을 걸면 게이트 전류가 흐르지 않는데도 제멋대로 ON되어 버린다.

즉, 내부의 과잉 캐리어가 중화되어 소자가 완전히 턴 오프하기 위해서는 어느 정도 시간이 필요하게 된다.

이와 같이 ON 상태에서 사이리스터의 순전류를 제로(0)로 한 순간부터 사이리스터가 다시 전압을 저지하는 능력을 회복하기까지의 시간을 '턴 오프 시간'이라 하며, 금(金)을 사용하여 턴 오프 시간이 짧아지도록 만든 사이리스터를 '**고속형(또는 고속형) 사이리스터**'라 한다.

부록

1. 그리스 문자
2. 접두어 일람
3. 상수
4. 단위 변환표
5. 전기기호와 기능
6. 전자기호와 기능

1. 그리스 문자

대문자	소문자	문자명의 명칭		대문자	소문자	문자의 명칭	
A	α	alpha	알파	N	ν	nu	뉴
B	β	beta	베타	Ξ	ξ	xi	크사이
Γ	γ	gamma	감마	O	o	omicron	오미크론
Δ	δ ∂	delta	델타	Π	π	pi	파이
E	ε	epsilon	입실론	P	ρ	rho	로우
Z	ζ	zeta	제타	Σ	σ ς	sigma	시그마
H	η	eta	에타	T	τ	tau	타우
Θ	θ ϑ	theta	시타	Υ	υ	upsilon	웁실론
I	ι	iota	이오타	Φ	φ ϕ	phi	화이
K	κ	kappa	캅파	X	χ	chi	카이
Λ	λ	lambda	람다	Ψ	ψ	psi	프사이
M	μ	mu	뮤	Ω	ω	omega	오메가

2. 접두어 일람

명 칭		기 호	크 기	명 칭		기 호	크 기
엑사	exa	E	10^{18}	데시	deci	d	10^{-1}
페타	peta	P	10^{15}	센티	centi	c	10^{-2}
데타	tera	T	10^{12}	밀리	milli	m	10^{-3}
기가	giga	G	10^{9}	마이크로	micro	M	10^{-6}
메가	mega	M	10^{8}	나노	nano	n	10^{-9}
킬로	kilo	k	10^{3}	피코	pico	p	10^{-12}
헥토	hecto	h	10^{2}	펨토	femto	f	10^{-15}
데카	deca	da	10	아토	atto	a	10^{-18}

3. 상 수

명 칭	기 호	크 기
빛의 속도	C	2.998×10^{8} m/sec.
자유전하의 유전율	ε_0	8.854×10^{-12} F/m
자유공간의 투자율	μ_0	$4\pi \times 10^{-7}$ H/m
자유공간의 특성 임피던스	$\sqrt{\mu_0/\varepsilon_0}$	376.7Ω
전자의 전하량	e	-1.602×10^{-19} C
전자의 정지질량	m_e	9.107×10^{-31} kg
전자의 전하량 대 질량비	e/m_e	-1.758×10^{11} C/kg
양자의 정지질량	m_p	1.673×10^{-27} C/kg
Boltzmann 상수	k	1.381×10^{-23} J/deg(8.63×10^{-5} eV/K)
Avogadro수	N_A	6.023×10^{23} $mole^{-1}$
Planck 상수	h	6.625×10^{-34} J · sec
기체상수	R	8.314 J/° K · mol
Bohr 반경	γ_B	5.292×10^{-11} m
Bohr 자자(磁子)	μ_B	9.273×10^{-24} Am^2

4. 단위변환표

량	기호	MKS有理化단위계	CGS 단 위 계	
			esu	emu
길이	l, r, a, d	meter(m)	10^2 centimeter	10^2 centimeter
면적	S, A, da, ds	meter^2(m^2)	10^4 centimeter^2	10^4 centimeter^2
체적	$\tau, d\tau, v, dv$	meter^3(m^3)	10^6 centimeter^3	10^6 centimeter^3
시간	l	second(sec)	1 second	1 second
질량	m	kilogram(kg)	10^2 gram	10^2 gram
가속도	a	meter/second(m/sec)	10^2 cm/sec	10^2 cm/sec
힘	f, F	newton(N)	10^6 dyne	10^5 dyne
에너지	W	joule(J)	10^7 erg	10^7 erg
전력	P	watt(W)	10^7 erg/sec	10^7 erg/sec
전하	q, Q	coulomb(C)	3×10^9 statcoulomb	10^{-1} statcoulomb
유전율	$\varepsilon, \varepsilon_s$	farad/meter(F/m)	-	-
전하밀도	ρ	coulomb/meter^2(C/m^2)	3×10^2 statcoulomb/cm^2	10^{-7} statcoulomb/cm^2
전장의 세기	E	volt/meter(V/m)	$\frac{1}{3} \times 10^{-4}$ statvolt/cm	10^4 abvolt/cm
전속	ϕ	coulomb(C)	$12\pi \times 10^9$ statcoulomb	$4\pi \times 10^{-1}$ abcoulomb
전속밀도	D	coulomb/meter^2(Cm^2)	$12\pi \times 10^5$ statcoulomb/cm^2	$4\pi \times 10^{-5}$ abcoulomb/cm^2
전위	V	volt(V)	$\frac{1}{3} \times 10^{-2}$ statvolt	10^4 abvolt
기전력	V	volt(V)	$\frac{1}{3} \times 10^{-3}$ statvolt	10^6 abvolt
정전용량	C	farad(F)	9×10^{11} statfarad	10^{-9} abfarad
전류	I, i	ampere(A)	3×10^8 statampere	10^{-1} abampere
전류밀도	J	ampere/meter^2(A/m^2)	3×10^8 statampere/cm^2	10^{-5} abampere/cm^2
저항	R	ohm(Ω)	$\frac{1}{9} \times 10^{-11}$ statohm	10^9 abohm
저항율	ρ	ohm-meter(Ω-m)	$\frac{1}{9} \times 10^{-9}$ statohm-cm	10^{11} abohm-cm
도전율	σ	mbo/meter(℧-m)	$\frac{1}{9} \times 10$ statmho/cm^2	10^{-11} abmho/cm
전기쌍극자능률	P, M	coulomb-meter(C-m)	3×10^{11} statcoulomb-cm	10 abcoulomb-cm
전기분극	P	coulomb/meter^2(C/m^2)	3×10^5 statcoulomb/cm^2	10^{-5} statcoulomb/cm^2
정전에너지밀도	V_e	joule/meter^2(J/m^2)	10 erg/cm^2	1 erg/cm^2
자속	ϕ	weber(Wb)	$\frac{1}{3} \times 10^{-2}$	10^2 maxwell
유도자장	B	weber/meter^2-Tesla(Wb/m^2)	$\frac{1}{3} \times 10^{-4}$	10^4 gauss
자장의 세기	H	ampere-turn/meter(At/m)	$12\pi \times 10^7$	$4\pi \times 10^{-2}$ oersted
기자력	NI	ampere-turn(At)	$12\pi \times 10^9$	$4\pi \times 10^{-1}$ gilbert
자기쌍극자능률	M, m	ampere-meter^2(Am^2)	$\frac{1}{3} \times 10^{10}$ statampere-cm^2	10^2
자화도	M	ampere-turn/meter(At/m)	$\frac{1}{3} \times 10^{12}$	10^{-2}
인덕턴스	L, M	henry(H)	$\frac{1}{9} \times 10^{11}$ statbenry	10^8 abbenry
자기저항	R_m	ampere-turn/weber(At/Wb)	$36\pi \times 10^{11}$	$4\pi \times 10^{-9}$
Poynting벡터	P	watt/meter^2(W/m^2)	10^2 statwatt/cm^2	10^2 abwatt/cm^2
투자율	μ, μ_s	henry/meter(H/m)		
정자에너지밀도	V_n	joule/meter^2(J/m^2)	10erg/cm^2	10erg/cm^2

5. 전기 기호와 기능

명 칭	기 호	기 능
직 류		예 
교 류		예 
고 주 파	(a) (b) 	음성주파를 나타낼 경우  전력용주파를 나타낼 경우 
도 선		
단 자	(a) (b) 	헌지형 가동접점을 이 단자 위에 나타낼 때는 헌지쪽 단자(a)로 표시하고 다른 것은 (b)로 표시해도 된다.
도선의 분기	(a) (b) 	
도선의 교차 (접속할 때)		
도선의 교차 (접속하지 않을 때)		
곁상자에 접속	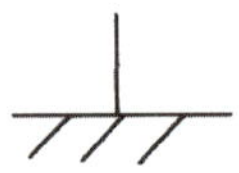	
가변을 나타내는 일반기호		
저항 또는 저항기	(a) (b)  (c) 	① (b), (c)에서 특히 필요한 때는 산(山)의 수를 바꿀 수 있다. ② (c)는 특히 무유도(無誘導)를 나타낼 때 쓴다.

가변저항 또는 가변저항기 일반	(a) (b) 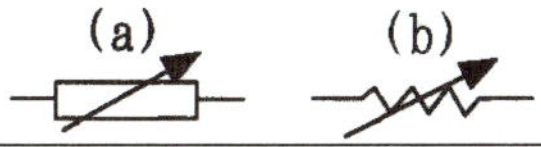	
인덕턴스 또는 리액터	(a) (b) 	① (a)에서 특히 필요한 때는 산(山)의 수를 바꿀 수 있다. ② 차폐와 혼동할 염려가 없을 때는 더스트코어를 아래와 같이 표시해도 된다. 
권선 또는 코일	(a) (b) 	① (b)는 저항과 혼동할 염려가 없을 때 권선 또는 코일을 표시하는데 써도 된다. ② 특히 철심(鐵心)이 들어 있다는 것을 나타낼 필요가 있을 때는 아래 그림과 같이 표시한다. 
가변 인덕턴스		특히 철심이 들어있는 경우
상호 인덕턴스 또는 변압기	(a) (b) 	특히 철심이 들어있는 것을 표시할 때는 다음과 같이 나타낸다. 
정전(靜電)용량 또는 컨덴서		
컨덴서		
전해(電解) 컨덴서		
가변정전용량 또는 컨덴서		

가변임피던스	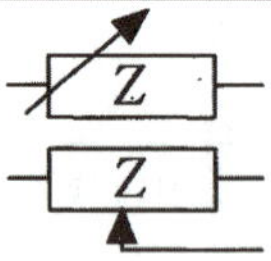	
전지 또는 직류 전원	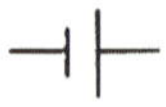	
정류 기능 및 정류기		
교류전원		
전원플러스	(a) (b) 	① (a)는 2극을 나타낸다. ② (b)는 3극을 나타낸다.
접지		
개폐기		
변환 개폐기		
회전 개폐기 (로터리 스위치)		
계기		① ○안에 종류를 나타내는 문자 또는 기호를 기입한다. 예 전압계 Ⓥ 전류계 Ⓐ 전류계 Ⓦ ② 특히 직류, 교류, 고주파를 구별할 때의 기호는 이 예와 같이 쓴다. 
피뢰기		
퓨즈		

6. 전자기호와 기능

명 칭	기 호	기 능
다이오드	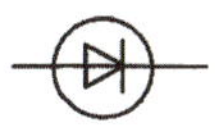 	원을 생략해도 된다.
1방향성 제너다이오드 (정전압 다이오드)		
PNP포토트랜지스터	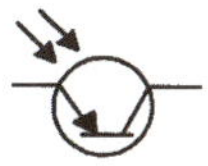	
쌍방향성다이오드	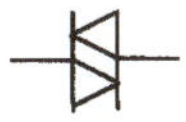	
2극 쌍방향사이리스터 (SSS)	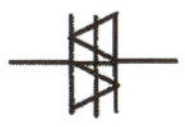	
3극 턴오프사이리스터 (N 게이트)	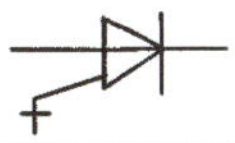	애노드 쪽을 제어
3극 턴오프사이리스터 (P 게이트)	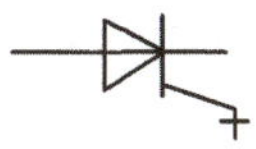	캐소드 쪽을 제어
3극 쌍방향 사이리스터 (TRIAC)	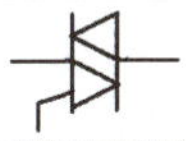	
PNP 트랜지스트	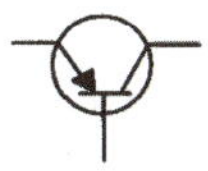	
NPN 트랜지스트	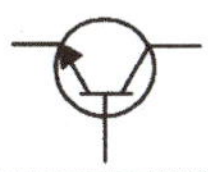	
접합형 전계 효과 트랜지스터 (J FET N형 채널)		단자 명칭은 다음과 같다. 
접합형 전계 효과 트랜지스터 (J FET P형 채널)		

절연게이트, 증가형(enhancement) 전계효과 트랜지스터 (단(單)극성게이트, P형 채널)		① 서브 스트레이트 접속이 없는 경우 ② 단자 명칭은 다음과 같다. 
절연게이트, 증가형(enhancement) 전계효과 트랜지스터 (단(單)극성게이트, N형 채널)		서브스트레이트 접속이 없는 경우
절연게이트, 증가형(enhancement) 전계효과 트랜지스터 (단(單)극성게이트, P형 채널)		서브 스트레이트는 접속을 인출한 경우
절연게이트, 증가형(enhancement) 전계효과 트랜지스터 (단(單)극성게이트, N형 채널)		서브 스트레이트는 내부에서 소스에 접속되어 있는 경우
절연게이트, 공핍형(depletion) 전계효과 트랜지스터 (단(單)극성게이트, P형 채널)		서브 스트레이트 접속이 없는 경우
절연게이트, 공핍형(depletion) 전계효과 트랜지스터 (단(單)극성게이트, N형 채널)		서브 스트레이트 접속이 없는 경우

MEMO

MEMO

전기전자개론

초판 발행 / 2026년 3월 3일

저　　자 / 김호철 · 김정구 · 이상윤 · 이동연 · 박혜민
한재복 · 오왕균 · 천권수 · 고신관

발 행 인 / 윤진영

발 행 소 / 도서출판 대학서림

주　　소 / (03076) 서울시 종로구 혜화로2길 8
전　　화 / (02) 763-1220, (02) 745-1220
팩　　스 / (02) 744-1210
등록번호 / 제1-88호

ISBN / 978-89-6940-365-0 93510

정 가 / 20,000원